研究型大学
创新空间设计

Design of Innovation Space in
Research Universities

丘建发　著

中国建筑工业出版社

图书在版编目（CIP）数据

研究型大学创新空间设计 = Design of Innovation Space in Research Universities / 丘建发著. --北京：中国建筑工业出版社，2025.6. -- ISBN 978-7-112 -30985-6

Ⅰ. TU244.3

中国国家版本馆 CIP 数据核字第 2025HL7891 号

责任编辑：刘　静
责任校对：王　烨

研究型大学创新空间设计
Design of Innovation Space in Research Universities
丘建发　著

*

中国建筑工业出版社出版、发行（北京海淀三里河路9号）
各地新华书店、建筑书店经销
华之逸品书装设计制版
北京富诚彩色印刷有限公司印刷

*

开本：787毫米×1092毫米　1/16　印张：21　字数：398千字
2025年9月第一版　　2025年9月第一次印刷
定价：**158.00**元
ISBN　978-7-112-30985-6
（44708）

序

PREFACE

知识经济与创新时代背景下，建设创新型国家已纳入战略层面。研究型大学作为科研创新的重要力量和区域创新系统的主体，承担着创新知识与人才输出者的角色。随着国家层面提出建设一批高水平研究型大学和高校协同创新中心，各重点大学纷纷提出建设研究型大学的目标，并将创新与科研能力提升作为发展重点。在这种背景与社会环境中，对国内的研究型大学来说，如何发挥其两个主要的新功能——"创新"与"研究"，在大学校园建设中，如何提供满足创新与研究活动的校园空间环境，不仅是建设方与设计者共同关心的话题，也是建设高质量创新型、研究型校园的迫切需求。

丘建发是我领衔的国家卓越工程师团队成员，也是国内较早对研究型大学创新空间开展设计研究的学者。他在跟随我二十多年的工作与学习期间，一直致力于校园规划与教育建筑的设计、教学与研究工作。工作期间在我的指导下和团队一起完成了上海大学东区、南京工业大学、南京审计学院等一批校园规划，参加了国内多所知名研究型大学的设计竞赛，作为主编之一编写了《建筑设计资料集》(第三版)第4分册高等院校章节，积累了丰富的经验与素材。他在2014年经教育部选派赴美国加利福尼亚伯克利大学访学期间，选择以创新型、研究型大学为对象开展了设计研究，回国后他开始本书的编写工作。期间他将研究成果运用在大学校园实践中，作为负责人之一，先后在中山大学珠海校区、中山大学深圳校区、深圳南方科技大学三期、山东大学龙山校区创新港、海南大学新校区等重要校园竞赛中中标，作为团队主力完成了多所创新型与研究型高校的校园设计。最终他耗费数年时间，融合上述工作成果完成了《研究型大学创新空间设计》一书。

《研究型大学创新空间设计》不但凝聚了作者多年创新探索与思考积累的成果，也展现了团队多年的实践成果。书中内容从大学校园设计的现实需求出发，以研究型大学的创新与科研职能作为切入点，结合创新科研相关的理论与规划学、建筑学的理论进行跨学科研究。本书从国内外研究型大学发展历程分析入手，结合当今国内大学建设的突出问题与国外先进经验、趋势，基于作者收集的国内近多所研究型大学的新建案例一手资料，以及近年国外研究型大学创新活动空间设计的先进案例，分别从城市、校园、建筑层面进行分析，通过数据统计、案例分析与理论总结，从规划与建筑学科角度解答了"什么是创新型、研究型大学"以及"如何设计研究型大学创新科研空间"的问题。书中进一步指出了针对研究型、创新型的职能，大学应该建立具有开放、协作、交流、弹性特征的价值立场与校园空间，并整合不同层次上的正式与非正式空间、功能与社会结构，建立整体的校园空间。本书可以加深决策者对创新型、研究型校园内涵的理解，为研究型大学建设决策者提供指导依据；所提出的设计策略不但为解决现状突出问题提供参考依据，也为未来创新型、研究型大学校园建设提供理论与实践指导。

何镜堂

中国工程院院士
全国勘察设计大师
2025年4月于广州

目录
CONTENTS

第1章

绪　论

距离已经消失，要么创新，要么死亡。

——托马斯·彼得斯

从一个更宽广的角度来说，大学也不再仅仅满足于传播与分析知识（教学与学术），而把目光更多地投向创造知识的发明与创新。

——詹姆斯·杜德斯达

1.1　国内高校建设现状

伴随着我国声势浩大的城镇化及高等教育普及化热潮，大学校园及大学城的大量建设成为其中最引人注目的建设热点之一。而位列"985工程""211工程""双一流高校"内的国家重点支持高校，自然是走在老校园扩建及新校园建设的前列。然而，在这些以高水平大学为主体的研究型大学建设发展案例中，由于前期决策及设计方面的指导缺失，可以看到这些校园在不同层面上出现了各种现实问题。

1.城市区位层面，难以与城市创新体系及周边社区有效融合

以高水平大学为主体的研究型大学在社会发展中起到经济驱动器的作用，在国家创新体系中承担着核心功能，与城市创新体系和周边社区存在着协同创新的互动关系。而研究型大学发挥这些作用，又需要一定的区位条件支持。但是，从一些定位于研究型大学的校区建设案例中看到，由于建设中对发展定位不明确或缺乏理论指导，而出现了一些典型问题，如将新校区定位为本科基础教学部，带来学研分离、文脉割裂的问题；一些选址于城市新区的校园，未能与周边城市发展及产业联动，未能发挥应有的经济及创新驱动作用；选址于郊区的新校区缺少应有的周边社区环境，更谈不上融入社区。与此同时，一些拥有良好区位的老校园，又因没有配套产学研设施用地，未能最大限度发挥其协同创新功能。

2.校园规划层面，未能提供满足现代研究型大学需求的校园布局

研究型大学的学研结合型教学方式，注重通过学科交叉来拓展各自学科的研究范围。而无论是现代科学发展复杂化趋势，还是研究组织结构学科交叉模式、团队化的倾向，均要求校园规划往综合化、大型化的方向发展。现代创新行为的研究指出交往、交流对创新行为的促进作用，这又要求校园空间更加注重多层次交往空间及社区氛围的营造。研究型大学培养形式强调产学研结合，要求在校园规划中留有足够的科研发展用地及实践场所。

我们经常可以在一些研究型大学老校区中看到，长期低密度开发导致用地缺乏发展空间，特别是新型研究设施建设及产学研建设用地的缺少，限制其发挥应有的研究及创新功能。老旧学科设施建设用地分散，相关学科联系不便，导致设施难以共享，关联学科缺乏交流。而一些新校区尽管用地相对宽松，但也出现了需要新建创新科研建筑却找不到合适用地的问题。同时，校园采用现代主义功能分区模式，导致教学科研空间功能单一，缺乏应有的交往设施、交流空间及校园空间活力。

3.建筑设计层面，少有重视创新与研究型教学活动的建筑空间

研究生与本科生教学有着相当大的区别，在培养人才层次、教学目的、教学理念、教学形式、活动规律等方面都有不同。研究型教学以科研及创新能力的培养为重点，科研是教学活动的重心；研究生培养注重发挥学生的自主性，学生需要独立的研究学习空间；培养过程强调发挥导师与团队的作用，需要有便于导师指导和创新交流的空间；这些都决定了研究型大学应该具有与其教学特点相适应，而与本科生教学相区别的教学空间形式。

但是，在老校园中常见的按传统教学方式建设的教学建筑，缺乏容纳大型团队的科研空间及创新交往空间，难以满足研究型大学的需求。更为紧迫的是，许多新建及在建校园的建筑都没有重视这种变化，加上校方过于追求建筑平面实用性的心态，导致新建的研究型教学建筑缺少可供休闲交流、激发创新的交往空间。这些都导致创新与研究活动受制于建筑。上述现象出现于各研究型大学新旧校园中，其中老校园中的问题主要源于设施未能满足现代教学方式转变和研究型教学、创新型科研的需要；而新校园出现的问题更多源于对研究型大学特征的认识不足，缺乏对研究型教学、创新活动特点的理解。

1.2 创新体系与高校发展的内在需要

当今世界已步入以创新为主要特征的知识经济时代，知识将取代资本成为首要支配性要素。从20世纪下半叶开始，许多发达国家将经济发展的重点由传统工业转向以创新为特征的高新技术产业。如今创新已逐渐成为各国经济实力的核心因素和社会发展的驱动力量，并成为国家之间竞争的主要方向（表1-1）。

创新型国家（地区）名单　　　　　　　　　　　　　　表1-1

区域	国家（地区）名称	合计
欧洲	瑞士、英国、德国、芬兰、爱尔兰、丹麦、瑞典、挪威、奥地利、比利时、法国、荷兰	12
北美洲	美国、加拿大	2
亚洲	日本、韩国、中国台湾、以色列、新加坡	5
大洋洲	澳大利亚	1

来源：刘念才，周玲.面向创新型国家的研究型大学建设研究[M].北京：中国人民大学出版社，2007：46.

　　一直以来，国内创新组织形式主要包括原始创新、集成创新和吸收引进再创新。但由于包括企业、高校在内的创新主体基础较薄弱、创新能力不强，加上各主体资源分散、整体效率较低等原因，这三类创新水平提高受到限制。在这种背景下，从国家层面提出并推动协同创新成为提高创新水平的必要途径。放眼全球，协同创新实际上已经成为各国提高自主创新能力的新模式，它反映了信息时代背景下创新网络化、开放化及多元主体协同的特征。

　　作为培养高层次创新人才和产出创新知识的重要基地，研究型大学在国家协同创新体系中扮演了关键的核心角色。研究型大学已成为影响国家竞争力的战略资源（表1-2）。放眼全球，拥有较多研究型大学的国家，其创新能力和综合国力也更强。建设一批高质量的研究型大学，已经成为我国社会经济发展、建设创新型国家与创新体系重要而紧迫的任务。

知识经济与工业经济的比较

表1-2

项目	知识经济	工业经济
核心经济活动	研发、知识产权、技术标准	生产规模、工业化大生产
主要手段	知识创新、技术创新、制度创新	资本积累、投资
主要驱动因素	创新驱动	投资驱动
核心资源	人力资本	物质资本
主要载体	科技园	工业区、城市

来源：唐良智.大学科技园的功能、作用及发展实践[J].科技进步与对策，2002，19(5)：54-56.

　　1999年国务院决定高等院校大规模扩招，并提出"高等教育大众化"的目标，开始了我国近十年的高等教育高速扩张期，大学校园也进入了一个建设高潮期。根据教育部公布的统计数据，1999年我国高校数量1071所，在校普通本专科生408万人；而到了2011年高校数量增加到2409所，在校普通本专科生2309万人。在大学扩建、新建校园的支持下，高等教育所提供的资源、容量得以大力提升，全国高中升高等教育的入学率由1990年的27.3%提高到2011年的86.5%[①]，基本实现高等教育大众化目标。

　　伴随着各类大学发展目标的提出和校园建设的大量开展，国内普通高校校舍总建筑面积从1999年的1.75亿m^2增加到2009年的6.5亿m^2（含普通、民办、成人教育）[①]，取得了举世瞩目的成就。同时，大学校园及其建筑设计实践进入了快速发展

---

① 中华人民共和国教育部发布的历年毕业生升学率统计数据。

期，大量设计作品不断涌现，相关理论研究不断开展并取得不少成果，但是，相比于欧美各国，国内的研究总体处在较落后水平，研究成果总体系统化程度不高。无论是从建设过程中出现的各种问题来看，还是从社会对大学提出越来越高的要求来看，都可以发现当前大学校园及其建筑设计研究仍然滞后于建设与使用需求。

1.3 研究型大学与协同创新

研究型大学（Research University）发源自19世纪德国的教育改革，柏林大学被认为是世界上最早的研究型大学。1810年，威廉·冯·洪堡（Wilhelm von Humboldt）创立柏林洪堡大学，并提出教学与研究相统一的理念，从此科研成为大学的重要功能。美国研究型大学的指导思想起源于柏林大学，而1876年成立的约翰·霍普金斯大学则是现代研究型大学创立的标志。研究型大学的概念最早由卡内基基金会在其《高等教育机构分类》（1973年）中提出[1]，它将全美3941所高等教育机构作了分类（表1-3）。研究型大学分类的主要依据包括科研经费、各学科博士学位授予数量、博士后与研究人员数量等[2]，并体现出两个主要特点：①注重研究生教育，研究生和本科生的比例都接近或超过1:1；②注重科学研究，把科研放在重要地位[3]。

卡内基基金会对美国大学的分类 表1-3

机构类型	数量（所）	占高等教育机构比例（%）
博士学位授予研究型大学	261	6.6
硕士学位授予学院与大学	611	15.5
学士学位授予学院	606	15.4
副学士学位授予学院	1669	42.3
专门学院	766	19.4
部落学院与大学	28	0.7
总计	3941	100

来源：休·戴维斯·格拉汉姆.美国研究型大学的兴起：战后年代的精英大学及其挑战者[M].张斌贤，于荣，王璞，译.保定：河北大学出版社，2008.

---

① 休·戴维斯·格拉汉姆.美国研究型大学的兴起：战后年代的精英大学及其挑战者[M].张斌贤，于荣，王璞，译.保定：河北大学出版社，2008：3.
② 杨林，刘念才.中国研究型大学的分类与定位研究[J].高等教育研究，2008（11）：23-29.
③ 李寿得，李垣.研究型大学的特征分析[J].比较教育研究，1999（1）：24-27.

　　国内的研究型大学概念，源自1998年提出建设世界先进水平的一流大学设想。而"211工程"计划建设100所重点高校，以及"985工程"在全国选择34所大学重点建设，初步形成了我国研究型大学发展的目标、对象和框架。2004年教育部《2003—2007年教育振兴计划》提出"建设一批国际知名的高水平研究型大学"，正式提出"研究型大学"概念并以此为标志进入实质性建设阶段，"成为国家知识创新体系的主体和国家技术创新体系的生力军"[①]。2017年，教育部、财政部、国家发展改革委联合发布《关于公布世界一流大学和一流学科建设高校及建设学科名单的通知》，提出建成"若干所世界一流水平的研究型大学"的目标，"双一流"成为继"985工程""211工程"后国家发展研究型高校的新战略。

　　国内学者武书连以各大学评价指标与科研得分为依据来定义研究型大学，其中研究1型表示创新环境高于研究型大学平均水平，每年获博士学位人数大于100的大学。其中，创新环境是评价各大学研究生平均科研成果数量的指标，它用于评价各大学研究生的平均质量[②]。

　　国内学者王战军从内涵角度界定了研究型大学的定义：它是以创新性的知识传播、生产和应用为中心，以产出高水平的科研成果和培养高层次的精英人才为目标，在社会发展、经济建设、科技进步等各方面发挥重要作用的大学[②]。它是国家创新体系的重要组成部分、创新精英人才培养基地及重要的科研基地，其主要使命为国家与地区经济发展的加速器、政府决策咨询的思想库等。

　　从研究型大学的定义来看，"研究"与"创新"是其主要的职能和使命。从研究型大学的特征角度看，相比于普通教学型大学，它具有以下特征：多学科交叉的综合性大学，国际性、开放性大学，具有良好的学术自由气氛，获得足够的研究开发经费；成为人才集聚的中心和创新人才培养的中心、重大成果形成的中心、新学科形成的中心、科技与实业相结合的中心。

　　（1）创新

　　创新（innovation）作为经济学概念，最早由美国经济学家约瑟夫·熊彼特（Joseph Alois Schumpeter）提出，他认为创新就是建立一种新的生产函数，实现生产要素的一种从未有过的新组合；创新是利用和实现新的可能性，关键在于使发明得到实际应

① 教育部关于印发《高等学校中长期科学和技术发展规划纲要》的通知[EB/OL].（2004-11-15）
　　[2012-03-06]. http://www.moe.gov.cn/srcsite/A16/s7062/200411/t20041115_62471.html.
② 武书连，吕嘉，郭石林.2009中国大学评价[J].科学学与科学技术管理，2009（1）：185-190.

用、在生产中起作用；创新是打破旧传统，创造新传统；创新是处理不确定性的能力；同时，创新也是经济变动的根本因素。熊彼特所定义的创新属于经济学范畴，可以理解为狭义的创新概念。

从创新概念的发展阶段看，工业经济时代主要指的是技术创新，而知识经济时代主要指的是知识创新，其内涵有了更加丰富的变化。从经济学意义上看，创新被定义为各创新主体交互作用下的一种复杂涌现现象，包括从新思想开始，通过不断地解决各种问题，最终使一个有经济价值和社会价值的新项目得到成功应用的过程。而从更普遍的社会学意义上看，创新被定义为人们为发展需要，运用已知的信息，不断突破常规，发现或产生某种新颖、独特的有社会价值或个人价值的新事物、新思想的活动。这两个定义可以理解为广义的创新概念，这也是本书中创新所指的内涵。

创新的灵魂与实质是知识，而信息是创新的中介与重要资源，创新是以信息为导向的活动，创新活动也就是信息活动的过程。从某种程度上看，知识本身就是创新，戴布拉·艾米顿（D. M. Amidon）给出了知识创新的定义——创造、发展、交流和应用新思想①。创新是在思维引发、需求拉动、制度内生等因素的系统作用下产生的，创新主体的结构、能力、精神状况影响与制约着创新的效率。

（2）协同创新与协同创新空间

自主创新包括原始创新、集成创新、再创新几种形式（图1-1），由于国内创新主体的创新能力弱，加上资源分散、整体效率较低等原因，这三类创新水平提高受到限制，有必要通过整合资源、加强协作来提高创新能力。在这种形势下，2011年胡锦涛同志提出要积极推动协同创新②，随后教育部提出建设一批协同创新中心，以期推动大学、企业、科研机构、政府间甚至与国外机构的协作，建立便于协作的环境并探索协同创新模式。

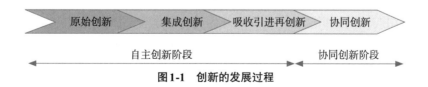

图1-1　创新的发展过程

① 颜晓峰.创新研究[M].北京：人民出版社，2011.

② 胡锦涛在庆祝清华大学建校100周年大会上的讲话[EB/OL].（2011-04-24）[2025-05-07]. https://
www.gov.cn/ldhd/2011-04/24/content_1851436.html.

协同创新（collaborative innovation）是多个协作主体打破界限，通过信息、知识、人才等创新要素的交流共享，围绕共同目标互补协作的创新活动，它是一种新的创新组织模式。其主要形式包括产学研协同创新（高校与科研院所、产业、政府间协作），也包括学科间、团队间打破边界的协同创新，其本质特征是知识及信息的互动和共享。这种跨组织通过资源和优势互补进行创新协作的组织形式，已成为当今创新活动的新范式。协同创新相比于个体的自主创新，体现出现代科研往综合化学科交叉方向发展的特征。另外，它作为一种多主体活动表现出更多的系统特征，如结构的层次性——包括区域、城市、机构、组织、学科、团队等不同的协同层级，以及目标、功能的整体性（表1-4）——各种创新元素通过有机组合而不是简单相加组成。而且它也体现出协同系统的特征，呈现出多元主体协同互动的网络化模式和非线性的叠加效应。

协同创新主体与空间的层次　　　　　　　　　　　表1-4

协同创新层次	协同创新主体	协同形式
区域、城市	高校、研究机构、企业、政府之间	产学研合作
机构、组织	学科、部门之间	跨学科、跨部门合作
学科、团队	团队、人员之间	团队间协作

研究型大学的协同创新空间，主要指研究型大学作为区域协同创新体系的子系统，在参与协同创新活动中涉及的相关物质空间。从活动功能上看，它主要涉及研究型大学内组织创新相关的创新、科研、研究型教学活动空间。结合上述协同创新体系的层次结构，协同创新空间在研究型大学不同的协同创新组织层次，涉及不同的创新主体，并表现为不同的协作形式与活动，如在区域创新系统层面，主要表现为产学研协作活动，主要涉及校园与城市创新建立联系的城市区位、功能空间策划内容；而在校内创新网络与团队组织层面，主要表现为机构、学科、团队之间的交叉创新协作，以及相关的研究型教学、科研活动，其协同空间则涉及校园规划、创新科研建筑空间设计的范围。

（3）协同论

协同论（synergetics）由德国物理学家赫尔曼·哈肯（Hermann Haken）于1971年在其发表的《协同学：一门协作的科学》中提出。他在研究激光理论过程中，发现了在合作现象中隐藏的更为深刻的普遍规律。在哈肯的理论中，协同主要是指在一起完成某目标的过程中，不同主体之间通过相互合作、协调，实现突破各自能力限制的总体能力提升和绩效增大的现象①。作为研究协同系统从无序到有序的演化规律的新兴综合学科，协同论是系统理论的分支理论，它与耗散结构论及一般系统论有许多相通之处，它们也彼此将对方当作自己的一部分。同时，协同论又是系统理论发展新阶段，相对于系统论、控制论和信息论这"老三论"，协同论与耗散结构论、突变论是20世纪70年代以来确立并发展起来的协同论新的分支理论，并被称为"新三论"（图1-2）。

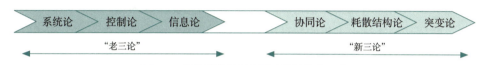

图1-2　系统科学发展主要阶段及分支理论

哈肯认为，有序与无序的现象普遍存在于自然界和社会界，无序形成混沌而有序就是协同，它们在一定的条件下可相互转化。协同现象在所有领域中都广泛存在，无论人类生存、生产发展还是社会演进都离不开协同现象。协同论有广泛应用，不仅对自然科学研究有启发作用，在经济学、社会学、行为学等方面也从不同角度探讨协同现象并应用协同论的思想。在社会学、管理学中协同的主要特征在于，创造关联的要素和环境条件，改变系统整体运动趋势以形成系统性质的突变②。协同论为我们考察各子系统围绕同一目标打破各自壁垒进行协作，并取得比各自能力之和更大的放大效应，提供了全新的视角与哲学指导（图1-3）。

图1-3　主要概念间的关系

① 赫尔曼·哈肯.协同学：大自然构成的奥秘[M].凌复华，译.上海：上海世纪出版集团，2005：20-37.
② 潘开灵，白烈湖.管理协同理论及其应用[M].北京：经济管理出版社，2007：12.

1.4 探讨研究型大学创新空间设计的意义

我国已进入以创新为主要特征的知识经济时代，创新将成为经济与社会发展的核心因素和推动力量。而作为培养高层次创新人才和产出创新知识的重要基地，研究型大学在国家创新体系中扮演了关键的核心主体角色。从国家层面提出协同创新的概念，将研究型大学纳入创新体系，发挥其协同创新功能，成为提高整体创新水平的必要途径。我国高校通过十多年的数量扩张，现在已进入转变发展理念和内涵式发展的阶段；而推动研究型大学培养创新人才及高质量创新成果，成为现阶段重点高校的历史使命。

然而在国内研究型大学案例中经常可以：新校区的选址与环境未能使其融入地区产业与周边社区；规划布局未能提供更有利于创新协作发生、学科交叉融合的布局；老校园的建筑不能满足研究型教育需求，而新建的建筑又未能提供创新交流的空间。这些问题源自建设相关方对创新行为规律与研究型教学特征了解不够，对如何在校园设计的各层面提供更有利于现代创新与研究型教学的物质空间环境缺少系统的理论指导。

本书针对国内研究型大学特别是新校区设计案例做了全面的资料收集与整理，获得了最新第一手资料；对国外著名研究型大学典型案例，特别是代表近年最新研究、创新型理念的案例作了筛选与分析。从教育学、管理学、行为学、地理学、规划学、建筑学等学科作了跨学科的理论分析与建构，在协同论的视角下，形成了研究型大学创新空间的理论框架和设计方法。

从理论角度，本书对创新与研究型教学活动特征和创新型、研究型校园内涵进行了深入的理解；引入协同系统视角和协同创新理论进行跨学科研究，建构研究型大学协同创新空间的设计策略框架。并根据研究型大学创新空间设计策略框架，分别在城市区位、校园规划、建筑空间三个层面对研究型大学的创新科研协作活动进行分析探索，并在这三个层面分别形成相应的设计策略和方法。

从决策角度，我国将研究型大学作为发展目标的重点大学大多来自非研究型大学。决策者缺少对新校园建设定位的判断，建设者缺少对创新科研活动特征的认识，导致近几年建成的新校园有许多未能在校园建设时便提出明确的研究型、创新型校园设计目标。因此，建成校园大多难以提供满足创新型、研究型教学需求的校园空间环境。本书的研究成果可加深决策者对创新型、研究型校园内涵的理解，为创新科研空间建设决策提供指导依据。

　　从设计角度，本书研究大学创新科研行为发生的规律及所需的物质空间特征，为创新科研空间的建设提供系统化的设计策略，为建设研究型大学及其他有关科研创新区域提供设计方法上的参考。另外，本书案例为研究者提供了第一手的资料信息。这些案例选自著名重点研究型大学，其设计来自国内外最优秀的团队，体现了最先进的设计思想，无疑对其他校园规划设计具有启示与借鉴价值。

第2章

研究型大学发展及与创新体系结合历程

大学的一个特征是，它们把科学和学问设想为处理无穷无尽的任务……老师并非为学生而存在，老师和学生都有正当的理由共同去探究知识。

——威廉·洪堡

大学与乌托邦永恒的追寻一样——校园是通过创建理想社会的渴望而被塑造的。

——克拉克·科尔

　　研究型大学起源于19世纪的美国，经历了近100年时间；美国建起了近百所研究型大学。而中国的研究型大学主要从现有的重点大学发展而来，在发展过程中少不了对国外的参考和模仿。研究国外研究型大学的特点、发展过程、现状及未来趋势，无疑对国内研究型大学设计具有一定的参考意义。下面首先对国外及国内研究型大学发展过程进行历时性分析，以找到其发展过程中的影响因素和发展趋势；然后通过国内外研究型大学建设状况共时性比较，找出它们的差距、成因及国内研究型大学的挑战与机遇。

2.1 国外研究型大学起源与发展

2.1.1 时代背景与历史使命——研究职能与服务职能的发展历程

　　近代意义的大学萌芽于中世纪的意大利，后来英法等国受其影响创办了剑桥大学、牛津大学、巴黎大学。一直到工业革命前，大学都是教育机构，其使命是教育和培养人才。大学理念的演变发生于工业革命时期，1810年，德国人威廉·洪堡创办了新型柏林大学，提倡"教学和科研相结合"，主张大学不仅是教学机构，更应该是一个研究的中心。这使德国的大学很快成为培养高级科研人才的摇篮，其模式继而为世界各国主要大学所仿效。19世纪70年代后大批留德学者将研究型的大学理念带回美国，促成了美国研究型大学的诞生。

　　（1）19世纪末至20世纪初，萌芽期：研究职能

　　约翰·霍普金斯大学创立于1876年（图2-1、图2-2），它强调学术研究与研究生教育的理念，给19世纪末美国高等教育带来重要影响，并创造了一种全新的大学模式——美国研究型大学。美国研究型大学有两种来源：约翰·霍普金斯大学代表了一种专门以研究生教育为建设目标、科研与人才培养相结合的新型大学，与其相似的还有克拉克大学和洛克菲勒家族资助创立的芝加哥大学等；此外，还有一种类型，是从原有英式大学改革变化而来，包括哈佛大学、耶鲁大学、哥伦比亚大学、普林斯顿大学等，其通过设立研究生院的方式完成了向研究型大学的过渡（表2-1）。1900年美国大学协会（AAU）诞生，接纳的12所大学被公认为最早的研究型大学，这标志着美国研究型大学群体的产生。该协会提出真正的大学必须满足"传授高深学问、开办研究生教育和通过科学研究促进知识增长"的要求，将开办研究生教育和从事科学研究的成绩作为其接受会员的标准[①]。

---

① 陈子辰. 研究型大学与研究生教育研究[M].杭州：浙江大学出版社，2006：68.

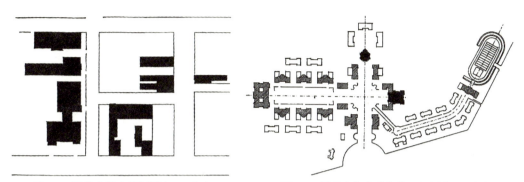

图2-1 霍普金斯大学规划（1884年）
设施包括：教室、实验室、办公室、图书馆，修
理厂，体育设施，但没有宿舍、食堂

图2-2 霍普金斯大学新校园规划（1907年）
巴尔的摩城外，城市美化运动案例

来源：TURNER P V. Campus：an american planning tradition[M]. New York：Architectural History Foundation，
1987：164-194.

美国研究型大学的发源与分类 表2-1

来源	大学
专门设立的研究型大学	约翰·霍普金斯大学（1876年），斯坦福大学（1885年），芝加哥大学（1891年）
从英式大学发展而来的研究型大学	哈佛大学，耶鲁大学，宾夕法尼亚大学，普林斯顿大学，哥伦比亚大学，密歇根大学（1817年），威斯康星大学（1849年），加利福尼亚大学（1864年），康奈尔大学（1865年）

（2）1900～1920年，发展期：服务职能

20世纪初期美国成为最强的工业化国家，刺激了对高层次人才培养的需求，推动了研究型教育大学理念再次演变，认为大学应承担教育、科研以外的第三个功能——服务社会，提供工业、农业、商业及公众服务。在这一时期，包括哈佛大学在内的大学建立了工商学院，而社会各界对大学服务的需求促成了工商界、私人基金对研究型大学发展的推动。例如，卡内基基金会、洛克菲勒基金会等私人基金会对教育的支持，进一步壮大了研究型大学科研教育力量。同时，第一次世界大战也提供了武器开发研究机遇。20世纪20年代被认为是研究型大学发展史上的黄金时代，从1910年到1940年研究生入学人数几乎每十年增加一倍[①]，到第二次世界大战前美国研究型大学协会会员增加到29个。

（3）第二次世界大战至20世纪80年代，成熟期

第二次世界大战期间，美国联邦政府成为研究型大学最大赞助者，大力资助发展医学、工程、航天、雷达与原子弹项目。研究型大学通过参与这些战略工程在战时科研中

---

① 吴中仑，罗世刚.当今美国教育概览[M].郑州：河南教育出版社，1994.

得到壮大，不仅获得巨额研究经费，还成立了一流的科研实验机构，如加利福尼亚大学伯克利分校的劳伦斯实验室、麻省理工学院的雷达实验室等。政府与研究型大学的合作使大家看到了研究型大学巨大的科研潜力，也建立了二者之间的紧密合作关系。第二次世界大战后美国大学建设进入一个数量快速扩张期，同时研究型大学与联邦政府间的关系进一步加强。1945年万尼瓦尔·布什（Wannevav Bush）提交的《科学——无止境的前沿》报告，建议政府充分发挥大学在科研和人才培养中的作用，1958年的《国防教育法》进一步加强对研究型大学的资助。第二次世界大战后政府的资助与同期大量的欧洲科技人才移民美国，使美国研究型大学在质量与数量上都得到了较大发展。

1970年卡内基基金会提出的《高等教育机构分类》成为研究型大学的新标准，据此标准，美国研究型大学在1987年增加到104所。在这段时期美国研究型大学不断发展成熟，并成为一种公认的大学类型。尽管各研究型大学之间并没有完全相同的模式与发展历程，但还是能找到一些共同且独有的特征，包括：第一，是具有教学、科研和服务的多功能、多学科综合性大学；第二，重视研究型教育和博士研究生创新能力，研究生比例高于本科生；第三，是国家基础研究的中心，重视科研活动，拥有高端的科研条件，拥有一流的生源、教师队伍和良好的学术氛围；第四，是科学学术交流的中心，具有广泛的国际联系，吸引大量外国优秀人才。

当年美国研究型大学100多所的数量虽仅占美国高校总数的3%左右，但产生了大量科学成就，取得举世瞩目的成就。从发展历程来看，这些研究型大学的出现、发展、壮大，受工业革命、产业发展、国家备战对大学智力需求的影响；其所在时代背景与历史使命，是推动其发展的外部力量（表2-2）。

美国研究型大学发展历程   表2-2

阶段	时间	事件	推动因素
萌芽期	19世纪末至20世纪初	研究型大学创立，美国大学协会诞生	工业革命、留德人才回归引入研究型大学理念
发展期	1900～1920年	研究生人数增长上千倍，研究型大学数量翻番	美国工业发展、产业界需求、私人基金会捐赠、第一次世界大战
成熟期	第二次世界大战至20世纪80年代	大量研究机构落成，研究型大学数量超过100所	第二次世界大战、政府支持、科技移民

2.1.2 决策者与设计者的追求——研究型的大学校园

美国研究型大学出现至今，校园与建筑形态也经历了多种变化：校园由小变大、校区从单一到多个、建筑从简单小体量到复杂大体量等。推动其变化的除了外部社会、技术因素外，还有来自教育者、决策者及设计者对理想大学的不断探索与追求（表2-3）。

各时期教育、设计理念与校园形态特征　　　　　　　　　　　　表2-3

时间	教育理念	大学理念	大学职能	设计理念	形态特征
19世纪中期至20世纪初期	以学生为中心（存在主义：着眼于个人自我完成）	威廉·冯·洪堡：研究型理念	教学、研究	学院派，校园美化运动，"田园城市"理论	城市型、英国式、学院派式（几何轴线）
20世纪初期至第二次世界大战前	以教师为中心（要素主义，系统知识，着眼于环境培养作用）	亚伯拉罕·弗莱克斯纳（Abraham Flexner）：服务社会理念；克拉克·克尔（Clark Kerr）：复杂、综合	教学、研究、服务社会	现代主义，功能分区，车行交通，学院派延续	学术村；校园分区出现，车行路网引入
第二次世界大战后	20世纪60年代，以社会为中心（结构主义，合理科学结构，培养人创造力），80年代，以师生合作为中心（人本主义，强调尊重人的个性）	学科融合、交叉学科增加；电化教学；注重课外活动，培养学生社会能力	产学研结合	系统论，城市社会学；城市意象，场所精神；过程化规划；模数化、弹性设计；校园社区化	规划建筑集中化、大型化、整体化；设施共享、联系紧密；多校区校园；空间功能多元、复杂化，与社区联系紧密

19世纪上半叶美国的大型大学如哈佛大学，都从独立式、小规模、分散学院形态发展起来，"几乎不是与科研和紧张的专门化研究相宜的环境"[①]。洪堡学研结合的理念鼓励师生通过交流的形式探讨问题、激发新思维，受其影响，在19世纪下半叶，美国的教育家们参考德国式研究所和英国式学院的特点，建立了大学中的研究生培养机构，如哈佛大学于1870年建立了研究生院。而这个时期的美国设计师受学院派跟"校园美化运动"的影响，主张通过古典式环境与建筑形式改变老校园的"混乱"状态以美化校园空间。其特征是保留现存建筑，增加轴线、对景、开放空间构成方院，取得对称、统一、秩序清晰的整体效果。这个时期的校园增加了不少研究设施，如实验建筑和院系建筑。校园总体特征是低密度；建筑围绕绿色开放空间形成聚合、多轴线布局。

进入20世纪后，美国教育者没有停止对大学理想模式的探索。在研究型大学里，系所和有关科研的建筑，逐渐成为科研群体的工作场所；导师与研究生以科研为基

---

① 伯顿·克拉克.探究的场所 现代大学的科研和研究生教育[M].王承绪，译.杭州：浙江教育出版社，2001：137.

础的工作关系成为一种教学模式。而在威斯康星大学校长提出"大学要忠实地为社会需求服务"后，大学开始承担第三种职能——服务社会。伴随而来的是研究型大学学科扩展、专业增加及校园规模扩大，使得功能问题成为这个时期的突出矛盾。这个时期现代主义规划思想为解决这些问题提供了办法，功能分区布局、车行路网、停车场地等形态元素出现在校园布局中；校园建筑内部空间结构也引入了现代主义的思想；而在校园空间方面，这个时期的建筑立面与环境更多受到学院派的影响。

第二次世界大战后，美国研究型大学更多地参与到社会经济中，学科之间的横向联系增加。这个时期的教育理念强调打破学科间的界限，培养跨学科的人才。大学课程也向综合化发展，单一的学科院系减少，而边缘学科、综合学科日益增多。同时，学生人数大量增加，对大型设施的需求也开始增加。在这个时期，随着建筑技术的进步、快速建设的需求，大型综合化的校园建筑开始出现。建筑师在现代主义和系统化设计理论指导下，设计了不少集中式、大型化、整体化的教学科研设施。而规划师开始从传统的大型规划转向为大学将来发展制定过程化、弹性化的设计原则，更加强调过程设计。

从20世纪六七十年代开始，人文主义的教育思想开始兴起，提倡通过启发和交流的方式组织自发教育和课外生活，培养学生的社会能力。大学的教育者开始追求平等、自由的学术社区的理想，同时，设计师也在反思现代主义设计带来的人文精神的缺失。这些都导致研究型大学设计的一系列变化，校园更加注重空间多元化和场所设计，也更加注重校园内外社区的营造。第二次世界大战后研究型大学的角色进一步改变，产学研结合成为其重要职能，校园外围逐渐出现与工商界结合的各类合作研究设施。

[案例]　　　　　　哈佛大学：自然生长与教育理念驱动

哈佛大学前校长陆登庭认为，哈佛大学校园环境的形成一方面是因为自然的成长扩张加上长时间演化变迁（图2-3、图2-4）；而另一个更值得思索的原因是哈佛大学对教育目的的定位为持续致力于将"内在"及"修院式"的学习导向"外在"及"开放式"的思维[①]。

最早的哈佛学院基本是仿照英国学院模式建设的，基于师生同住的教育理想，形成典型的三边围合院落式布局。19世纪后期，时任校长艾略特提出科研应成为哈佛

---

① 山德·图奇.哈佛大学人文建筑之旅[M].陈家祯，译.上海：上海交通大学出版社，2010.

大学的新职能，而教学和科研都应该是教师的职责[①]。哈佛大学在研究型大学理念驱动下，校园增建不少研究型教学设施，如1876年组成人文与自然科学研究生院，建立工商及应用科学学院，1890年又设立文理研究生院。研究型大学的理念也引起了教学建筑的变化，1925年法学院的设计将几栋建筑成组布局，出现阶梯教室、固定座位案例研究室或苏格拉底式教室的布局[②]。

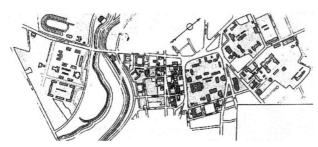

图2-3　哈佛大学规划（1924年）
商学院、化学组团、工艺美术学院扩建
来源：TURNER P V. Campus：an american planning tradition[M].
New York：Architectural History Foundation, 1987：55.

图2-4　哈佛大学总平面
来源：TAYLOR I. University planning and
architecture：the search for perfection[M].
London：Routledge, 2010：65.

而在哈佛大学的发展历史中也可以看到，设计师对未来教学空间的构想同样推动着校园空间的变化。格罗皮乌斯设计的研究生中心是其中一个典型的例子（图2-5、图2-6），它包括以连廊相互连接的宿舍、公共活动楼、交往厅与餐厅。这种设计让不同专业学生混住避免专业隔绝，学生在餐厅和交往厅有机会相互接触和交流，在工作上合作。格罗皮乌斯在建筑中强调公共生活、合作活动和思想交流的哲学思想，宣称"生活在这样一组建筑里，一个年轻人将无意识地吸收一些教室里显得抽象深奥的思想"[③]。

在学科发展方面，如今的哈佛大学结合现代科研趋势和学科综合优势，倡导通过学科、院系间的融合、联系来开展跨学科的科研与教学。校园现在共有10个研究生院与1个本科生院，其丰富的学科设置既促进学科间的融合与交叉，又为培育新的学科提供了支持。而在校园空间方面，哈佛大学的校园结构经过多年的"生长"，已与城市融为一体并呈现出混合模糊的特征。但经过仔细分析仍然可以发现其组织规律，如相近学科邻近布置、各区开放空间连贯成体系、丰富多样的校园生活设施，都使校园

① BENTINCK-SMITH W. The Harvard book: 350 anniversary edition[M]. Cambridge: Harvard University Press，1986：22.

② 戴维·J·纽曼.学院与大学建筑[M].薛力，孙世界，译.北京：中国建筑工业出版社，2007：119.

③ TAYLOR I. University planning and architecture：the search for perfection[M]. London：Routledge，2010：26.

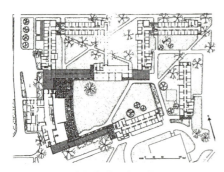

图2-5　哈佛大学研究生中心平面图
（1950年）

来源：RICHARD P D. Campus planning[M].
　　　New York：Reinhold，1963：130.

图2-6　哈佛大学研究生中心模型

来源：MUTHESIUS S. The post-war university：Utopianist
campus and college[M]. London：Paul Mellon Centre BA，
2001：35.

成为一个学术社区。第26任校长陆登庭把哈佛大学校园比作一个不同寻常的社区——
它把许多非凡的天才聚集在一起，去追求理想和探索未知世界。

2.1.3　西方各国研究型大学发展与特点

　　第二次世界大战前欧洲一直是世界科技中心，但战后随着美国经济及研究型大学
的迅速发展，其世界科研中心的地位被美国取代。德、英、法各国都发展出各自的研
究型大学系统，但其与美国以研究生系型大学结合的模式不同，形成了各具特色的研
究生教学模式（表2-4）。

　　德国在20世纪曾因其研究型大学成为世界的教育中心，在经历了战争重创及战

德、英、法、美研究生教育比较　　　　　　　　　　　　　　　　表2-4

国家	类型	机构组成	特点	备注
德国	研究所型大学	包含必要的人员，以及实验室、图书馆、课堂和讨论室等设施的自给自足的教学和科研单位	大学不提供博士研究生课程；低年级学生一般不参与科研	研究生脱离有组织的课程教学
英国	学院型大学	长期以来学院各自独立、自给自足	学院按学科划分，过于重视本科教育，学徒式的师生关系	
法国	研究院型大学	国家科研中心设在大学，向教师和研究生开放	国家统筹科研，研究生在研究院或研究中心内完成学业	
美国	研究生系型大学	研究生院与专业学科的结合	大学的系以科研为中心，系是一个有组织的教学环境，又是一个科研环境	研究生继续学习课程

来源：伯顿·克拉克.探究的场所 现代大学的科研和研究生教育[M].王承绪，译.杭州：浙江教育出版社，2001.

后重建后，形成研究所型的大学系统[①]。研究所包含课堂、讨论室、实验室、图书馆及科研人员，组成相对独立的研究机构，并以研究所的形式作为教学与科研场所，如著名的马斯普朗克研究所协会。

英国的大学一直以牛津、剑桥的学院制精英培养模式为主导，直到19世纪迫于德国研究型大学的兴起，才仿效柏林大学模式在文理科实行教学科研结合。英国一直过分重视本科教育，按学科划分的学院是其基本组成单元，并处于各自独立且自给自足的状态，直到20世纪90年代才在一些大学成立研究生院，并将英国大学分为"研究主导型"和"教学主导型"两类，其中牛津大学、剑桥大学是最著名的研究主导型大学。

而法国通过国家统筹科研，将国家主导的科学研究中心建在大学内，对教师和研究生开放，研究生在研究院或研究中心内完成学业。法国大学在国家科研体系内处于从属地位，在一定程度上限制了法国研究型大学的发展。

总体而言，20世纪欧洲各国的研究型大学发展滞后于美国，究其原因，除了美国经济地位与欧洲战争的影响外，跟欧洲大学与社会经济结合度较低、模式相对保守有一定关系。2002年欧洲研究型大学联盟成立，期望面对欧洲失去科研优势的现状促进研究型大学的发展。

[案例]　　　　　　　　　　**剑桥大学：学院型研究性大学**

剑桥大学采用源自中世纪学部结构模式，学院建筑类似修道院，它包含教室、图书馆、俱乐部、餐厅、讲堂和宿舍的社区，建筑往往沿边布置，围合成中心方院。学院相对封闭独立、各自为政，直到16世纪才出现三边围合的开放式方院。剑桥大学自将科研与教学结合以来，一直通过原有学院扩建来满足扩张需求（图2-7）。

剑桥大学从19世纪末以来几乎没有建造新建筑，直到20世纪50年代才批准建设新学院计划——丘吉尔学院（图2-8）。新学院的设计体现对大学建筑的新思考：可发展的由建筑组成的学术社区。中标方案为强调社交性、多用途的学院组团，由一组方院连成，层数均为2或3层[②]。公共建筑综合体包括礼堂与餐厅，位于方院组团中心，使总体更完整、舒适。此后，福斯特、斯特林等现代主义建筑师设计的剑桥大学新建

----

① 伯顿·克拉克.探究的场所 现代大学的科研和研究生教育[M].王承绪，译.杭州：浙江教育出版社，2001：56.

② MUTHESIUS S. The post-war university：Utopianist campus and college[M]. London：Paul Mellon Centre BA，2001：69.

筑，满足了现代学科发展的需要，但是它们各自为政、不顾相互空间关系的设计，被认为导致了校园空间的消极化。

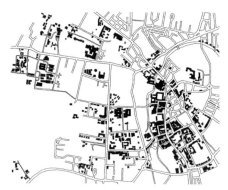

图2-7　剑桥大学
来源：TAYLOR I. University planning and
architecture：the search for perfection[M].
London：Routledge, 2010：140.

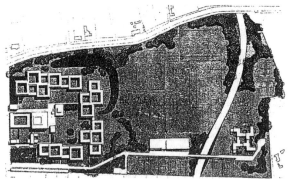

图2-8　剑桥大学丘吉尔学院（1959年）
来源：MUTHESIUS S. The post-war university：Utopianist
campus and college[M]. London：Paul Mellon Centre BA,
2001：69.

2.2 知识经济创新时代国外研究型大学发展

随着20世纪末知识经济时代的到来，享有知识的机构将成为最具影响力的主体。研究型大学作为知识密集区域，获得了难得的发展机遇。

2.2.1 创新主体——知识经济中研究型大学新职能

20世纪80年代以来美国研究型大学继续发展，到90年代已发展到125所。在这期间，美国研究型大学面临着日益增加的压力，政府调整政策，减少了对研究型大学的资助；然而现代科研综合、复杂化趋势和创新理论的发展，使企业认识到与大学进行创新协作是突破创新能力限制的重要途径，这为研究型大学带来新的机遇。从80年代开始，美国研究型大学承担了越来越多的为国家或地区经济发展服务的任务；到90年代，研究型大学所起的作用日益明显，不仅推动地区产业结构调整，还带动了国家经济持续增长。其中，依托斯坦福大学建立的斯坦福大学科技园，以及后来在周边通过高新企业聚集发展起来的硅谷，已成为创新区域发展的范例。研究表明，美国第二次世界大战后的经济增长50%以上应归功于科技创新及高新技术产业，而研究型大学则是创新的主力军，因此，各地政府都逐渐把研究型大学视为创新体系的重要组成部分和经济驱动器。

在认识到研究型大学的创新驱动能力后，各国研究型大学都开始将创新作为新职能来建设（表2-5）。美国南方技术委员会2002年发表题为"创新大学：知识经济中的大学新角色"的报告，建议鼓励合作研究、科技园区建设和大学转型。而英国曼城大学通过对欧洲多所著名大学的研究，也认为产学合作、成果产业化、大学创业公司都将成为世界性的趋势，并认为大学应改变独立传统，与其他科研机构或企业合作[1]。研究型大学不但向企业提供技术，还以创办企业、提供就业等形式促进地区发展。一项对麻省理工学院毕业生或老师创办企业的调查显示，师生通过自主创办或专利授权形式建立了超过4000家企业，其中近四分之一的总部设在学校所在地波士顿。

大学职能演化　　　　　　　　　　表2-5

项目	中世纪	第一次学术革命	两次学术革命间演进	第二次学术革命
大学新类型	教学型大学	研究型大学	服务型大学	创业型大学
大学新任务	教学	研究	服务农业、工业	国家、地区经济发展
大学总任务	知识保存与传承	两大任务：教学与研究	三大任务：教学、研究、服务	三大任务：教学、研究、创业

来源：王雁.创业型大学：美国研究型大学模式变革的研究[M].上海：同济大学出版社，2011：57.

2.2.2 走向创业——国外研究型大学校园新方向

自20世纪70年代以来，国外研究型大学大多数实施了大规模扩展建设，除美欧各国入学人数增长的原因外，还因为创新成为新职能，研究型大学与工商界的合作为校园带来新的建设。美国研究型大学在注重营造跨学科环境、推动知识生产方式创新的理念影响下，校园建设以大量产学研合作机构、交叉学科研究实验中心建设为特征，其形式包括以下几种（表2-6）。

研究型大学出现的跨学科机构或组织（以麻省理工学院为例）　　　表2-6

类型	具体形式	特点
政产学跨界合作组织	工程研究中心、科技中心、国家实验室（政府设立大学代管）、大学产业合作研究中心（NSF推动）	跨传统学科与机构界限，多学科合作研究与培训；强调科技相关的基础研究；工业代表参与活动，规范研究方向
大学内跨学科组织	研究计划、研究实验室、研究组、项目（课题）组、协作组、研究所	组织灵活、不拘形式
实体基础建设	大学科技（研究）园、企业孵化器	—
研究创投组织	高新技术咨询中心	—

来源：王雁.创业型大学：美国研究型大学模式变革的研究[M].上海：同济大学出版社，2011：75.

---

[1] 王雁.创业型大学：美国研究型大学模式变革的研究[M].上海：同济大学出版社，2011：56.

第一种是产学合作机构：1980 年后在美国研究型大学内陆续建设了一批美国企业设立的技术创新研究机构，如1979年明尼苏达高技企业联盟在明尼苏达大学建立的微电子技术和信息系统中心，以及1981年17 家企业集资和国防部资助在斯坦福大学建立的集成电路研究中心。

第二种是校内的交叉学科研究机构：以表2-6中所列的麻省理工学院跨学科机构建设为例。美国研究型大学在原有的校园空间或外围新建大量校内跨学科研究中心、跨组织研究中心等综合建筑。

第三种是包括大学科技园、企业孵化器在内的大学企业培育设施，其目的是加强工商业联系与促进校内创新成果的产业化。

其余类型还有高新技术咨询中心研究创投组织。

[案例]　　　　　　　麻省理工学院：走向创业的研究型大学

以学科的交叉与融合促进创新是指导麻省理工学院学科与校园建设的理念，这体现在学院学科群的发展以及跨学科实验室与研究中心的建设上（图2-9）。20世纪60年代的五个学院间建成不同形式、不同层次的跨学科研究中心，它们打破传统学科分类的院系设置，覆盖了许多新兴研究领域（如计算机、生物等）。学科的交叉融合既能使麻省理工学院学科整合加强，促进研究领域向纵横发展和创新能力提高，也能使其有能力承担重大科研项目，并从学术研究项目中衍生出商业公司。而学院成立的技术许可转让办公室，推动麻省理工学院向创业型大学转变；产学研合作也促进128公路技

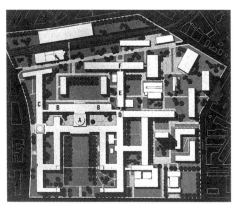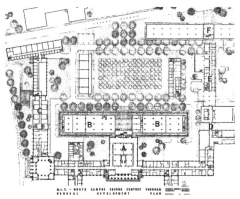

图2-9　麻省理工学院教学主楼扩建
C、E、F为当初预留增加的扩建部分，后加建各学科楼，成为联系紧密、利于交叉的研究综合体
来源：RICHARD P D. Campus planning[M]. New York: Reinhold, 1963: 246.

术密集带的形成，这些更进一步为学院的学科交叉与融合创建了平台。从麻省理工学院总平面可看到（图2-10、图2-11），从20世纪末开始，校园外围新建大量跨学科新型研究中心、实验室、咨询中心的综合建筑，外围还零散建设了如科技广场等科技办公建筑，不仅加强学科交叉融合，还进一步加强校园与区域创新体系结合。

图2-10　麻省理工学院（1960年规划）
来源：RICHARD P D. Campus planning[M]. New York：Reinhold，1963：248.

图2-11　麻省理工学院现状平面
外围新建均为研究中心，交叉学科
来源：笔者改绘自麻省理工学院校园地图。

2.3　国内研究型大学起源与发展

19世纪末至20世纪末，以美国为主流的国外研究型大学得到巨大发展、取得举世瞩目的成就。而中国大学走出了不同的发展道路，直到20世纪末才形成萌芽期的研究型大学。分析中国大学发展过程不同的特点和推动因素，可以找到与国外的差距及成因，为当今的研究型大学建设提供参考依据。

2.3.1　分离与回归——中国当代大学科研职能发展

从欧美研究型大学的发展轨迹看，研究与服务功能和大学的结合，跟西方国家进入工业化社会后社会经济对科研的需求有密切关系。而中国同期正处于落后的农业社会，使科研功能真正与大学结合晚了近一个世纪。

1.民国时期——大学科研职能萌芽

20世纪初西方现代大学模式传入中国，受德国大学观念的影响，科研职能在大学中萌芽。1912年由蔡元培倡导发布的《大学令》指出，"大学为研究学术之蕴奥，设大学院"。他仿效德国在北京大学建立研究所制，1917年底北京大学成立文、理、法三科研究所，开创了我国大学设研究所和研究生培养的先河。1934年燕京大学设研究生院，开设研究生课程，学系12个[①]，进行通才教育，30年代初以培养研究生和

---

① 金以林.近代中国大学研究[M].北京：中央文献出版社，2000：120.

科研活动为目标的研究所在高校兴起。但民国时期实行的是精英教育，从事科研的人员数量极少，全国各科在校研究生从1936年的75人发展到1947年也仅有424人[①]。1948年公立院校中有26所共设有142个研究所[②]，如国立交通大学研究所、清华大学航空研究所、武汉大学理科研究所等，这些研究所以数学等基础研究和农科为主，主要反映了战时科研需求[③]。但后期随着国立研究院所的建立，大学研究院所主要成为研究生教育机构，科研脱离大学而不被学术界所关注。

此阶段的大学发展，从体制上实现大学职能由教学中心向教学和科研两个中心的转变，并出现了研究生层次的教育[①]。然而，连年战乱导致科研环境极为恶劣，尽管一些优秀人才如钱学森、华罗庚等取得有影响的成就，但无法改变科技落后、发展缓慢的状况，科研功能实质上未能真正成为大学的职能。

2. 新中国成立初期——大学与研究职能的分离

新中国成立后，苏联的大学教学理念得以推广，否定通才式教育，对原有大学调整为单科化院校，并按生产部门划分合并。到1952年，全国综合性大学及普通大学只有21所，其余均为专业院校。受苏联影响将科研与大学分离，强调大学只有培养人才的单一职能，并在大学外成立研究机构专门进行科研。到20世纪50年代末，高校中尽管也有一定数量的科研人员，但因没有足够的课题与经费，研究工作也基本没有发展。

到20世纪60年代，国内大学科研在部分专科学院、工科院校和综合大学中有所恢复，特别是在北京的大学中建设了一批重要的科研设施，如北京大学数学、物质结构的研究所，以及清华大学无线电、化工学科的研究所等。尽管此时我国大学也开展科研活动，但相比于西方研究型大学，科研活动少且成果极少转化推广，更谈不上对经济的推动作用。而随后的"文革"也让大学的教学活动近乎停止，大学已无科研职能可言。因此，总体而言，新中国成立后的30年间大学科研活动发展受环境限制，科研职能与大学脱离。

3. 改革开放——大学研究职能的回归

改革开放后中国大学得到了恢复与发展的机会，1985年《关于教育体制改革的决定》允许大学拥有开设新课程的自由，恢复大学的科研功能并作为大学中心任务和主

① 陈元.民国时期我国高校研究所的特征及其成因[J].高教发展与评估，2011(5)：13-18.

② 孙傲.民国时期研究生教育的特点分析[J].高教探索，2009(2)：111-114.

③ 金以林.近代中国大学研究[M].北京：中央文献出版社，2000：333.

要责任。自此高校才开始改变长久以来过窄的专业设置，向学科综合化方向努力。20世纪80年代国家重心从农业转向工业，科研也相应成为社会发展的需求之一，被重新引入大学，改变了国内大学单一的教学功能，许多大学都恢复了原有研究所或建设了新研究所以提高科研和学术水平。

4.进入21世纪——研究型大学的建设发展

进入20世纪90年代后，面对全球经济一体化进程，知识经济给我国既带来机遇又带来挑战。与发达国家相比，我国经济技术发展都处在相对落后水平，无论从培养尖端人才角度还是从推动经济技术角度看，都需要建设一批高水平的研究型大学。1998年我国提出建设世界先进水平的一流大学设想，并以"211工程""863计划""985工程"等国家重点高校建设项目为平台，初步形成了我国研究型大学发展的目标、对象和框架。1999年，我国提出高等教育大众化的目标，开始近十年的高等教育高速扩张期和大学校园建设高潮。在此过程中借鉴了美欧大学的理念，通过大学间的合并实现对新中国成立初期按苏联模式建立的学科结构的调整，使各重点大学都往学科综合化方向发展。

2004年教育部提出建设"一批国际知名的高水平研究型大学"，并以此为标志进入实质性建设阶段[①]。其中，"985工程"是在全国选择34所大学重点建设为研究型大学，并设立研究生院。这些以研究型大学为发展目标的重点高校也开始了老校区扩建、新校区建设的扩张期。同期我国研究型大学的教学与科研都得到迅速发展，国内在校研究生从1999年的23万人扩张到2011的165万人。2017年，教育部、财政部、国家发展改革委联合发布《关于公布世界一流大学和一流学科建设高校及建设学科名单的通知》，提出建成"若干所世界一流水平的研究型大学"的目标，"双一流"成为继"985工程""211工程"后国家发展研究型高校的新战略（表2-7）。

中国研究型大学发展的四个阶段   表2-7

时间	阶段	事件
1985～1994年	构思阶段	1993年，国务院颁布《中国教育改革和发展纲要》提出集中力量办好100所左右重点大学；1994年，国务院提出面向21世纪分期分批重点建设100所左右高等学校，争取若干高校在21世纪接近或达到国际一流学术水平
1992～1998年	准备阶段	1992年，"211工程"提出重点建设100所左右高校和一批重点学科；1998年，《面向21世纪教育振兴行动计划》提出建设若干所具有世界先进水平的一流大学
1998～2000年	启动阶段	教育部"985工程"，标志着正式启动研究型大学建设。重点建设34所大学，均设研究生院

① 侯光明.中国研究型大学：理论探索与发展创新[M].北京：清华大学出版社，2005：37.

时间	阶段	事件
2001年
至今	建设阶段	2002年"211工程"二期启动；2004年教育部发布《2003—2007年教育振兴行动计划》，提出继续实施"985工程"，努力建设若干所世界一流大学和一批国际知名的高水平研究型大学，标志着我国研究型大学进入实质建设阶段

来源：柴永柏.建国60年中国大学发展研究[M].成都：四川大学出版社，2009：343.

2.3.2 模仿到多元——西方思潮影响下的当代中国大学校园

1.新中国成立前——西式校园与中国元素的融合

20世纪初，中国近代大学主要为传统书院改制而来的学堂和外国教会创立的教会大学，其中教会大学多采用英国式的学院结构。1910年以后，中国的大学转向模仿欧美模式，1928年清华学校更名为国立清华大学，标志着美国在华教会学校发展到一个兴盛期。这个时期的政治背景与外国大学开放民主精神的引入，影响着校园的布局形态。而封建社会的结束和建筑师对中国大学形式的探索，为美式大学形态在中国的流行提供了条件。美国建筑师墨菲规划的清华大学、燕京大学等（图2-12），逐渐形成了功能分区规划并结合中国园林和传统建筑元素的校园模式，而这种中西融合的模式成为当时校园建设的主流。这个时期的大学呈现以下特点。

（1）规划形态：受西方学院派影响，几何化的校园结构和草坪广场成为组织校园群体的主要特征。以当时的清华大学为例，以公共轴线统领各学院建筑群，学院采用类似于英式、住学一体的学院模式，以四合院为单元，包含宿舍、教学功能。

（2）功能组织：大学开始鼓励师生间的交流及学生的社团活动，并通过校园内提供学生活动中心或将教师宿舍就近安排在教学建筑附近等措施以增加交流机会。这个时期的大学受美国教育理念影响，服务社会开始成为功能之一，设立如农业研究机构和试验田等设施。

1927～1949年保守的政治意识与民主主义文化，加上海外归来建筑师学院派和折中主义的设计思想，主导了这一时期的大学建设。校园表现为现代主义功能分区规划，结合采用轴线控制的学院派手法和中国传统造型群体的校园形式。以金陵大学为例（图2-13、图2-14），规划采用美式校园模式，没有采用寄宿学院式分区。大学部由文学院、理学院、农学院组成，每个学院一栋建筑。

2.新中国成立后——模仿苏联大学的模式

新中国成立后国内大学仿照苏联大学体制进行院系调整，大学不再以学院为组织结构，而是变成以系—专业—教研组来作为组织结构。这个时期的大学环境更多地

反映了政治性与计划性，而不是学术自由的精神。现代主义功能分区方法在校园规划
中普遍运用，并体现指令性、生产性特征。1958年后，教育与生产劳动结合的思潮，
掀起了大学内建工厂、实验农场的风潮，形成大学工厂化的校园风貌，而休闲、娱
乐、生活等功能被压缩到最小。

新建校园空间模仿莫斯科大学的中心式构图、校园中心"工"字形主楼、三边围
合主入口空间，成为当时普遍采用的模式。行列式、机械化、呆板的校园空间成为
这个时期的特征。按照苏联模式改造的院系教学组织，使学院建筑不再需要组团布
局形式，而是开始流行每个学系一栋楼的模式。20世纪50年代现代建筑在大学校园
内出现，但计划经济时期统一的建设标准使当时的校舍建筑千篇一律，不同学科功
能的建筑往往采用相同的形式，难以满足各专业不同的教学需要。以清华大学为例
（图2-15），当时社会主义新型大学的理念使网格式结构和围合院落布满清华校园。

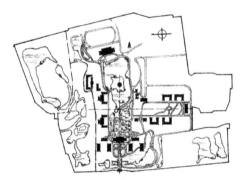

图2-12 燕京大学校园

来源：董黎.中国近代教会大学建筑史研究[M].
北京：科学出版社，2010：156.

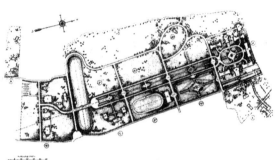

图2-13 金陵大学（1913年）

来源：董黎.中国近代教会大学建筑史研究[M].北京：科学
出版社，2010：46.

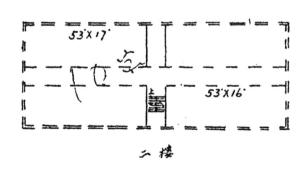

图2-14 金陵大学实验楼平面

来源：董黎.中国近代教会大学建筑史研究[M].北京：科学出版社，
2010：57.

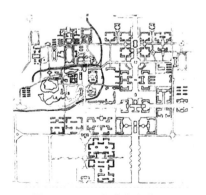

图2-15 1954年清华大学规划

来源：清华大学官方网站。

3. 21世纪到来——多元化校园形式

20世纪80年代后，大学的教育理念、教学科研需求和设计者的理念开始成为主导因素。校园的社会价值取向转变使校园空间形态向学术中心回归。随着国外规划、建筑设计理论的引入，新校园的设计试图摆脱苏联模式和古典主义，校园形态向多样化发展。

这个时期教学科研区的建设是校园的重心，新中国成立以来盛行的一系一楼、机械单一的校园建筑成为校园改革的潜在对象。从建筑形态上看，校园中科研、教学多学科综合化已开始成为发展方向，学科之间、教学科研之间的交叉使教学科研空间的联系成为设计重点，建筑向大规模、综合化、整体化方向发展。另外，在一些历史较久的综合性高校中，以分散教学建筑为主的老校园采用相关学科组成群组的形式。以当时建设的北京大学理科楼群为例（图2-16、图2-17），已开始体现以学院和学科群为单元进行建设，形成多中心群组化的格局。

图2-16　北京大学理科楼群规划

来源：宋泽方，周逸湖.大学校园规划与
建筑设计[M].北京：中国建筑工业出版社，
2006：153.

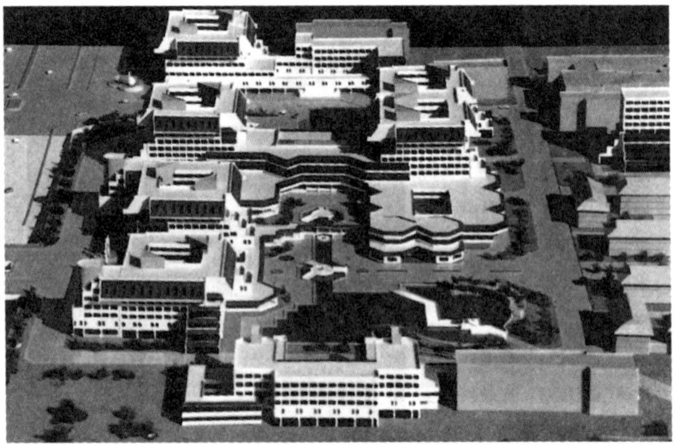

图2-17　北京大学理科楼群规划

来源：宋泽方，周逸湖.大学校园规划与建筑设计[M].北京：中国建筑工业出版社，2006：153.

2000年后，大学校园建设跨越式发展，招生人数的扩张使新建校园规模迅速扩大，校园内教学、科研、生活设施面积比以往有大幅度提升，建筑与校园尺度都比以往有大幅度增加。同时，随着功能、空间复杂化及新增功能建筑的不断补充，老校园有混合化、多样化的趋势，校园活力得到强化提升（表2-8）。然而，我们看到的是大量基于功能主义原则快速建设的校园，过于巨大的尺度和功能的单一令校园缺乏空间活力。

各时期教育与设计理念和大学校园形态特征 表2-8

时间	教育理念	大学理念	大学职能	设计理念	形态特征
民国时期	教学与研究结合理念萌芽，精英教育	英式书院制洪堡研究型理念	教学、研究职能萌芽	第一次校园设计思潮：学院派	英式学院和美式校园，中西结合的建筑
新中国成立后至改革开放前	苏联模式、社会主义教育；计划性教育，与生产结合	注重实用而不是科研，强调单专业教学而不是学科综合交叉	教学，生产，研究功能分离	第二次国外设计思潮影响：功能分区	苏联大学模式；中轴线、"工"字楼、沿边布置的组团
改革开放后	大众化教育，回归西方教育理念	学科融合、交叉学科增加，西方现代大学理念	教学，研究功能的回归，创新功能萌芽	第三次国外设计思潮影响：系统规划、后现代主义、场所、城市设计	多元化校园，快速建设，大尺度校园，大学城

2.4 创新社会中我国研究型大学的机遇与挑战

我国大学与研究职能的结合和建设研究型大学目标的提出，比欧美国家晚了一个世纪；而知识经济时代的到来与创新型国家目标的提出，又为刚处于起步期的中国研究型大学提出了创新的新任务。将我国与西方的研究型大学放在同一时间坐标内对比，可以看到我国研究型大学面临的机遇与挑战。

2.4.1 创新的核心——创新社会中我国研究型大学的机遇

1.国家创新体系结构的提出

知识经济时代，西方欧美各国都将科技创新作为国家发展战略，美国、德国等国家不仅重视知识的生产与传播，也重视技术创新，取得经济发展的成功并为世界所仿效。经济学家们广泛地认为美国过去60年的经济增长有50%要归功于技术创新[1]。20世纪80年代，西方国家提出了国家创新体系的概念，主要是指国家内各相关部门和机构间相互作用从而推动创新网络，其目的是实现国家对提高全社会创新能力的有效调控、推动、扶持，以取得竞争优势。

我国正处于工业经济向知识经济转型的过渡时期，知识、人才和创新能力不单是推动经济增长的重要力量，更是决定国家竞争力的重要因素。中国科学院在1997年

[1] VEST C M. The American research university from World War Ⅱ to World Wide Web[M]. Berkeley：University of California Press，2007：41.

提出建设面向知识经济时代国家创新体系的报告，在此背景下，建设创新型国家的目标也从国家层面被提出，并将国家创新体系作为新型创新主体结构。而在创新主体系统中，企业不再作为创新的唯一主体，而是使科研教育组织、政府组织等机构与企业组织共同构成创新的主体[①]。

2.研究型大学在创新体系中的核心地位

从西方发达国家的经济科技发展过程可以看到，研究型大学一直都是各国知识创新体系的核心组成部分。从国际知识创新水平的重要标志——诺贝尔奖，以及在《自然》《科学》等顶尖学术刊物的论文发表情况来看，75%的诺贝尔奖获得者、60%的在《自然》和《科学》刊物论文的第一作者均来自世界排名前200的研究型大学[②]。影响人类生活方式的重大科研成果的70%来自研究型大学[③]。美国加利福尼亚大学教授卡斯特斯认为，研究型大学在知识经济时代是发展的动力源与知识创新的发电机。高技术产业增长中心的极核可能是某所知名理工大学或某个政府研究机构，研究型大学成为技术创新主体之一[③]。

我国的大学从科研功能恢复后发展至今，以"985工程""211工程"等重点高校为主体的研究型大学，也在科研和创新体系中发挥着创新核心主体的作用。从科研成果产出上看，高等院校已逐渐成为科研主体，为国家培养了大量创新型人才。同时，研究型大学通过技术咨询、合作培养等形式实现与企业合作，还通过建设大学科技园、孵化培育高技术企业等形式，建设如清华紫光、同济科技等科技企业，实现科研创新成果的转化并推动区域经济增长。

2.4.2 快速扩张与指导滞后——我国研究型大学建设面临的挑战

1."高等教育大众化"期间的校园快速扩张

在1999年"高等教育大众化"目标提出后，中国进入了一个近十年的高等教育扩张和大学校园建设高潮期，据统计，大多数研究型大学都因扩张需求建设了新校区，或进入设计阶段。随着教育理念和设计理念的发展，新建的校园呈现多元化特点，各重点大学在新校区设计阶段都邀请高水平的国内外设计机构参与，涌现出一批高水平的设计作品。

---

① 颜晓峰.创新研究[M].北京：人民出版社，2011：286.
② 刘念才，董育常.我国研究型大学建设的思考与建议[Z].教育部科学技术委员会专家建议，2003.
③ 田树林，苗淑娟.研究型大学参与技术创新的研究[J].工业技术经济，2008(7)：71-74.

然而，2004年教育部提出建设高水平研究型大学的目标时，我国重点高校的大规模扩张建设已经启动（建设在前而目标在后），给这些校园在后来使用中带来定位上的偏差。建设启动时的主要目标是满足教育大众化带来的学生人数扩张要求，如2001年设计浙江大学紫金港校区，设计目标定位为本科生教学的基础教育部。而尽管在2003年以后可以看到各重点大学新校区建设定位的变化，如2003年浙江大学紫金港校区西区设计目标定位为"一流研究及研究生培养功能"。但前期已经启动建设的校园则往往按照以往传统教学型校园来设计。

同时，新校区办学模式的尝试也导致一些失败与反复。一些重点大学对新校区的办学模式曾进行了探索，包括：①新区安排低年级本科生、高年级本科生和研究生留本部；②新区安排全部本科生、研究生留校本部；③部分院系或学科完整迁往新校区。但高低年级分离、本研学生分开培养的模式，在实施中发现大量问题，如教师难以同时兼顾两个校区的教学、高低年级交往氛围不足、校园研究氛围变弱等。以中山大学珠海校区为例，2002年尝试将低年级学生安排在新校区培养，三、四年级再迁回本部，但实施过程中遇到各种问题，使学校不得不在2008年后改为将部分独立的新学系安排到新校区。在此过程中，这些原定位于基础教学部的校区往往难以适应后来的研究型教学需要。

2. 我国研究型大学校园存在的问题

从西方的研究型大学发展过程看，无论20世纪初研究与服务职能的形成，还是21世纪初创新职能的出现，都与其社会工业化进程同步发展。我国作为处于上升阶段的新兴工业化国家，刚进入工业化中后期就要面临工业化和知识经济双重压力，在此背景下，中国研究型大学承担了推动国家复兴与迈向创新的使命。而我国的研究型大学是社会经济高速发展急需科研支持形势下，借鉴国外先进理念产生的大学新类型，其研究职能还没成熟就开始面对承担创新功能的使命，无疑具有很大挑战。

我国的研究型大学刚处于发展起步期，与欧美的研究型大学相比，其科研与创新的投入和产出都有非常大的差距；而从物质环境角度比较，可以在城市层面、校园规划与建筑空间层面发现以下差距。

（1）缺少参与区域创新体系的空间条件。

国外的成功案例显示，研究型大学创新功能及其在区域创新体系中核心角色的实现，需要有与城市产业结合的区位，并通过优良的交通联系、丰富的生活资源、利于建立外部学术与产业联系的设施来建立有利于其创新网络实现的环境条件。而国内研究型大学特别是新校区案例中，不少校园选址在城市化程度较低的郊区，未能与城市产业发展方向相结合，校园内也缺少创新孵化、技术产业化的科技产业园区用地。

（2）校园未能与周边社区融合。

国外研究型大学开放的校园、交通网络、注重与周边社区融合的功能界面，为校园带来多元的活力和资源、信息的交流，有利于校园创新的发生与扩散。而我国大多数校园的情况却是封闭的界面、内外资源的隔离。校园既没有很好地推动周边社区发展，也没能利用周边资源与信息的交流推动校园创新。

（3）校园规划未能适应现代科研组织模式。

研究型大学创新科研功能的实现，需要有足够的科研用地来容纳各类院系科研用房、政府建立的各类实验室甚至企业界投资的研究中心。而国内的大学建设指标未考虑预留这些设施的用地，再加上部分校园按普通教学型大学校园来规划，更缺少足够的创新科研发展用地。旧校园缺乏科研职能的历史，也使原有学科隔离分散、小体量教学建筑难以适应现代科研组织的需要。

（4）校园未能提供营造创新网络的空间条件。

国外研究型大学校园注重通过复合功能、社区设计、交往设施、场所营造来实现多元交流、创新氛围。而国内大学校园经常可以看到的是功能主义规划带来校园空间活力的缺失，过于注重教学科研功能而缺少考虑创新交往所需的交流空间与设施，未能提供有利于创新网络形成的社区环境。

（5）建筑未能满足团队科研与协同创新的活动需求。

现代的研究型建筑从团队式科研活动需求出发，设计有利于团队合作、学科交叉的建筑空间；通过多种交往空间的设计为创新交流提供场所。而在国内大学创新科研建筑中常可看到不少案例按以往单学科、教学型的空间设计，难以满足现代科研的活动需求。建设方与建设指标过于追求实用率，导致建筑极少考虑有利于自主学习、创新交流的非正式空间，未能提供有利于创新活动的建筑空间。

3.问题成因分析

从前面国内外大学发展历程可以看到，来自校园外部的社会背景、经济产业对大学职能定位的需求，与来自内部的决策者、设计者的教育理念和设计理念，共同影响着大学校园的物质空间形态。我们可以从这些方面找到国内外研究型大学差异产生的原因（表2-9）。

（1）大学职能转变后相关配套设施滞后。

由于经济水平和历史原因，我国大学的研究职能直到20世纪80年代初才开始回归，创新职能更是近年才开始提出。老校园发展用地不足加上院系调整时代造成的单

我国研究型大学问题成因分析 表2-9

成因角度	过去被重视方面	未来应改进方面
大学职能	教学职能	科研、创新职能
教学模式	正式学习、规训被动学习	非正式学习、自主学习、交流学习
创新交往	注重正式交往、线性交流	非正式交往、网络交流模式
设计立场	现代主义、功能主义	人文主义、混合分区、社区模式
设计指标	注重实用率	关注"无用"空间
科研组织	系教研组、单学科	多学科、学科交叉

学科建筑，难以满足大量科研创新活动的需要。而近年新校园建设缺少明确定位目标指引和相关参考指导，按传统教学型大学建成的校园空间滞后于创新科研职能转变的需求。

（2）教学模式转变缺少物质环境支持。

现代教育理念的发展使大学教育已从以往的单向灌输、被动式学习模式转向非正式学习、自主学习、交流学习模式，这些新模式对研究和创新活动来说显得尤为重要。但从国内现状来看，教学设施的空间设计，从规训式的教室布局到缺乏交流空间的公共环境，都反映出教学环境缺乏对新教学模式转变的支持。

（3）缺乏对创新活动及产生条件特征的了解。

创新活动的本质是信息的交流与传递活动，现代创新行为的研究表明，交流特别是非正式交流行为对创新的激发起着重要作用，校园内休闲性与非正式的交往设施对促成网络化的交流模式形成起着重要作用。而现有的校园设计缺乏对创新行为及其规律的了解，只注重教学类的正式交流空间，未能提供促进非正式创新交流的校园环境。

（4）对现代研究型大学科研活动特征把握不足。

现代科研活动以团队式组织、多学科交叉研究为主要形式。在欧美校园内可以看到各类综合性的科研综合体和跨学科研究中心；而国内的大学老校园与科研职能分离，原有建筑难以适应现代科研活动的要求。新建的院系科研设施设计初衷与认知也往往建立在旧式教学楼形式基础之上，相比于国外的科研设施显得落后不少。

（5）功能主义设计理念带来校园活力缺失。

国内大学功能主义的分区规划几乎出现在每一个校园中，随着校园规模的不断增大，功能主义设计带来巨大的空间尺度、活动的单一、活力的缺失。反观国外大学校园在反思现代主义带来的缺陷后引入人文主义的立场，采用混合分区和社区化布局，使校园充满社区活力与创新交往氛围。

（6）设计指导指标过时限制新校园功能发展。

国内大学建设受《高等学校建筑规划指标》的控制。其中的指标作为经验性的指导毕竟是建立在十多年前经验总结的基础之上，未能很好地反映校园未来发展趋势与需求。再加上其主要是建立在过往教学型大学校园的使用基础之上，缺少对各类科研设施用地的考虑，指导以研究与创新为职能的研究型大学校园建设显得不合时宜。

2.5　协同创新中研究型大学的发展趋势

研究型大学的发展历程揭示了校园的发展如何受到来自大学外部社会、经济、技术背景推动，以及来自内部的教育者、决策者的教育理念和设计者的设计理论影响。发展早一个世纪的欧美研究型大学为我国提供了很好的参照对象，从分析这些对象的特点入手，结合相关背景与理论的发展趋势，或许可以找到我国研究型大学在创新社会中的发展方向及应对策略。

2.5.1　研究型大学特征与发展趋势

1.研究型大学校园特征

斯坦福大学校长卡斯帕尔认为研究型大学要满足三个要求，即致力于知识探索、精选学生和具有批判性的追根究底精神。美国的研究型大学发展史上出现过不同的模式：柏林大学洪堡的"科研教学相结合"、哈佛大学埃略特的"选课制"、霍普金斯大学吉尔曼的"研究生院"、麻省理工学院罗杰斯的"通过实验进行教学"、斯坦福大学特曼的"硅谷模式"。尽管不同的大学表现出不同的模式，我们也还是可以从中看到研究型大学最本质的两个特征，就是以研究和创新作为研究型大学的核心职能。

国外研究型大学与普通教学型大学相比具有以下特征：它通常是多学科交叉的综合性大学，是国际性、开放性大学，同时，它又成为人才集聚和创新人才培养的中心、重大成果形成的中心、新学科形成的中心、科技与实业相结合的中心。其校园空间呈现以下特征。

（1）从外部关系看所呈现的特征

政府关系——研究型大学与政府关系紧密，从科研发展投入看，研究型大学能从政府获得大量科研经费（表2-10）。同时，大量政府投入使研究型大学具有超出一般水平的教学科研环境：丰富的图书馆藏、先进的计算机网络、完备的教学设施、一流的科研实验平台，并且能够通过国家投资建设如超级计算机中心、国家重点实验室、

我国各类大学科研发展资源投入情况　　　　表 2-10

分类	科研经费（万元）	校均经费（万元）	科研人员（人）	校均科研人员（人）
重点院校	330409	3887	92701	1091
一般院校	141335	339	135654	325
高等专科学校	5662	21	9034	34
合计	477406	623	237389	310

国家工程中心等科研设施。

产学关系——研究型大学与产业界存在着密切的伙伴关系，通过企业提供资金、课题，大学提供人才、科研环境，形成互相促进的合作关系。合作企业获得技术支持与大量创新成果，而大学科研成果通过产业成功转化，使创新职能得以实现，也使大学得以迅速壮大。产学界的合作除了课题合作形式，还有通过企业投资建设大学科研设施、在大学建设孵化器及科技园等场所，形成各类的产学合作空间的合作方式，斯坦福大学科技园与"硅谷"就是这一关系的典范。

国际关系——国际化已成为现代研究型大学的重要特征，国外高水平研究型大学中留学生比例一般都达到20%以上。除了吸引众多留学生和国外学者外，还开展国际化的交流活动、研究合作，并设立国际研究中心和合作办学机构，使其成为国际化的教育、科技、学术交流平台。

（2）从内部环境看所呈现的特征

教学组织——从办学理念来说，研究型大学要进行创新性的知识传播、生产和应用。其教学组织形式不同于普通教学型大学，或传统的院—系—教研室的结构；它一般以学院制为基本管理模式，但更强调创新教学目标、教学模式多样化和个性化。

学科结构——主要表现为开放性、实践性、学科交叉性。著名研究型大学学科齐全、课程设置广泛、综合性强，而且都有一些独具特色的一流学科。学科结构往往注重组织综合化，通过打破院系间的界限，构建学科平台以利于学科交叉，发展边缘、新兴学科。例如，麻省理工学院众多的跨学科研究中心促进了其学科的交叉和融合，更发挥出其学科的综合优势。

教育模式——不同于普通大学主要采用课堂授课的形式，研究型大学采用研究型教学形式。研究生在导师带领下，在对问题的探究中得到全面学习和综合素质的培养，甚至本科生也有很多机会参与到研究型教学活动中。研究型大学教学强调自主性，学生学会自己设定目标进行自主学习，通过参与科研与团队成员互相学习，并通过课余交往进行交流性学习。课程设置尊重学生的兴趣和求知欲，满足学生对课程和教师的选择愿望，通过培养自主学习能力推动素质教育，激发学生潜能和创新精神。这需要在校园内提供便于团队式科研的研究空间，以及更多的自主学习、交流学习空间，鼓励随时随地地开展交流活动。

　　学术氛围——国外研究型大学注重研究社区或学术社团（academic community）氛围的营造，它有利于在学者之间形成共同的价值观、目标与归属感。研究型大学内部可形成自由的学术风气，尊重知识与人才，鼓励不同学术观点争论，为科研与创新提供了良好环境。学者之间为共同的目标通力合作、相互切磋，从而促进学术与创新的产生。

　　人员特征——研究型大学拥有优秀的教师团队，由众多的知名学者和权威人士组成。优质的学生生源也是其重要特征，研究型大学研究生和本科生的比例都接近或超过1:1。这类大学通过研究型教学培养大批具有创造精神的复合型人才和精英。以研究生为主的学生主体，其行为规律与以本科为主的普通大学有较大区别，如在国外研究型大学中很少见到国内大学常见的集中大型公共教学实验区，研究生主要在其专业相关的院系科研设施中活动。

　　活动特征——以研究与创新行为为主，科研和研究生培养是其主要任务，其余众多的社会功能都需要通过其科研功能来实现。创新科研是教学活动中的重心，表现为研究性与创新性、团队性；研究生培养注重发挥学生的自主性，需要自己的研究学习空间；培养过程强调发挥导师与团队的作用，需要有利于导师指导和集体研究交流的空间；培养形式强调产、学、研结合，需要一定的实践场所，同时注重学科的交叉并拓展各自学科的研究范围。创新需要通过信息交流发生，除了教室、会议室等正式交流空间，还需要餐饮、服务、休闲活动等非正式交流场所。这些都决定了研究型大学应该有与其研究和创新性活动相适应的教学空间形式。

2.研究型大学发展趋势

　　在知识经济中，知识创新成为社会发展的重要推动力量；创新与研究成为研究型大学的职能，使研究型大学与产业部门、政府部门逐渐形成网络化、协同化的创新联系；加上信息技术对交流与合作方式的改变，以及教育理念的不断发展；在这些内外因素变化的影响下，我们可以看到研究型大学发展趋势。

　　（1）走向协同创新的校园。

　　协同创新理念的提出为研究型大学的使命赋予新的内容与方向，从20世纪末开始越来越多的研究型大学与政府、科研机构、行业企业进行深度合作，在科研与创新领域取得实质性进展。而教育部提出了"高等学校创新能力提升计划"，计划建立一批"2011协同创新中心",进一步推进大学与产业、科研机构、政府间的合作并探索创新的协作模式。

（2）走向创业的校园。

研究型大学创造经济发展所需的技术、人才与企业家，使其成为区域性经济的重要组成部分。无论是研究生培养与出版机制，还是合作或直接创办企业的方式，都显示了大学在知识传播中起到的关键作用[①]。一项对麻省理工学院创业能力的研究宣称，若将其教师或毕业生创办的企业合起来算作一个国家，其经济实力可排在全球前20多位。

（3）走向综合体的校园。

研究型大学承担着多重职能与使命，要建立广泛多样的社会联系，并成为社会上最复杂的机构之一——比多数公司或政府机构都要复杂得多[②]。它的事务广泛，包括教育学生、为客户从事研究、提供医疗服务、致力于经济发展、激发社会变革，甚至举办大量体育娱乐项目。其复杂程度正日益增强，以密歇根大学为例，如果将其成立为公司，它将会位于财富榜前500位，每年拥有10亿美元教育经费、30亿美元预算和额外30亿美元管理投资。在规模和复杂性方面，不少研究型大学可以和著名的全球公司相比[②]。

（4）走向学科融合的校园。

科研与知识创造过程已从以往由独立学者完成发展为由学者团队完成，而且常要跨越不同的学科。知识生产的变化的特性使新的研究重点以比以前快得多的速度出现，学科布局快速变化，这种变化使各学科院系难以应对，从而成为交叉学科研究面临的挑战。基础与应用研究、自然科学、工程学及其他学科之间的界限已逐渐模糊，而将来大学的专业化将进一步降低，学科间横向与纵向的整合甚至可能通过现实或虚拟的结构网络来实现[③]。

（5）走向交往的校园。

现代教育理念指出了培养创新型、复合型的人才，以及提高与他人的交流协作能力的重要性，也揭示出交流对培养学生人格、提高综合素质的重要作用。现代创新行为的研究表明，创新的本质是信息传递与交流，从而指明了交往活动对创新所起的促

[①] 詹姆斯·杜德斯达. 21世纪的大学[M]. 刘彤，译. 北京：北京大学出版社，2005：117.
[②] 詹姆斯·杜德斯达. 21世纪的大学[M]. 刘彤，译. 北京：北京大学出版社，2005：42.
[③] 詹姆斯·杜德斯达. 21世纪的大学[M]. 刘彤，译. 北京：北京大学出版社，2005：237.

进作用。大学应改变封闭独立的特征，强调开放与交流，营造不同层次的交流空间，从而形成多元、交流与创新的校园氛围。

（6）走向非正式网络的校园。

大学教育的价值远在课程之上，它包括在一个学习社区中学生、教师和学者之间的一整套复杂的经历，其背后是大学所提供的丰富的智力资源和机会。它依赖于成员间的关系，有些正式的关系通过学术性课程实现，很多非正式的关系通过课外或社区经历建立。在这些大学所提供的经历和关系的中心是对学习的专心追求[①]，而现代创新行为研究表明，非正式的关系网络对推动创新的发生与传播起着非常重要的作用，有利于非正式关系形成的社交场所将成为研究型大学内重要的空间。此外，计算机及网络技术将成为加强交往、信息交流的重要途径[②]，网络化使个体间和机构间非正式的协作与合作在一定程度上取代了更为正式的社会机构[③]。

（7）走向组织创新的校园。

新的教育理念不断突破已有的模式：学习方式从教师灌输到以学生为中心的主动学习，从个人学习到协作互动学习，从课堂学习到社会化学习，从线性连续学习到开放创新模式下的超学习（hyper learning），从学分认证到学习评价。作为大学体系中最拔尖的研究型大学，一直在探索教学模式转变下各种组织模式的创新。可能的未来转变包括世界大学（the world university）、多样化大学（diverse university）、创新型大学（the creative university）、无所不在的大学（ubiquitous university）及实验室大学（laboratory university）——像加利福尼亚大学圣克鲁兹分校通过建新校区探索新的校园模式[④]等。

（8）走向自主学习的校园。

研究型大学是精英教育，学生愿意通过研究和参与进行学习，喜欢互动而不是被动地灌输、说教，自己决定学习的内容、方法、时间、地点和伙伴；他们以一种非线性的方式学习，结成同辈学习小组或复杂的学习网络。不管我们是否意识到或提供辅助，他们在真正意义上建立起自己的学习环境，可以进行交互合作的学习[⑤]。教师需

---

① 詹姆斯·杜德斯达. 21世纪的大学[M]. 刘彤，译. 北京：北京大学出版社，2005：90.

② YUDELL B. The future of place：Moore Ruble Yudell[M]. Shenyang：Liaoning Science and Technology Publishing House，2011：27-29.

③ 詹姆斯·杜德斯达. 21世纪的大学[M]. 刘彤，译. 北京：北京大学出版社，2005：185.

④ 詹姆斯·杜德斯达. 21世纪的大学[M]. 刘彤，译. 北京：北京大学出版社，2005：234-245.

⑤ 詹姆斯·杜德斯达. 21世纪的大学[M]. 刘彤，译. 北京：北京大学出版社，2005：69-186.

要放弃自己原来的角色，成为学习活动、过程和环境的设计者，他们的角色更像顾问或教练，通过营造集体学习环境使学生们一起工作。近年许多国外大学都围绕新型的"学习资源中心"建筑来进行设计和规划，这些建筑内的各种场所没有特定目的，力图应对科技进步并满足学生各种不同的自主学习诉求，也标志着设计理念的深刻转变[1]。

（9）走向开放与社区化的校园。

社会化校园生活与自发活动易于激发学生的创造力，欧美的名校如哈佛大学、牛津大学等，开放式的校园与所在的城市社区融合在一起，形成开放的校园格局。而分布在街区中的各种餐厅、咖啡店、书吧，以及博物馆、艺术馆、图书馆，往往是校园中极具活力的地方，师生在其中无拘无束地交流会产生许多创新思想。此外，大量证据表明，学生能极大地从参与社区或者专业服务中受益，这样的活动能给予学生与他人共同工作的机会，获得使用从正式的学术课程中学到的知识来解决社区需求的经验[2]。可以预见，国内的研究型大学将会越来越重视社区融合，走出封闭的校园环境。

（10）走向多样化的校园。

我们身处飞速发展与变革的时代，社会与学术问题的复杂和变化的迅速，使人们不得不借助于更广泛、更多样的智慧来源与知识能力。在某种程度上，多样性已成为增强知识活力、拓宽科研领域的基础，并出现多层面的多样性趋势：多样人员——来自多样背景、能力、文化、专业的人群加入到学者和学生队列，产生校园的知识活力；多样活动——不同的活动在校园交织，激发社群的创新活力；多样学习——将注意力投向重要的课外学习经验上，如本科生的科研、社区服务和寄宿生活与学习等；多样学习方式——教学、科研与服务的多样职能决定，不仅研究和思考是学习，主动地发现和应用知识同样也是学习[3]。

2.5.2 协同创新对研究型大学设计策略的更新需求

知识、人才与创新已成为这个时代的关键词。研究型大学作为创新的主体、知识和人才培养与输出的基地，已突破以往教学与服务社会的职能，将研究与创新作为其重要的职能与使命。而协同创新体系的提出与建设，更进一步推动研究型大学成为区域经济发动机与创新激发器。这些角色的转变意味着研究型大学将在社会经济与创新

---

[1] Pearce M. University Builders[M]. London：Academy Press，2001：15-16.
[2] 詹姆斯·杜德斯达. 21世纪的大学 [M].刘彤，译.北京：北京大学出版社，2005：72.
[3] 詹姆斯·杜德斯达. 21世纪的大学 [M].刘彤，译.北京：北京大学出版社，2005：71.

体系中承担越来越重要的作用，并建立越来越多的外部联系。而从知识生产模式变化
的角度看，其跨学科的结构、异质性的人员、非等级化的组织结构等特征（表2-11），
给研究型大学的科研与知识生产活动带来深刻的影响，导致校园活动组织方式、规划
布局和建筑空间的变化。

知识生产模式变化 表2-11

内容	基础知识生产模式	新型知识生产模式
知识生产背景	学术背景	实用性背景
学科结构	单一学科性	跨学科性
参与人员	人员、技能具有同质性	人员、技能具有异质性
组织结构	制度化、等级分层	不固定、临时性
关注重点	注重科学和技术体系	注重社会反馈，更具社会责任
评价标准	由同行判定，标准是某项研究或某个研究小组	判定指标体系更广泛，包括一系列知识的、社会的、经济的评判标准

美国的研究型大学在19世纪末起步至今的发展历程中，取得举世瞩目的成就。进
入20世纪末，其创新职能的发展也成为各国争相仿效的典范，斯坦福大学与"硅谷"、
哈佛大学、麻省理工学院与波士顿128公路等就是其中成功的例子。而处于发展起步
阶段的国内研究型大学与其相比差距较大，创新能力也较弱，在国际专利申请数量排
名前50的大学中，共有30所美国大学入围，而中国大学都没有入围[①]。因此，加强创
新与科研职能无疑成为国内研究型大学建设的重点。在当前研究型大学建设进入高峰
的时期，探索一套指导研究型大学协同创新空间设计的策略体系具有必要性与紧迫性。

社会经济的高速发展和国家创新体系建设，为国内研究型大学的发展提供了难得
的机遇。如果我们能够抓住这个机遇，使研究型大学的科研与创新能力得到发挥和提
升，将有可能实现跨越式发展，建成一批具有国际一流水平的知名大学。而国外先进
经验、国内近年的实践发展及创新科研相关的理论研究，为我们从设计层面切
入探索研究型大学校园创新与科研空间设计提供了理论依据和经验借鉴。我国研究型
大学的建设呼唤一套可综合其创新与科研职能特征的设计策略，本书希望通过理论与
实践研究，找到既解决当前突出问题又能适应未来发展的设计理论体系。

_____

① 世界知识产权组织公布数据，2011年。

第3章

研究型大学创新空间设计的相关理论

对新的对象必须创造全新的概念。

——柏格森

事物的结构高于事物本身。

——弗拉基米尔·纳博科夫

在知识经济与创新社会背景下，创新与科研是研究型大学两个主要特点与重要职能。研究型大学在我国还是新生事物，国内重点大学向研究型大学发展过程中，校园空间之所以出现未能满足创新科研与研究型教学要求的情况，很大程度上也是因为这些校园在设计过程中未能把握并满足研究型与创新型教学的特征和需求。如何结合创新与科研特征进行校园空间设计，是建设研究型大学校园的关键问题，也是构建研究型大学协同创新空间设计策略的核心问题。

大学校园发展历史研究为我们揭示了：校园空间形态的发展，是教育者与设计者不断追求理想教育空间的结果，受到当时教学理念和设计理论影响。在新时期构建研究型大学协同创新空间设计理论，应该从分析创新与科研的特征，以及相关教育理念和校园设计理论入手。本章在导入相关理论的基础上构建研究型大学设计策略框架。首先，协同论与协同创新理论的分析，为我们提供了分析结构、框架结构和研究视角；其次，现代创新理论、教育理念与研究型教学理论，为我们提供了把握研究型大学特征的理论基础；最后，结合当代大学校园设计理论，建构基于创新与科研特征的研究型大学设计策略框架。

3.1 协同系统理论和协同创新层级结构的导入

3.1.1 协同系统——复杂系统的合作与自组织

1. 系统论发展与协同论出现

随着20世纪学科复杂化与学科交叉，人们开始面对越来越复杂的问题和事物之间越来越多的联系，推动了对复杂系统科学的研究。如系统论奠基人贝塔朗菲所言，当今科技和社会问题的复杂程度使传统方法不再适用，而被迫在一切知识领域中运用整体或系统概念来应对这些复杂问题[1]。其发展历程如信息学家魏沃尔所归纳的那样：简单性科研是19世纪及以前的科学特征；而无组织复杂性是20世纪上半叶发展起来的科研特征，其基础是统计学；到了20世纪下半叶则形成了有组织复杂性的科学，也就是自组织的理论。

第二次世界大战前后，系统科学的发展形成了控制论、信息论和一般系统论几个主要的系统理论。系统论认为整体性、关联性，以及等级结构性、动态平衡性、时序性等是所有系统共同的基本特征。这些既是系统所具有的基本观点，也是系统方法

① 魏宏森.复杂性研究与系统思维方式[J].系统辩证学学报，2003（1）：7-12.

的基本原则，并具有方法论含义。它们主要着眼于他组织系统的分析，被称为"老三论"，包括系统论、信息论与控制论。第二次世界大战后，系统论从他组织转向自组织理论，即系统在一定条件下自发地由无序走向有序、由低级有序走向高级有序的规律，主要包括耗散结构论、协同论和突变论，研究对象主要是复杂自组织系统（包括生命、社会系统）的形成和发展机制，被称为"新三论"（表3-1）。

系统论发展主要思想 表3-1

阶段	理论	代表	理论要点	备注
他组织系统论	系统论	贝塔朗菲	系统由项目作用互相依赖的部分组合为具有特定功能的有机体；应将有机体作为一个整体系统来考察，科学认识的主要任务就是要发现不同层次上的组织原理	"老三论"
	信息论	申农	信息是系统保持结构功能的基础；系统通过这些信息的传递、处理活动实现其运动	
	控制论	维纳	研究动态系统在变化的环境条件下如何保持平衡或稳定状态，以及系统的信息变换和控制过程	
自组织系统论	耗散结构论	普利高津	系统只有在远离平衡的情况下才可能向着有序、有组织、多功能的方向进化	"新三论"
	协同论	哈肯	研究系统演化过程中从无序到有序的自组织过程问题；生物甚至无生命物质中，新的井然有序的结构也会从混沌中产生，并随着恒定的能量供应得以维持	
	突变论	托姆	从量的角度研究各种事物非连续性突然变化的现象；突变在系统自组织演化过程和质变中的普遍意义	

其中，协同论由德国物理学家哈肯创立，研究系统演化过程中从无序到有序的自组织过程问题。哈肯从激光物理的研究过程中发现并扩展注意到自然界各种协作现象中隐含的更普遍深刻的规律。协同论指出生物甚至无生命物质中，新的井然有序的结构也会从混沌中产生，并随着恒定的能量供应得以维持[①]。所形成的协同系统在一定外部条件和内部元素的相互作用下，可以通过自组织的形式形成空间、功能上的宏观秩序与结构形态。

以"新三论"为主体的自组织系统论，是现代非线性科学和系统论的最重大发现之一。它解析了系统可以在内在机制驱动下，具有自发从简单向复杂、从粗糙向完善方向发展的能力和规律。不单为解释众多物质世界组成的现象提供理论，还为生物起源进化甚至社会发展的自组织现象提供了合理的理论。

① 赫尔曼·哈肯.协同学：大自然构成的奥秘[M].凌复华，译.上海：上海世纪出版集团，2005：1.

2.协同论主要特点

协同是指系统中要素间的相互合作和共同作用。哈肯从研究激光开始发现任何系统在其发展中都具有共同规律：系统在相变前由于大量子系统独立运动、各行其是、杂乱无章，处在非合作的无序状态，因而产生不了整体的新质。但当系统的控制参数超过临界点后，子系统间的关联性超过各自独立运动而成为主导规律，迅速建立起合作关系，以共同的有组织性的方式活动而导致系统性质的突变，通过自组织形成新的稳定有序结构，并在整体上表现出一定的功能。协同论有以下要点。

自组织：哈肯通过研究发现，在物质世界、生物界乃至社会各子系统之间均发生着有调节的自组织过程，不同的子系统产生协同效应（图3-1），使系统从无序向有序演化，并产生新的稳定有序的结构。在系统的各层面，包括系统与环境之间、系统各要素之间都存在着协调、协作、互补的关系，是系统进化和形成有序新结构的内在力量。

图3-1　生物学中单一变形虫发展形成真菌

来源：赫尔曼·哈肯.协同学：大自然构成的奥秘[M].凌复华，译.上海：上海世纪出版集团，2005：73.

协同效应：指复杂开放系统中子系统相互作用而产生的整体效应或集体效应，是由协同作用而产生的结果[①]。协同作用使系统在临界点发生质变，产生协同效应，使系统从无序变为有序的新结构，常用来解释系统整体所产生的作用大于各种组分单独应用时作用的总和的增效作用，如1+1＞2。

普适性：协同论除在物理、化学等物质世界学科进行论证外，还通过对许多生物和社会现象的分析，论证了自然界与社会系统的协同自组织过程。这使其具有广泛的应用范围，不单在自然科学中有指导作用，还在经济、社会乃至管理等许多学科取得了许多应用成果，如对合作和组织现象的研究可用于指导分散个体之间建立协同合作的系统。

---

① 哈肯.协同学[M].徐锡申，等译.北京：原子能出版社，1984.

3.1.2 协同创新——协同系统在创新组织中的应用

1.协同创新发展历史背景

协同论对合作和组织现象的研究，使其可用于解决一些复杂系统的组织问题，特别是个体间的协同合作管理。社会学与管理学研究者将其应用到社会组织及企业、产业管理中，并取得关于协同合作的众多应用成果。20世纪80年代，国内创新的形式主要有原始创新，集成创新和引进、消化、吸收、再创新，但由于包括企业、高校在内的创新主体基础较薄弱、自主创新能力不足，加上各主体资源分散、效率较低，这三类创新处于较低水平。同时，随着知识经济的到来，科技与经济紧密结合；加上科研问题日益尖端、复杂化，导致各主体不得不通过合作寻求更强大的科研创新能力。在这些背景下，协同论的思想在创新理论中得到引入与应用，诸如"产学研协作""协同创新"等概念逐渐出现，以探索研究型大学、企业、科研机构之间或者创新组织内各部分之间，如何通过协作形成资源、能力互补的整体，创造更高的创新水平（图3-2）。

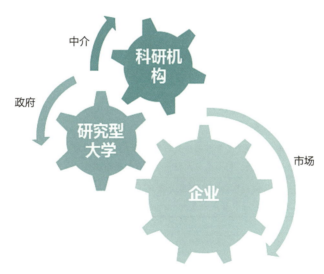

图3-2　宏观层面各主体协同关系

2.协同创新的内涵与表现形式

协同创新是在协同论指导下，为实现重大科技创新而开展的大跨度整合的创新模式。主要体现为大学、企业、科研机构多个创新主体相互间打破界限，为促进信息、知识、人才等要素的流动而进行创新协作。其目的是促进大学、企业、科研机构之间的资源整合、优势互补，加强攻关能力与加速创新进程，因而成为当今创新组织的新范式[①]。协同创新的内涵是创新要素的整合及创新资源在系统内的无障碍流动，基于协同创新的产学研协作已成为国家创新体系中重要的创新模式[①]。协同创新的主要形式既包括宏观层面研究型大学、科研机构、产业与政府间的协作，知名度较高的如美国"硅谷模式"，波士顿128公路，北京"中关村协同创新计划"等；也包括微观层面的各组织内部学科或团队间打破边界的协同创新，主要表现为组织内的知识分享机制，以及形成的多方面交流、多样化协作[②]。

[案例]　　　　　**协同创新组织形式：教育部高校协同创新中心**

教育部发布的"高等学校创新能力提升计划"自启动以来，提出建立一批"2011协同创新中心"，以促进大学、企业、科研机构、政府甚至国外机构的创新协作，并探索多种协同创新模式。首批报批通过的协同创新中心类型包括科学前沿、文化传承、行业产业和区域发展四种类型（表3-2）。

教育部协同创新中心类型　　　　　表3-2

面向类型	学科或组织主体	协同方式	协同目标
科学前沿	自然科学	以世界一流为目标，高校与高校、科研院所及国际知名学术机构的强强联合	代表我国该领域科学研究和人才培养水平与能力的学术高地
文化传承	哲学、社会科学	高校与高校、科研院所、政府部门、行业产业及国际学术机构的强强联合	提升国家文化软实力、增强中华文化国际影响力的主力阵营
行业产业	工程技术	以培育战略性新兴产业和改造传统产业为重点，通过高校与高校、科研院所，特别是与大型骨干企业的强强联合	支撑我国行业产业发展的核心共性技术研发和转移的重要基地
区域发展	地方政府主导	以切实服务区域经济和社会发展为重点，推动省内外高校与当地支柱产业中重点企业或产业化基地的深度融合	促进区域创新发展的引领阵地

3.协同创新特点

整体开放的协同系统特征。与其他系统一样具有系统的共性特征，如整体性——各种主体的有机集合而不是简单相加，动态性——伴随大量新知识涌现，开放性——与外界存在着信息、物质的交流。

---

① 陈劲，阳银娟.协同创新的理论基础与内涵[J].科学学研究，2012（2）：161-164.
② 张力.协同创新意义深远[N].光明日报，2011-05-06（16）.

以信息关联知识为核心。协同创新的本质特征是知识及信息的互动和共享，知识及信息在创新过程中不断地循环流动，为创新主体捕获并融入创新过程，从而产生新知识。知识流动成为创新主体相互作用的基本方式，体现为知识在创新主体的驱动下进行互动、共享、转移及学习的过程[①]。

多主体、多层次协作关系。在宏观层面，协同创新主体包括以研究型大学为主的高校、科研机构、政府、企业等组织（图3-3）；在微观层面，包括各组织内部团队、部门、学科间的协作，这些不同层次主体间的关系组成了复杂的协作网络。

图3-3　以知识、信息共享为核心的协同关系

3.1.3　层级与协作——研究型大学在创新系统中的分析视角

美国加利福尼亚大学教授卡斯特斯认为，在知识经济时代，研究型大学成为发展经济的驱动力，是知识创新的发动机与技术创新的主体[②]。分析研究型大学的创新职能，要从它在协同创新系统中的角色定位、位置与结构入手。

1.协同创新为分析研究型大学创新职能提供研究视角

我国早期依赖创新主体自主创新，但各主体基础薄弱、资源分散，一直未能取得很好的效果，而美国"硅谷"等案例揭示了协同合作起到的巨大创新合力。从创新协同组织的角度看，协同论启示，参与创新的各主体相互协作将能产生大于单独主体创新能力总和的增效作用，形成1+1＞2的协同效应。因此，协同创新是更先进的组织形式，分析研究型大学的创新职能，应引入协同创新的视角，从各主体、各层级协作网络的角度入手进行分析。

①　饶扬德，王肃.创新协同与企业可持续发展[M].北京：科学出版社，2011：50.
②　田树林，苗淑娟.研究型大学参与技术创新的研究[J].工业技术经济，2008（7）：71-74.

2.协同系统为分析研究型大学的协同创新提供了系统研究结构

研究型大学是协同创新系统的子系统，从其系统结构看，它是多层次的整体，反映在空间和结构上，可以分为：宏观的城市协同创新体系，表现为区位关系及产学研各主体关系；中观层面的校园创新网络，表现为校园各创新组织、部门之间的关系；微观层面创新空间，表现为各创新团队、个人之间的关系。协同创新系统作为自组织系统必须具有开放性特征，与外界进行信息、物质的交流；而内部各子系统则必须协调合作，形成复杂网络关系。哈肯提出的协同论认为系统结构是保持稳定性的内在依据，结构决定功能。因此，要实现研究型大学的创新职能，重点不在于更换某些元素，如组成要素、人员。而是要优化、改变它们的组织联系和空间组合。

3.2　创新相关的理论基础

创新已发展为一种共同的范式，任何企业、组织、社会、国家在当代社会都必须创新[①]。设计有利于创新发生的研究型大学空间，需要引入现代创新理论，了解创新的本质、特征、发生规律、组织方式及所需的空间环境特征。

3.2.1　信息交流和隐性知识——创新行为的本质特征

1.知识与信息——创新的核心要素

关于创新是如何产生的问题，国内外学者从管理学、经济学、科学学、信息学、行为学等学科进行了跨学科研究，这些研究揭示：知识与信息是创新的核心；创新是以信息为导向的活动，创新活动也就是信息活动的过程[②]；创新的本质是知识结构的改变，创新思维可理解为以问题为中心的知识重建与重构[③]，创新思维是创新活动的灵魂，它可以理解为多种知识整合为符合创新要求的特定新知识的过程。创新源于知识的转移与传播、共享、溢出、重新创造，信息交流在知识流动的过程中起到关键作用。创新研究进一步揭示了有关知识与信息传递的活动，如学习、交流、共享、吸收、积累等行为，对创新起到支持作用。

---

① 颜晓峰.创新研究[M].北京：人民出版社，2011：10.

② 颜晓峰.创新研究[M].北京：人民出版社，2011：169.

③ 颜晓峰.创新研究[M].北京：人民出版社，2011：80.

2.知识转移与共享——交流对创新的关键作用

多数学者认为，创新是一种组织集体行为，新知识与思维在组织内人员之间流动、转移、共享是组织知识形成的关键。而成员之间的交流提高了他们知识共享、技术创新的意愿，使交流活动成为组织知识与创新形成的关键。达文波特等指出，因凭一己之力难以完成，成员间需要不断沟通与互动进行学习，这种沟通最终将有助于成员的知识共享，进而达到组织任务目标。同时，成员会在知识共享过程中看到技术创新的可能性与现实价值，从而产生更多信心、意愿进行技术创新[①]。

3.隐性知识与组织学习——知识与创新的源泉

从认识角度看，知识分为隐性知识与显性知识，其中显性知识是被高度编码可清晰转移的知识，如以书籍、文字等形式记录的知识；而隐性知识指难以通过正规渠道进行明确表述与逻辑说明的知识，如非正式的技巧、经验、感悟、直觉等。从创新角度看，高度编码的知识信息价值较低，而个人拥有的隐性知识恰恰是整个集体创新的源泉。因为在创新组织中尽管有数量众多的人才，但面对复杂的创新问题时仍不可能将所有技术模式化；以经验、直觉、灵感代表的隐性知识貌似简单，实际上内涵较为丰富，人员在互相交流中不断明晰或产生不可预见的新知识，使隐性知识转化为创新知识。这种非正式、启发性、主观的隐性知识，构成了人类所有知识的源泉，而组织的知识创造过程则是要动员起个体中存在的这些隐性知识，推动的形式是知识的相互交流（图3-4）。因此，组织知识创造理论认为，共享的认知能力和集体的学习行为是组织知识创造的基础[②]。

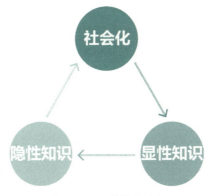

图3-4　知识的转化过程

① 颜晓峰.创新研究[M].北京：人民出版社，2011：109，124.
② 颜晓峰.创新研究[M].北京：人民出版社，2011：109，126.

4.非正式交流——促进知识共享

交流是分享、建立共同看法的行为，是知识、技术转移的过程；成员间通过正式与非正式的方式分享有关信息[①]。正式交流通常是基于正式组织，有目的、有计划进行的，如工作、课堂、会议中进行的交流；而非正式交流的对象、时间、内容都是未经计划、具有一定随意性的，它的发生基于社会关系而不是组织、部门结构，如闲谈、非正式会谈、吃饭走路时的交谈等。创新行为的研究表明，非正式的交流可能是最好的知识市场，成员间面对面沟通会促进知识的转移，特别是隐性知识的共享及技术的创新与突破。布莱恩认为，成员分享自身的价值观可使隐性知识表现出来，因而适当增进员工交流与非正式沟通将有助于知识共享[②]。萨克森宁在对"硅谷"的大学与区域创新的研究中指出，一种更为非正式的信息交流发生在本地餐厅或酒吧聚会中。尽管科学家都不倾向于分享他们成功的科研结果，但那些不成功的经验常常足以激发出更深入的科研思想[③]。

3.2.2　正式网络和非正式网络——创新的组织机制

1.创新网络——创新主体间的组织关系

创新理论发展早期主要表现为关注单一组织内部技术过程（如设计—生产—销售）的"线性模式"。随着创新活动的日益复杂，创新活动表现为多元素相互作用的复杂群体网络结构，研究的视野也转到组织与环境的各种互动与联系，并认为不同参与者组成的网络或社区对技术创新具有极为重要的价值，"网络范式"逐渐兴起。创新网络主要指各创新主体、成员间的联系所形成的关系网络。它既包括正式网络，或称组织网络，表现为市场与组织相互渗透的一种机制，由合作关系形成的网络架构连接机制[④]；也包括非正式网络，或称社会网络、个人网络，如相对松散、非正式、重构的相互联系统，以利于知识的交流与学习[⑤]。知识及信息通过网络产生、传播、

---

① 史江涛.沟通氛围对知识共享与技术创新的作用机制研究[M].北京：经济科学出版社，2010：17.

② 颜晓峰.创新研究[M].北京：人民出版社，2011：110.

③ VARGA A. University research and regional innovation[M]. Dordrecht：Kluwer Academic Publisher，1998：10.

④ FREEMAN. Technology policy and economic performance：lessons from japan[M]. London and New York：Pinter，1987.

⑤ KOSCHATZKY K. Innovation networks of Industry and business-related service-relations between Innovation Intensity of firms and regional interfirm cooperation[J]. European Planning Studies，1999（7）：737-757.

转化，使创新得以实现。

2.非正式网络——创新产生的渠道

正式网络中的交流，其信息详细丰富，但趋向于加强已有的观点；而非正式网络则以交流不同观点的形式引进新内容。因此，非正式网络为有价值的知识流动提供了重要途径，特别是提供开发不可预见的新知识的机会[①]。萨克森宁指出，非正式的、超出组织边界的学习网络造就了"硅谷"的成功。在创新组织中，非正式社会网络帮助信息与知识在不同机构与个人间传递产生创新，斯坦福大学在对"硅谷"创新网络的研究中发现：高效的社会网络决定了"硅谷"企业的生存机会，网络驱动人们调动资本、快速寻找相关信息、建立相关联系，对"硅谷"企业在快速变化环境中生存与发展是非常关键的[②]。

3.社会交往——非正式网络形成的关键

非正式的个人网络（图3-5）对创新起着重要作用，它包括几种形式：科技网络，相同科技专业组织建立有技术认知规范的交流联系；专业网络，相近专业人员的学术研讨、产品发布、技术交流等活动；产品使用者网络，使用者与创新者的交流；娱乐网络，人员间因相同的爱好或娱乐活动，（如运动、休闲）而产生的交流；个人友

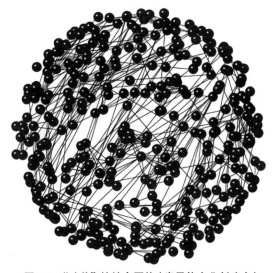

图3-5 "硅谷"的社会网络（半导体企业创建人）

来源：EMILIO C，et al. Social networks in Silicon Valley[M]. Stanford：Stanford University Press，2000：228.

---

① 钛宓特雷斯.技术社区与网络：创新的激发与驱动[M].华宏鸣，译.北京：清华大学出版社，
  2010：Ⅳ.

② EMILIO C，et al. Social networks in Silicon Valley[M]. Stanford：Stanford University Press，2000：228.

谊网络，朋友间交谈碰撞创新的火花。由此可看到，基于各种社交活动的交往是形成
非正式网络和激发创新的重要途径。

3.2.3 跨学科与团队协作——创新的非线性协同特征

1. 创新团队网络化协作

创新知识管理理论认为，个体的知识必须通过组织学习，将个体知识转移、群化
成为组织集体的知识，才能真正地转化为创新能力（图3-6）。团队式的结构把具有不
同能力与知识的人才结合在组织中，互相协作解决复杂并具有高度不确定性的创新问
题，而来自不同组织的成员往往引发团队中的学习与知识创造行为的发生。创新研究
的文献表明，创新发生在大型组织或团队的比例越来越大，而且大多数情况下企业的
创新活动非常依赖外部资源，"创新的旅程确实是个集体成就"[①]。任务分布式网络成
为很多创新组织的管理形式，表明知识的来源分布更加广泛，同时也表明组织方式越
来越注重将分散的知识组织协调为整体。创新系统组成的网络将互相联系的主体结合
成一个团队整体。

2. 创新的跨学科非线性特征

从创新的趋势看，当今创新的主题已不再是单一学科能解决的简单问题，问题的
广度与深度也决定了不可能仅通过多学科分头独立工作而完成；它需要众多跨学科、
跨组织的人员进行协同创新（图3-7）。而创新研究也指明，来自不同学科背景、多元

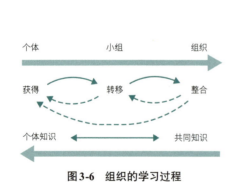

图3-6　组织的学习过程

来源：JEREZ G，MEDINA L, VALLE C. Organizational
learning capability: a proposal of measurement[J].
Journal of Business Research, 2015, 68（5）: 716.

图3-7　学科交叉发展趋势

来源：改绘自 吴良镛.人居环境科学导论[M].北
京：中国建筑工业出版社，2021.

---

① 詹·法格博格，戴维·莫利，理查德·R·纳尔逊.牛津创新手册[M].刘忠，译.北京：知识产权出版
社，2009.

化的人员组成，通过协作与思想交流、碰撞，可形成创新的巨大合力。因此，创新强调非线性的方法，体现出跨学科、非线性的特征。

3.2.4 知识溢出与集群——研究型大学的主体机构作用

1.研究型大学是创新的主体机构

研究型大学拥有丰富的知识与信息资源，包括完备的学科、先进的设备与实验室、大量的科研人才、丰硕的科研成果及多样的学术科研和交流活动。其知识容量与密集度，以及科研与创新的实力，使其成为创新体系的主体。国外研究证明了研究型大学在创新体系中占据关键地位：影响人类生活方式的重大科研成果70%来自研究型大学。著名的"硅谷"就是依靠斯坦福大学聚集创新产业的典型范例。

研究型大学参与创新的形式，首先表现为通过正式网络，与产业、研究机构等组织进行协同创新。研究型大学的科研能力与知识容量使其与企业具有很好的互补性。双方通过项目合作、共同投资、共建科研中心、专利许可、科技咨询服务等合作，以合约的形式与企业发生知识传递与共享，形成正式的创新网络联系。这种联系导致开放创新模式的兴起，企业可以将研发活动转移到研究型大学中，在企业之外进行。

同时，研究型大学通过非正式网络与外界发生的联系，同样对促进创新的发生起着极为重要的作用。这些联系包括为企业开展创新人才培养，各组织与大学的人才交流，甚至形成更加私人化的社会关系。由于研究型大学的信息资源对创新起到重要作用，因而对于大多数企业来说，出版、会议或大学研究者非正式的相互交往和咨询，比来自大学的专利和发明许可要重要得多[1]。相关研究也揭示出研究人员间经常性非正式接触的重要性：非正式联系为企业家提供进入学术界的入口、了解内行人士重要的技术状况及人员情况；非正式联系产生正式成果，正式的成果反过来又引发更多的非正式接触，而且多数大学研究产生的实际效用是通过迂回和间接的方式表现出来的[2]。

2.知识溢出与创新空间聚集

知识溢出是地理经济学解释创新集聚和区域发展的重要概念，它指区域间通过信息流动、知识扩散，使相邻空间获得知识受益并带动创新与经济发展。由国外对研究

---

① 詹·法格博格，戴维·莫利，理查德·R·纳尔逊.牛津创新手册[M].刘忠，译.北京：知识产权出版社，2009：222.

② 詹·法格博格，戴维·莫利，理查德·R·纳尔逊.牛津创新手册[M].刘忠，译.北京：知识产权出版社，2009：96-97.

型大学的调查可看到这种因地域相邻而发生的知识溢出,如美国发明者申请专利倾向于引用本地研究机构的论文。英国产业界与本土研究型大学合著论文的数量占全部合著论文的绝大多数[①]。研究型大学知识溢出所产生的技术网络联系和极化效应,导致创新在空间上的集聚,形成创新集群现象。例如,鼓励大学申请专利、孵化企业,鼓励大学周边科技产业发展等措施,都促进了大学技术知识的向外溢出、转化、产业化,从而促进区域创新聚集与经济发展。

3.2.5 多主体与区域特征——与经济结合的创新协同体系

1.创新的区域集中——隐性知识的有限传播距离

信息通信技术的发展将全球不同主体的创新活动连接起来,但是,创新活动分布并没有出现均值化的分散,而是趋于地理相邻的特征,呈现区域化集中的趋势。这是由隐性知识传递的规律导致的。隐性知识是创新的重要基础,当人们相对容易获得显性知识时,独特能力和独特产品的创造将依赖于隐性知识的产生和使用。由于隐性知识不易清晰化,所以难以远距离交换,使其与地理空间距离密不可分;同时,创新过程中不同组织间的群体学习过程、互动与交流变得愈发重要,这些机制导致了隐性知识集中化与社会互动的重要性,并解释了地理空间对创新如此重要的原因[②]。

2.创新的多主体协同——区域或国家创新体系

创新理论认为,创新从来就不是个体孤立完成的活动。它在宏观上表现为多主体、协同化的创新体系:首先,创新在空间上促成了地理分布相互邻近、互相联系及分工协作的研究型大学、产业组织、研究机构的合作,它们共同构成了区域创新体系。这些主体通过区域内的学习、交流、竞争、合作产生知识共享,同时形成一些正式和非正式的关系。

然后,随着创新系统化、协同化理论的发展,许多国家开始从国家层面建设"国家创新体系",从宏观上形成各区域创新体系的基础和相互连接的纽带,将企业、大学、研究机构、政府整合为互相联系协作的系统并使其制度化。区域创新体系是国家创新体系的子系统,国家创新体系更多地体现在从国家层面通过法律、制度、政策推动。

---

① 詹·法格博格,戴维·莫利,理查德·R·纳尔逊.牛津创新手册[M].刘忠,译.北京:知识产权出版社,2009:219.

② 詹·法格博格,戴维·莫利,理查德·R·纳尔逊.牛津创新手册[M].刘忠,译.北京:知识产权出版社,2009:288.

3.创新体系效率高低影响因素

经济合作组织的研究发现，创新系统内的成员间缺少互动、技术转移机构的功能失效、企业难以获得信息资源等问题都可导致创新效率降低[①]。这些因素关注的是创新主体间的相互关系，特别是它们之间的信息与知识联系。因此，建立一个高效的创新体系，关键在于如何在各组织、主体间建立更多的联系、交流与协作，使知识与信息在它们之间有效流动、转化，并形成创新网络。

3.2.6　创新组织特征对创新环境要素的启示

对创新活动与组织特征的分析，有助于理解创新所需的环境条件（表3-3）。从创新活动的特征看，环境中的沟通氛围是实现知识共享和创新的关键因素。创新组织具有一定的自组织的有机特征，其组织特征可以归纳为：非等级制与打破组织界限，进行跨学科、部门的组织；过程的非正式与参与特征，强调自由而不是僵化规则；强调交流与相互影响的重要性；重视对外的开放与联系，灵活、及时应对外界环境与信息变化；重视创造信息流动的条件，并创造多种观点碰撞的机会[②]。

不同层次创新所需条件　　　　　　　　　　　　　　　表3-3

层次	环境
个体创造力	工作环境：温馨，支持，挑战性，从事创造活动的资源，鼓励独立活动，支持新想法，经常交流
团队创新	组织背景：创新氛围，支持团队工作，资源，组织规模
全面创新	战略管理，市场需求，资源储备，激励制度，协同组织

来源：史江涛.沟通氛围对知识共享与技术创新的作用机制研究[M].北京：经济科学出版社，2010.

当代对创新活动的研究涵盖了行为学、管理学、社会学、经济学、地理学、科学学等学科，它们从不同的角度、层面揭示了创新活动的特征。结合前面分析，可以总结创新的环境与组织特征。

（1）群体学习的环境：创新需要将个体知识群化，这种活动需要集体实践，使成员间在"干中学、用中学"，通过互相模仿、交流实现知识共享，这需要开放、透明、可供成员互相学习的环境。

（2）显性知识与正式交流所需的正式空间：编码化的知识传递需要正式交往空

---

① 颜晓峰.创新研究[M].北京：人民出版社，2011：71.

② 颜晓峰.创新研究[M].北京：人民出版社，2011：107.

间，包括基于正式组织联系的空间，如会议室、报告厅、教室，以及其他工作、教学、研究场所。

（3）隐性知识与非正式交流的交往空间：隐性知识交流发生于非正式交往空间，主要包括基于社会联系的社交场所，具有较大的随意性与自发性，如餐厅、咖啡厅、酒吧、休息区，甚至体育健身、休闲活动空间。

（4）团队与跨专业的协同工作环境：利于团队式工作，不同专业、不同团队相邻或混合布置，方便联络、资源共享，并提供共同活动的空间。

（5）扁平化管理的组织环境：扁平化的组织有利于提高沟通效率，应提供面对面沟通的条件；提供公平、开放、透明的工作环境，而不是层级化的空间；基于项目的临时性组织，注重弹性工作环境，有利于改变组织方式。

（6）利于沟通联系的网络化结构：提供有利于成员互相联络的空间，提供利于交往网络形成的节点，如各类正式、非正式的交往场所，以及信息、资料共享平台。

（7）空间接近的集群化分布：参与协同创新的各主体尽量在地域上互相邻近，以利于知识溢出互惠及非正式交往网络的形成。

从设计与形态角度看，特征（1）～（3）是"点"空间的特征，（4）～（6）关注的是点之间连成的"线"，而（7）则更多表现为宏观层次的"面"。

3.3 研究型教学的相关教育理念

自20世纪下半叶开始，对知识和信息发生机制的研究，现代科研组织的变化，以及后工业社会人本主义价值观的回归，都对知识形成理论、人才培养理念产生重要影响。这些新知识观、新教育理念及科研组织的发展趋势，都成为现代研究型大学建设重要的理念来源。

3.3.1 新知识观与大学新理念

1.现代教育理念与新知识观

在20世纪下半叶，现代教育理论形成了后现代主义的哲学思想，以及诸如建构主义、人本主义的教学理念。这些理念改变了以往对知识形成、人才培养问题的考察角度，强调建构、交往、集体组织对学习的重要性，并带来了大学教学方式的转变，这些主要的理论包括以下内容。

（1）建构主义理论。学生的知识获得主要是学生自己建构知识的过程，并非通过教师传授；它是主动的过程，而不是被动地吸收信息。在这个过程中，学生原有的知识与新知识发生碰撞、作用从而引发观念转变和结构重组。建构主义认为学生是学习的中心，强调主体的认知作用；教师主要起到辅导作用，是知识建构的帮助者而不是传授者、灌输者，从而颠覆了以往灌输式、规训式的教学方式。在这种理解下，学习应该是在他人辅助下或集体合作中实现的知识建构过程，情境、合作、交流和建构是其主要特征，它为现代教学方式转变提供了理论支持，形成了问题导向学习、学生主动学习、合作学习及交流学习等教学方式。

（2）人本主义理论。真正的学习涉及整个人，而不仅仅是为学习者提供事实；认为自我实现是人的终极目标，成为一个完善的人才是真正的学习。人本主义教育理论的总体特征为，强调教育教学要以学生为中心，教育要培养学生的独立性、主动性，重点在如何为学习者创造一个良好的环境；学习是一个情感与认识结合的活动，在学习过程中，要重视非智力因素影响与学生人格的塑造。人本主义的教学方式包括：以学生为中心的非指导性学习、自由学习，通过人际交往学习，独立自主学习，课堂学习与生活相结合[1]。

2.新知识观与教学方式转变

（1）新知识观。对建构主义、人本主义教学理论和知识形成理论的研究，形成了区别于传统理念的新知识观。首先，它揭示了知识的隐性和复杂特征：隐性知识难以用系统化的文字语言进行表达，而由认知、情感、信仰、经验、技能共同组成，通过交流或者行动表现出来，传播范围较小，但对认知的发展起到非常重要的作用。而知识活动表现出的结构开放性、协商性与情景性，则构成其复杂的主要特征。传统教学理念关注显性知识传授，新知识观则重视隐性知识起到的潜移默化作用。此外，建构主义、人本主义理论也解释了建构式的学习、交流学习的重要性，这些理念共同组成了引领现代教育变革的新知识观。新知识观揭示了长期被传统知识观所掩盖的情景性、社会性、建构性及隐性知识的重要性，对新型教学方式的转变起到重要影响，包括注重学习环境的营造和资源的提供，注重自主主动学习，注重隐性知识的非正式学习，注重合作学习和交流学习。

（2）新教学方式转变。长久以来，束缚我国课堂教学的主要有两种知识观，即客观主义知识观与权威主义的知识观[2]。在这两种观念指导下，书本与教师在教学中是

---

[1] 张彬福.现代教育理念[M].重庆：同心出版社，2007：86.
[2] 洪银兴.研究型大学的研究性教学[M].南京：南京大学出版社，2009：147.

权威与支配者，学生是服从者；教学方式更多表现为学生对知识的被动吸收。而国外院校在新知识观的指导下，已经摒弃了以书本、教师为中心的教学方式，转为以学生为中心，更重视采用自主学习、交往学习、集体学习的方式进行教学。

自主学习、交往学习、集体学习几种教学方式（表3-4），其共同之处在于不是仅将知识学习作为唯一目标，还把个性、情感发展作为教学目标，目的是培养可以自学又具有社交、合作能力的素质全面的学生。在这几种教学方式中，教师退居为指导者、教学设计者的角色，将学生作为教学活动的中心；同时，强调个体主动的知识建构，以及交流、模仿、协作行为对知识传递的重要性，甚至通过互相启发创造新知识。基于教学方式的转变，国外校园往往提供了非常多的自学、交流及集体学习空间，而不仅是通常我们理解的教室、讲堂这些规训式的教学空间（图3-8）。

新教育模式　　　　　　　　　　　　　　　　　　表3-4

教学方式	思想来源	特征
自主学习	人本主义学习理论	学习者为中心，情感与认知双重发展目标，教师退居为指导者，提供自主学习空间
交往学习	建构主义，信息加工学习理论	通过交流获得不同的知识、经验、思想，甚至产生新的思想；交流促进人的社会性属性发展；提供交流的场所；包括师生交往和学生间交往
集体学习	建构主义理论	有共同目标、明确分工的互助性学习；通过合作交流互教互学；提供合作，提高交往能力和集体协作能力；异质人员组合带来互相启发的创新

3.大学新理念

20世纪末新知识观与新教学理念兴起的同时，科学技术向综合化、信息化方向发展，创新型社会、知识经济也为大学提出了新的要求。这些来自社会、经济、教育方面的变革，为大学发展带来了新的目标，如对创新、思维、交流、社交、洞察力与探索精神的综合能力培养，培养完善、高素质、具有创造力的人才。近几十年来美国大学的发展，从强调知识传授转到重视主动学习，研究和思考是学习，主动发现和应用知识同样也是学习，这些目标与理念变化带来的一些校园变革。

教学与学术紧密相连，校园提供学习环境，鼓励师生参与到这两种学习形式中；有计划地将注意力转向重要的课外经验学习，如科研、社区服务、日常生活；学生通过主动参与和实验而不是被动听和读来学习；学生通过建立自己的学习环境，包括学习小组或复杂学习网络，进行互动、合作学习；通过交互性的学习培养跨学科和文化的交流能力，以及质疑甚至创造知识的能力；教师的作用转变为培养和指导主动学习，启发、激励学生而不是传授特定内容；教师既要通过正式学术课程，也要通过社

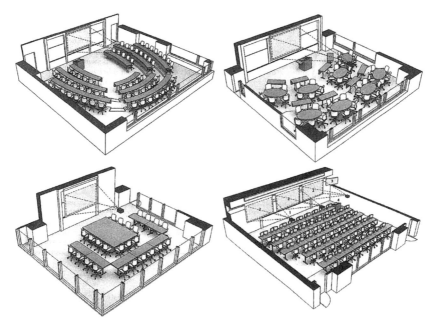

图3-8　交往学习、集体学习及传统授课的教室布局

来源：NEUMAN D J. Building type basics for college and university facilities[M]. 2nd ed. Hoboken：
John Wiley & Sons，2013：143.

会、课外和文化活动推动学习社区的形成[①]。

3.3.2　研究型教学理念及特征

21世纪是创新的时代，需要培养具有创新意识与精神的人才，并具有发现、解决问题的探究能力。研究型教学是一种基于现代教学理念和知识观的新型教学方式，也是研究型大学的重要教学方式。设计研究型大学必须理解研究型教学活动的特点，以及所需要的环境空间特征。

1.研究型教学发展历史

研究型教学方式在20世纪初和第二次世界大战后都曾被大规模倡导，它的提出与兴起基本上与研究型大学发展史上的高峰同步。20世纪80年代，美国研究型大学的人才培养目标从培养全面发展人才转向培养创新人才。1987年卡耐基基金会呼吁大学改进教学方式，增强研究性和创造性，鼓励学生对知识进行探讨发现，发展批判思维和创造能力。1998年博耶研究型大学本科生教育委员会发表《重建本科教学：美

---

① 詹姆斯·杜德斯达.21世纪的大学[M].刘彤，译.北京：北京大学出版社，2005：67-71.

国研究型大学发展蓝图》，建议以研究为本的学习标准，学生从第一年开始就尽可能多地参与到研究活动中[①]。美国于90年代在教学中推广的"基于项目学习"和"基于问题学习"，改变了学生的学习方式，成为研究型教学的代表模式之一。随着知识经济与创新时代的到来，研究型教学正作为一种重要的教学方式被各大学所应用。

2. 研究型教学特征和主要模式

研究型教学是建立在人本主义、建构主义等理论及新知识观基础上的教学理念与模式。它反对学生被动地接受、记忆知识，而主张借鉴或结合科学研究的方式组织教学；引导学生主动地探索、理解、获得、运用知识甚至创造新知识。它是培育学生创新精神与实践能力的一种新教学模式，认为学习过程就是创造性解决问题的过程（图3-9）。其特征主要包括以下内容。

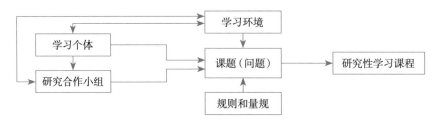

图3-9　研究性学习活动要素

来源：曾祥翊.研究性学习的教学设计[M].北京：科学出版社，2011：61.

（1）探究性：采用类似于科研的过程组织方式，学生通过资料搜集查找、实验分析、交流讨论等方式解决问题并得出结论。

（2）自主性：强调自主学习和探索对知识发现、建构的重要性，学生掌握主动权并成为主体，教师作为引导者、组织者出现。

（3）开放性：教学过程中问题提出与解决，涉及大量跨学科或课外知识和资源，需要学生打破封闭的学科领域，将思维扩大到社会生活中，教学处于动态、开放的情景中。

（4）实践性：研究型教学课题与社会、科学、经济等学科的实际问题紧密结合，同时，教学过程也需要学生通过亲身实践参与和调查研究来实现。

（5）建构性：学生通过自主学习发现并解决问题，在探索的过程中接受各种信息与知识，使其成为自有的知识。

（6）协作性：采用团队式合作的形式，制定共同目标与分工展开研究教学，通过

① 洪银兴.研究型大学的研究性教学[M].南京：南京大学出版社，2009：88.

过程中的合作与交流学习并培养研究所需的合作精神。

（7）创新性：教学过程中的协作与交流，使来自不同背景的学生交换思想，碰撞并激发产生新的知识，形成创新性思维。

为了实现研究型教学的理念，美国研究型大学在教学模式上做了许多探索与创新，如哈佛大学商学院的案例教学法，加利福尼亚大学伯克利分校的新生讨论课，麻省理工学院的本科生参与科研模式等。研究型教学的方法不单被用于研究生教学，根据2001年博耶研究型大学本科生教育委员会对美国研究型大学的调查，100%的取样大学都为本科生提供了科研及创造性活动的机会。大学研究型教学的主要模式有以下几种：新生研讨课、基于问题的学习、本科生导学和团队学习模式、案例教学法、本科生科研、开放实验类课程等 [①]。

3.研究型教学环境设计的启示

人本主义的教学理念认为，教学的重点在于如何为学习者创造良好的环境，让学习者自主地感知世界 [②]。研究型教学中学生借助课题主动地与其他成员和学习环境互动而进行学习，其过程既表现为学生与知识信息内容的互动，也表现为学习者之间的交流活动。前者导致了个体知识建构活动，后者导致了社会性的知识建构活动。因此，研究型教学环境的设计应包括提供信息资源和协同学习环境两个方面。

结合研究型教学的主要特征，归纳其教学环境特点为：研究活动的空间，满足研究活动需求；图书资料、网络媒体等信息资源查阅空间，满足知识互动活动需求；自主阅读、研修的空间，满足自主学习需求；团队合作学习空间，满足群体知识建构、协作能力培养需求；多层次的正式及非正式交流空间，通过思想交流积累传递知识特别是隐性知识，激发创意；互动开放的教学空间，促进成员间的模仿学习；灵活可调整的空间布局，适应项目组成变化导致的需求变化。

3.3.3 现代科研特征及发展趋势

1.现代科研的特点与趋势

19世纪，研究工作在很大程度上是个人活动，诸多著名的科学发现都通过天才的智慧和个人努力取得。进入20世纪后科研问题向复杂化、深入化发展，逐渐超出了个人能力的范围，需要团队合作甚至跨专业协作完成。英国剑桥大学卡文迪许实验

① 洪银兴.研究型大学的研究性教学[M].南京：南京大学出版社，2009：90.
② 曾祥翊.研究性学习的教学设计[M].北京：科学出版社，2011：47.

室的建立，把实验室从科学家私宅中转移出来，成为科学史上首个集体科研组织，标志着科研工作向大规模、社会化、专业化方向发展。

　　进入20世纪，随着技术进步和社会分工的细化，对科研活动的要求也越来越高。科研活动既在学科上高度分化、精细化，又高度综合，形成多学科交叉融合的特点，甚至在技术学科与人文学科之间也出现了互相结合渗透的趋势（图3-10）。例如，在现代分子生命科学研究机构中，汇集了来自细胞生物学、医学和心理学等不同学科领域的科学家，学科之间的传统界限逐渐淡化模糊。而随着创新时代的到来、全球化市场的形成，科研与社会经济的结合越来越紧密，越来越多的科研成果转化为产业成果，且转化周期也越来越短。

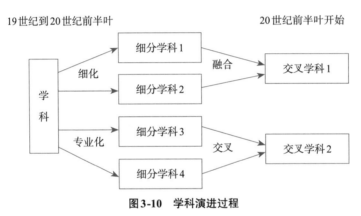

图3-10　学科演进过程

来源：洪银兴.研究型大学的研究性教学[M].南京：南京大学出版社，2009：19.

　　对于未来科研发展趋势，中国科学院原院长周光召曾预测，到21世纪30年代将会出现五方面特点，包括：①学科不断交叉综合，科学向单领域深入与多领域交叉的整体方向发展；②自然科学与社会科学进一步结合，并向定量化、数字化方向发展；③科学与技术相互依赖，融合一体，组成有机系统；④科学与社会间强烈相互作用；⑤科研向全球规模发展，形成全球科学活动[①]。

2.现代科研组织特征

　　上述科研活动特征变化与趋势，推动着现代科研组织的变革，呈现以下特点。

　　学科交叉与团队协作：在20世纪初至70年代初，诺贝尔奖获得者有近2/3是通过合作研究获奖。团队协作成为当今主要的科研组织形式，1995年发表在《科学》杂

---

① 洪银兴.研究型大学的研究性教学[M].南京：南京大学出版社，2009：16.

志上的一半论文是由多位作者合作的，其中近30%为国际合作[①]。不同学科背景、多元化人才组成的团队，成为现代科研组织最大的特征。

信息交流与资源共享：学科的交叉、不同专业人员的协作，甚至是跨越机构、国界的合作，使科研组织越来越重视交流的作用。花在实验室中的时间越来越少，而更多的时间被花在会议中，无论是面对面或是电话会议[①]。团队协作需要提供成员聚集交谈、共享信息的空间，非正式交流也越来越受到重视。为了提高沟通效率，研究组织摒弃了不利于跨团队合作的金字塔结构，而采用更灵活透明、利于沟通的扁平化结构。

3.科研特征转变对研究型大学的影响

科研活动特征的变化给研究型大学的校园空间带来持续的影响。美国的许多研究型大学如哈佛大学，都是从最初独立式、小规模、分散学院的形态发展过来，被认为几乎不具备与科研和紧张的专门化学习相宜的环境[②]。随着现代科研组织特征的变化，院系和校园中的科研所成为科研群体的工作场所，导师与学生以科研为中心的工作关系成为研究型大学一种主导的教学模式（图3-11）。在当今一流的研究型大学校园中，我们经常可以看到大型的研究设施已经占据了大半的校园用地；校内的跨学科科研中

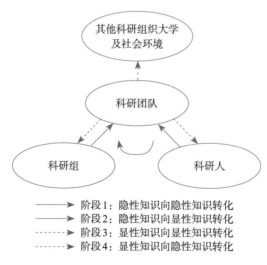

图3-11　科研组织知识流动与转化

来源：洪银兴.研究型大学的研究性教学[M].南京：南京大学出版社，2009：79.

---

① 丹尼尔·D·沃奇.研究实验室建筑[M].徐雄，译.北京：中国建筑工业出版社，2004：2.
② 伯顿·克拉克.探究的场所 现代大学的科研和研究生教育[M].王承绪，译.杭州：浙江教育出版社，2001：137.

心、与产业界及政府合作的大型研究机构，将校内外各不同学科、不同组织的人才、资源整合为协作团队，共同进行科研活动。而信息共享与交流在科研中的重要性，使各类信息平台、媒体中心及各类正式与非正式的交往空间逐渐成为校园中重要的创新空间。

3.3.4 研究型大学教学特点及对环境设计的启示

1.研究型大学目标

研究型大学为创新性的知识生产中心，以取得高水平的科研成果和培养高层次的精英人才为目标，并在社会经济发展中发挥重要作用。美国博耶研究型大学本科生教育委员会认为，研究型大学应通过综合教育培养特殊人才，他们拥有探索精神并渴望解决问题，具有清晰的思维和娴熟的交流技巧，有丰富多样的经验，可成为21世纪科技、学术、政治界的创造性领袖 [①]。可以看到，研究型大学的人才培养目标是高级的全面发展型人才、创新型人才；而其教育目标具有研究性、创造性和交流性的特征，体现了学术研究活动、创新活动的特点。

2.研究型大学组织创新和教学特征

应该说从研究型大学产生开始，从来没有唯一的固定的组织模式，更从没停止过对其组织方式和空间环境的创新；最具创新性的组织方式和空间往往出现在研究型大学校园中，且可以看到许多组织创新的案例。

（1）打破学科边界的组织——1966年创办的德国康斯坦茨大学（图3-12），打破传统的研究所制及学科、资源分割，采用教学与科研融合的专业化组织，实现了资源

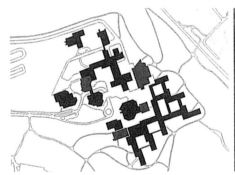

图3-12 德国康斯坦茨大学

来源：HOEGER K. Campus and the city：urban design for the knowledge society[M]. Zurich：GTA Verlag，2007：243.

---

① BCOEU Inuniversity. Reinventing undergraduate education：A blueprint for America's research universities[R]. Boyer Commission on Educating Undergraduates in the Research University，1998.

共享与高效灵活的管理，并体现在校园规划和建筑设计中；其创新的组织架构使其在30年时间内名列德国大学学术榜前三位。

（2）不同时期的组织变革——在东京大学发展过程中，除了历史上出现并保持至今的学部、学科模式外，在工业化时期形成了研究所模式，应对知识经济时代形成了研究中心模式，现状为三种组织模式并存。其中，先端科学技术研究中心提出学际性、国际性、流动性、公开性的目标，成为跨学科创新的先进组织。

（3）跨学科组织的合作——美国的研究型大学最常见的科研合作机构是校园中各类跨学科研究中心，以实现不同团队人才、资源的共享与协作；而欧洲的研究型大学中还可以看到跨大学的新型科研合作组织。

然而，尽管研究型大学具体的组织各异，相比于普通教学型大学，还是可以发现其共同特征，包括：传统的授课型教学活动比例下降，而研究型教学占比相对较高；高素质人才更多通过自主学习、交流学习获得知识；教学内容更多体现研究性、创造性与交流性。同时，跨学科、团队式、协同化的组织成为主导的学习和科研组织模式；校园内自由平等的学术氛围有利于来自不同学术背景的人才互相交流、形成学术社区；开放化、国际化的办学，使其与国际学术界、产业界密切联系合作。综上所述，研究型大学教学活动特征可归结为强调科研创新、学科交叉、交流交往，注重科研团队协同创新及学术社区的营造（表3-5）。

研究型大学教学特征　　　　　　　　　表3-5

项目	特征
教学目标	精英教育，全面发展人才；创新人才培养；科研与创新成果
人员特征	精英，学者，多元人才，研究生：本科生＞1:1
组织特征	团队化组织，跨学科交叉，跨组织协同合作，创新性
教学内容	研究性，创造性，交流性
活动特征	授课弱化，以研究型教学为主；强调自主学习、交流学习
学术氛围	学术社区，多元交流，自由平等
外部联系	开放性，国际化学术联系，与政府、产业建立紧密联系

3.对环境设计的启示

研究型大学基于其教学特征，需要提供创新科研活动的空间，如大量学科学院建筑、适应现代科研要求的大型研究设施、跨学科研究中心、产业合作创新设施、有利于信息分享与交流的媒体中心、交往空间等（表3-6）。相比于普通以传统教学为主的大学，其教学环境设计应有以下变化。

研究型大学教学活动与对应空间类型 表3-6

主要联系	研究型大学教学研究活动	所需设施、空间
校外	国际办学、学术交流合作	国际学院、留学生宿舍、交流中心
	政府科研、创新合作	国家重点实验室、工程中心、超算中心
	产业界合作	国家大学科技园、孵化器、企业合作科研中心、协同创新中心
	社区融合、资源共享交流	体育中心、博物馆、其他信息共享资源
校内	研究型教学	学院、研究所、大型实验研究中心
	交叉学科研究、团队科研	学科群组团、学院群、跨学科研究中心、学科共享平台
	交流学习、创新交流	正式交流空间：课堂、实验室、会议室；非正式交流空间：餐厅、媒体中心、休闲空间、运动设施
	自主学习、独立研修	自修空间、独立研究空间、媒体中心、多功能学习空间

（1）从灌输式教学环境转变为自主学习、交流学习环境。

（2）从强调正式交流环境转变为重视非正式交流环境。

（3）从个体科研转变为团队式科研组织环境。

（4）从简单学科研究转变为多学科交叉融合的研究环境。

（5）从仅关注校内教学转变为开放合作、注重校外联系产业协作的校园空间。

3.4 整体设计观下大学校园设计理论基础

大学在发展中因其组成元素、承担职能、内外联系日趋增多而成为复杂的系统。加上大学校园的设计需要同时面对功能、交通、景观、形态、可持续发展等不同层面的一系列主题，设计者越来越需要建立跨学科的整体化思维。另外，长期主导校园的功能主义思维带来建成校园的一系列问题，理论界开始反思并更注重校园中的人文因素。这些都将成为今后主导校园设计的主要理论基础。

3.4.1 多学科融合的大学校园设计整体观

1.整体设计观

我国建筑设计大师、中国工程院院士何镜堂领导的团队，在城市与建筑设计的创作道路上不断摸索，总结出"两观三性"理论体系（表3-7）。在"两观三性"体系中，"两观"是指设计的整体观与可持续发展观，"三性"是指设计的地域性、文化性和时代性。在"两观三性"理论的指导下，何镜堂院士及其团队创作出一大批大学校园规划与建筑设计的精品，获得社会各界的认同与好评。

"两观三性"理论体系　　　　　　　　　　　　　　　　　　　　　表3-7

整体观	可持续发展观
当今大学设计已经不单单是一幢建筑的问题，而是一个整体的系统，从校园的元素、关系、结构、系统上加以把握	大学校园是一个知识分子、科学文化、创新产业集约化的空间地域系统。在当代大学校园步入良性、可持续发展轨道的同时，集约化与适应性是大学校园发展的核心

地域性	文化性	时代性
大学校园建筑要体现地域性，才能避免全国各地"特色趋同"现象；注重回应地形、地貌和气候等自然条件，运用地域性材料及适宜的技术手段，展现该地区的历史与人文环境等	校园建筑要体现作为教育场所的文化特质，体现科学文化的理性、秩序，体现高雅、纯朴、自然的格调，体现"以人为本"的人文精神，充分考虑和尊重使用者物质和精神上的需求	建筑是一个时代的写照，是社会经济、科技、文化的综合反映；当今科学技术日新月异，建筑及校园的功能及综合评价标准也应体现具体的时代特征

来源：何镜堂.当代大学校园规划理论与设计实践[M].北京：中国建筑工业出版社，2011：38.

何镜堂院士的整体设计观认为：首先，建筑是涉及社会、生态、工程等专业的交叉学科，其内容包括相关学科知识的融汇和整合；同时，建筑又是有机的整体，它涉及城市规划与景观营造、文化传承与创新、建筑功能与造型、内外空间布局和科学技术的应用等方面。因此，面对这些错综复杂的因素，设计师需要树立整体的设计观念，从整体角度把握设计[①]。

从内涵上来看，整体设计观首先是一种系统的哲学思维，它将城市与建筑各设计要素视为相互联系的系统组成部分，围绕设计的目标和主题，对各项要素进行全面、多层次分析、归纳、优化和综合，视为一个整体来设计。其次，整体设计观也是一种交叉学科理论，城市与建筑设计涉及多学科理论，包括社会学、人类学、地理学、规划学、建筑学、生态学、心理学、行为学、材料科学等，是多个学科交织渗透形成的综合学科理论。再次，整体观也是一种创作方法，它主张不是将设计对象作为孤立主体而是以联系的眼光综合考虑各种环境因素，同时又要以动态发展的眼光关注整个设计实施过程的运作，才能实现更好的效果。

2.大学设计引入整体设计理念的必要性

现代大学是一个综合的系统，被认为是社会上最复杂的机构之一——比多数公司或政府机构都要复杂得多[②]。大学内人员众多、机构庞杂，其与社会、经济、教育

---

① 何镜堂.基于"两观三性"的建筑创作理论与实践[J].华南理工大学学报，2012（10）：12.

② 詹姆斯·杜德斯达.21世纪的大学[M].刘彤，译.北京：北京大学出版社，2005：42.

界都有密切的联系；其功能组成复杂，包括教学、科研、居住、运动、休闲等各种功能，如同一个小城镇。设计一个大学校园涉及众多因素，需要考虑不同层面的问题：宏观的如城市、产业的联系，中观的如校园各种规划要素的布局，微观的如教学空间环境甚至设备材料；需要涉及包括规划、建筑、景观、室内设计等多专业的理论。

同时，从国内大学建设现状和使用过程中发现的问题来看，许多问题都是由于孤立地考虑校园某方面、层面问题，而没有以整体、联系的思维设计造成的，如选址和界面缺乏对周边社区融入的考虑，造成城市界面消极，与社区关系的隔离；校园设计只考虑建筑造型而忽略建筑围合的开放空间，造成空间尺度失衡；只考虑物质空间形态而忽略与社会结构、心理感受相关的设计等。

因此，无论从理论发展角度看，还是从现实需求角度看，大学校园设计都需要引入一个系统化、跨专业、综合化的理论框架和创作方法，以适应越来越复杂的大学系统，解决越来越综合的设计问题。

3.整体设计思维对创新型、研究型大学校园设计的启示

基于整体设计思想，应该将研究型大学视为具有整体性与开放性特征的系统，从组成系统的要素、结构、联系等方面考察，既要考虑系统内各元素、各层级功能组成之间的相互关系，又要考虑系统与外部如城市、产业界之间的关系。此外，应该综合规划、建筑、教育、管理等相关学科的理论，建立跨学科的整体设计理论框架。

3.4.2　功能主义与人文主义结合的立场

1.人文主义对现代功能主义规划思想的反思

以1933年《雅典宪章》为标志，现代功能、理性主义理念逐渐被接受，并在第二次世界大战后的大规模建设中成为主导的规划理念。功能主义关注如何满足功能及不同活动的要求，视居住、工作和休闲等活动为分离独立的元素；关注自然光线、绿化、通风等物理评价标准；将建筑视为容纳各种功能与活动的容器。后来随着系统论、控制论、信息论的兴起，功能主义的设计思想又进化为系统主义，通过大量数理分析、程序控制使功能主义发展到理性的高峰。

到了20世纪60～70年代，功能主义规划的各种弊端开始显现，功能主义的城市空间过度关注物质层面的设计，缺少对社会关系与人性的关注；建筑关注表面短暂的需求和流行样式，忽略地域与文化因素等。简·雅各布斯的著作《美国大城市的死与生》引起了各界对现代功能主义规划的反思与批判，后现代主义、人文主义的设计理念开始兴起，设计者们开始认识到城市空间应该具有复杂、多元、混合的特点，而不是现代主义的统一刻板，应该注重城市的历史、文化等非物质要素（表3-8）。

功能主义与人文主义设计思想　　　　　　　　　　表3-8

设计理念	组织特征	主要思想	设计特征
现代主义 功能主义 理性主义	他组织 自上而下	基于实证科学和理性模型，从功能和理性主义角度出发 规划的功能也就被认为是完整的、协调的和具有等级的	明确单一功能分区；统一的总体规划；分离的功能，提供健康的居住环境；关注道路的交通功能
后现代主义 人文主义	自组织 自下而上	以人为中心，重视人的价值和存在意义；关注城市社会、经济结构的复杂性、多样性和城市活力；多样性与差异性	以人为本，社区化，场所与文脉，混合与多元，可持续与有机增长

2. 现代功能主义校园设计带来的问题

长期以来，我国大学校园设计的主要依据还是现代主义思想的功能分区、交通路网。明确功能分区、顺畅交通流线一直是评判校园设计的重要依据。理性主义的综合分析使校园各元素在图面中取得综合有序的平衡关系，明确而完整的分区也使各分区具有统一的功能与稳定的环境，避免相互干扰。

然而，正如C.亚历山大在《俄勒冈实验》中指出的，校园总体规划"可以创造总体但不能创造整体，可以创造总体秩序但不能创造有机秩序"。在功能主义思想主导下的校园，出现了传统古典校园所没有的新问题，如功能分区使校园成为相互割裂的独立功能区间，缺少多元活动带来的人群之间的亲密接触、积极交往，导致产生教学区晚上冷清、生活区白天无人的校园空间；只关注功能元素的布局，大学的社会与学术结构、文脉与场所营造常常受到忽视，不但不利于校园社会交往活动、学术社区氛围的形成，也不利于校园与周边社区的融合；过分关注建筑的功能与形态，忽略了建筑之间形成的外部空间感受，造成现代主义校园空间人性化尺度缺失，空间荒芜冷漠。

以上这些问题，在欧美第二次世界大战后的现代主义校园建设中也曾出现，而我国因理论发展与实践的相对滞后，直到近十年随着大批新校园落成才大量涌现，从而真正引起业界的关注与反思。要解决这些问题，需要引入人文主义的立场与思维。

3. 功能主义与人文主义结合的校园设计立场

在人文主义设计思想中，规划不应仅从功能和物理空间要求出发，还应该考虑使用者的社会结构、心理需求，以及人与环境的相互作用。不应一味追求自上而下的总体规划、控制性的决策方式，更应该考虑师生的行为规律和心理需求，自下而上地发掘校园中积极因素，使其成为具有人情味、受师生欢迎的校园空间。人文主义设计师反对大尺度的规则的几何空间，关注亲切宜人的小尺度空间，并认为这种空间更具人性与亲切感；提倡"有组织的复杂性"（简·雅各布斯），主张同一区域内的功能混合带来多元活力，避免单一功能区域的单调。

当今，人文主义的思想与立场已逐渐渗透到设计理论中，引导设计师对过往功能主义设计策略进行调整，从只关心功能、设施等物质空间元素，逐渐转向关注校园生活与社区环境。

3.4.3 社区化与交往化的校园设计理论

自第二次世界大战后至今，西方大学校园设计理论体现了现代主义与人文主义的设计思想相互融合的趋势，越来越多地关注校园中社区、交往、多元、混合等主题，以设计具有良好社区氛围、充满活力的校园空间。

1.社区与交往

社区或社团（cummunity），可以解释为有共同生活目标、方式、归属感的群体，社区感本质上是一种归属感和共同目标感。它是国外大学社会学研究的重要概念，包括德国教育家雅斯贝尔斯在内的众多教育家认为，大学是一个由学者和学生共同组成的追求真理的社团；哈佛大学原校长陆登庭曾把哈佛大学称为一个非同寻常的社区[1]；克拉克认为巨型大学由若干个社群组成，包括本科生社群和研究生社群、人文主义者社群、社会科学家与自然科学家社群等。

大学社区的研究揭示了社区与交往对校园空间和活动具有极为重要的意义。首先，创造社区感是促进大学中思想自由交流的需要，教授终身职位的授予和社区感的营造，其目的都是提升无拘束的交流。首先，一个有活力的学院创造了人们可以亲切聚会的空间，而自由的交流和思想的讨论可发生在其中[2]。其次，学生也可通过社区性活动受益，获得与他人共同工作的机会，以及利用课堂知识来解决社区需求的经验——从这个角度看，大学不仅有传递知识的能力，而且能在复杂网络系统和社区中发展知识[3]。再次，创建社区更是校园组织的方法，它通过提供场所来促进讨论、争辩、协作与社交互动，正如保罗·特纳所言，创造理想社区的渴望塑造了校园的空

---

① SCHMERTZ M. F. Campus planning and design[M]. New York：McGraw-Hill Book Company，1972.

② DANIEL R K. Mission and place：strengthening learning and community through campus design[M]. Lanham：Rowman & Littlefield Publishers，2005：48.

③ 詹姆斯·杜德斯达.21世纪的大学[M].刘彤，译.北京：北京大学出版社，2005：72，194.

间①。综上所述，正是校园中学者、学生之间的社区关系，使他们互相联系，交换信息与知识，并形成协作的和谐关系，使大学的学术活动得以开展，并影响了校园空间的形成。

优秀的大学校园应鼓励学者、师生之间的交流活动，使他们建立和谐关系，形成良好的社区氛围。中世纪博洛尼亚大学、剑桥大学、牛津大学的街道，有可供自由交往的酒吧、餐厅空间，为学者交流思想提供了轻松随意的场所和强烈的社区氛围，许多新的思想都诞生于这种无拘束的交流中。它启发校园设计师修正功能主义的方法：从只关注教学设施转向关注社区生活的营造；注重环境育人的作用，提供多元的活动与交往空间，使学生在社区生活中得到全面发展。校园社区理论的核心是如何促进人与人之间交往行为的发生，西方学者对此已经展开许多研究，主题包括开放空间、领域感、社区规模、步行环境、空间尺度等。

2. 多元与混合

多元价值观是大学的发展目的与责任，也是大学的活力所在。大学校园是容纳不同种族、不同学术背景等差异化人群的熔炉，这些差异性给成员带来不同的价值观、文化、生活方式，使校园产生并保持着多样性的魅力；同时，校园中多样的活动使他们聚集在一起，让不同的思想交流碰撞并产生新的火花。正是这些多元的人群与活动带来校园的空间活力与思想活力。

另外，校园中功能的混合也是鼓励交流的重要因素。大学的创建者想象着大学是一位教授与学生随处可碰面的学术场所，将思想交流提升到对教育工作极为重要的位置；大学使来自不同背景的人相识，并促生了对一些学生来说最为长久的个人关系②。而在早期的学院或大学中，学者之间交流活动与个人关系的形成，有相当部分是通过将许多校园功能混合在一个紧凑的街区，甚至是一栋建筑中来实现①。

现代主义的功能分区设计将校园各种活动分离，也将校园生活割裂成若干独立的片段。单一与分离的功能布局导致人员与活动的单一，减少了校园内人们相互交流和亲密接触的机会。而人文主义设计提倡在同一区域内容纳多元的人群与活动，混合各种校园功能，从而实现校园创新的活力与交往的氛围。

---

① CHAPMAN M P. American places：in search of the twenty-first century campus[M]. Lanham：Rowman & Littlefield Publishers，2006.

② DANIEL R K. Mission and place：strengthening learning and community through campus design[M]. Lanham：Rowman & Littlefield Publishers，2005：121.

3.5 研究型大学协同创新空间设计策略的建构

在知识经济与创新社会背景下，如何设计研究型大学、发挥其"创新"与"研究"职能的空间，是本书关注的核心问题。创新相关理论、新知识观与教学理念、研究型教学及现代大学设计理论，为研究型大学协同创新空间的设计奠定了相关的理论基础；而协同系统与协同创新理论则提供了系统结构与视角。

3.5.1 协同创新视角下研究型大学设计策略的目标与原则

1. 策略目标

创新型社会与协同创新体系的建设是当今我国研究型大学发展的社会背景，创新与研究成为研究型大学的重要职能。但在当今研究型大学建设中，各老校园更多沿用传统教育理念与旧设施，未能满足现代教学方式转变和研究型教学、创新型科研的需要；新校园建设中也存在着对创新和研究型教学特点认识不足，从而带来在城市区位、校园规划、建筑空间各层面的现实问题。

在上述背景下，如何发挥研究型大学两个重要功能即"创新"与"研究"，如何提供满足创新与科研活动的校园空间环境，建设符合当今研究型大学发展趋势和先进大学设计理念要求的研究型大学校园，成为本书的研究目的和设计策略建构的主要目标。本书期望通过研究型大学协同创新空间设计的理论框架与策略体系，不仅为解决现状突出问题提供参考依据，还为未来的创新型、研究型大学校园建设提供理论与实践指导。

通过前面对研究型大学发展历程的分析，可以总结出研究型大学的基本特点、面临的问题和未来的发展趋势。通过关于创新、科研行为特征的理论分析，可以了解到大学创新与科研活动所需的空间环境特征。而整体化校园设计思想及相关的先进设计理念，则提供了相关的设计理论基础。以上这些应具备的条件、需解决的问题、需满足的环境特征及理论要求，共同组成了协同创新视角下研究型大学设计策略的目标集合，可以将设计策略的目标归纳如下。

（1）设计满足创新、科研、交往行为需求并促进其发生的校园空间环境。

创新与研究是研究型大学区别于其他类型大学的最典型特征，创新研究活动和其所依赖的交往活动是其中最重要的几种活动。研究其活动发生规律、环境条件，在环境空间上最大限度地促进创新与交往行为的发生是校园空间设计的关键。

（2）分析研究型大学多层次、多主体协同创新的空间结构特征。

研究型大学作为一个复杂的协同创新系统，拥有多主体间复杂的功能、学科、社会关系结构。这些关系将各主体组织为完整的系统并形成结构，决定了系统的性质与创新、科研功能。研究型大学设计策略的目的是，透过功能、学科、社会结构，建立适应这些关系的系统空间结构。

（3）探求研究型大学在城市、校园、建筑不同层面的设计策略。

从协同创新体系角度看，研究型大学是一个多层级的创新系统。分别从城市区域、校园空间、校园建筑几个不同层级看，对应的主体分别是区域创新体系、校园创新网络、科研创新团队，其有着不同的活动规律与空间关系。研究型大学协同创新空间的设计策略，需要分别在不同的层面上结合各自特征建构有针对性的策略体系。

（4）针对校园建设的现状问题建立理性与人文主义结合的校园设计策略。

当今国内大学校园的建设大多受功能主义思维的影响，忽略了社会结构及心理环境需要。而人文主义的理念、社区化的校园设计理论，不但可对功能化的设计形成补充，而且也与创新和研究所需的交往氛围目标一致。因此，应该引入理性主义与人文主义的设计立场，形成既能避免当前问题再发生又能符合未来发展趋势的设计方法。

2.策略原则

（1）整体系统，开放关联。研究型大学是区域创新系统的子系统，自身拥有多个层级且复杂的组成部分，同时又与其他创新主体存在互动联系。其创新与科研职能正是在内外诸多元素互相协作与交流的联系中实现。研究型大学协同创新空间的设计策略必须建立系统的整体、关联、开放的视角，才能从整体上把握其结构。

（2）协同合作，集群联系。多主体的信息知识交流、团队化协同合作是研究与创新活动最主要的特征，知识流动特别是隐性知识交换的短距离特征决定了各协同创新主体呈现区域上的集群分布特征。这些规律决定了研究型大学无论在校内各元素的空间组织中，还是在外部协同创新主体的地理关系中，都必须体现协同合作、集群联系的特点。

（3）多元复合，学科交叉。现代科研向综合深入的方向发展，使得打破学科边界的交叉研究越来越重要。来自不同文化、学术背景的学者合作交流，成为各创新组织用以互相激发创新思维的重要手段，而复合的功能、多样的人群所带来多元的活动，正是产生校园空间活力、交往氛围的重要因素。因此，多元、复合、交叉将成为研究型大学校园空间设计的主题，并为校园带来交往与创新的活力。

（4）交往网络，人文社区。创新行为研究揭示了创新组织内外人员间因社会交往形成的非正式创新网络，是激发创新产生的重要因素。而校园社区化设计理论也认为，校园内交往活动是促进社会结构稳定、人员归属感与学者社区氛围形成的重要途径。校园应提供便于交往行为发生、创新网络与学术社区形成的空间环境。

（5）弹性动态，持续发展。现代科研不断发展导致新的交叉、边缘学科不断涌现，研究型校园中不同的科研机构不断建设，使得研究型大学需要比普通大学更加注重规划，为将来发展留有余地和空间。而现代创新组织扁平化、非固定化的团队结构，又需要建筑空间具有灵活可调的适应性。

3.5.2 研究型大学协同创新空间设计策略内涵

研究型大学协同创新空间设计策略研究的核心问题是创新行为与协同创新发生特征、未来的研究型教学特征及其需要的空间特征，研究型大学在设计中应采用怎样的策略，以满足各层面不同主体创新与研究活动的需要。前面从创新与研究这两方面入手，引入创新与研究相关的创新学、教育学、管理学、社会学、行为学，以及地理、规划、建筑学相关设计理论，建构了研究型大学协同创新空间设计策略的理论基础（图3-13）。从这些理论基础导入中可以看到，创新与研究及其赖以发生的知识交换和交往活动，是本策略关注的几个核心概念。其中，知识流动是核心，交往是共同目标，而主体间的协作联系、交叉融合、社区交往是设计的策略依据，此策略的内涵可以归纳如下。

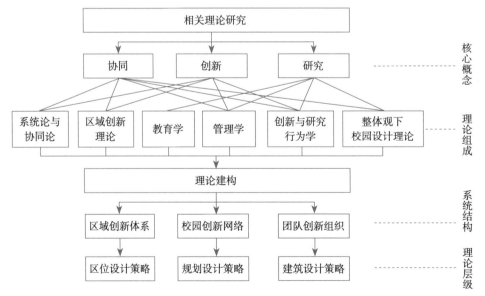

图3-13　相关理论研究与理论建构

1.多学科、多层次整体化的设计观念

研究型大学设计本身是一个多层次的复杂系统，涉及城市总体规划、校园规划、建筑设计等不同层面的问题；同时，它又是一个跨学科的复杂问题，涵盖创新城市理论、科学学、教育学、管理学、行为学等不同学科。因此，对它的设计策略的建构要引入整体观的视角，既要将多层次的各主体作为一个整体系统来研究，更要融会相关理论建立跨学科的整体理论体系。

2.基于知识交流和交往行为特征的网络化空间体系设计方法

知识流动所依赖的交往行为，特别是非正式交往行为，是促进创新产生的重要途径；而创新网络理论更是揭示了创新与交往发生的网络化特征。因此，创新与交往行为发生所需的环境特征是研究型大学空间设计的重要依据，应注意其交往空间及网络化空间体系。

3.基于协同论视角的多主体协同体系空间结构设计思路

协同论揭示了创新体系是不同层次多主体互相联系、协同合作的系统，具有层次性和多主体的特征。对于研究型大学来说，其协同关系既包括区域创新系统层面与企业、政府及其他组织的协作关系，又包括校园层面各学科部门交叉协作，还有团队层面各成员间的协作。这些各层面的协作关系正是研究型大学发挥其创新功能的系统结构，也是构建其空间设计策略的结构依据。

4.功能主义与人文主义结合的校园设计立场

人文主义的设计理念和社区设计理论，关注人的社会心理、社会结构与交往活动，避免了功能主义设计带来的人际关系疏离和校园空间冷漠；而创新和科研活动同样依赖人际关系的形成与交往行为的发生，它们具有相同的关注点。在研究型大学空间设计中应关注交往与人际关系，使功能主义与人文主义设计立场相结合。

5.关注正式与非正式交往和教学活动的设计视角

研究型大学中创新与研究型教学活动、正式创新网络的形成，离不开团队化的协作场所、知识的传授环境、学术研讨会议的空间，传统的教室、实验室、会议室等正式化、有计划、制度化的传统教学科研空间满足了这类活动的需求。然而，新知识观与非正式创新网络理论启示，现代科研与创新活动需要与以往不同的空间，非正式的交流及自组织的自学习、交流学习，使非正式、自组织、非计划交流活动越来越成为创新环境的关键词。因此，研究型大学空间设计，必须结合正式与非正式网络形成的机制，建立同时关注正式与非正式空间场所设计的视角。

3.5.3 研究型大学协同创新空间设计策略的结构层次

1.三个策略分析层次

协同创新是个多主体、多层级的协作系统，它在不同的空间层次对应不同的创新协作层次与主体。基于这样的结构特征，本书提出研究型大学协同创新空间设计的三层策略框架：区域协同创新体系内的区位设计策略，校园协同创新网络中的规划设计策略，以及团队创新组织下的建筑设计策略。策略层次涵盖了城市与区域创新体系、校园与校内创新网络、建筑与创新团队三种空间层次和尺度，是一个综合的整体策略结构。其层次包括以下内容。

（1）区域协同创新体系内研究型大学区位设计策略。

区域协同创新体系由空间相互邻近、互相联系及分工协作的研究型大学、产业组织、研究机构共同构成。这些主体间通过区域内的学习、交流、竞争、合作发生知识共享，形成正式和非正式的关系，并进一步构成创新网络。如何实现这些主体间有效的知识联系，是实现知识共享和技术创新的关键因素。因此，研究型大学在区域协同创新体系中的设计策略涉及研究型大学建设的前期策划选址、城市产业的区位关系、校园周边城市社区关系、校园界面处理等主题，以及地理学、创新体系理论、管理学、城市规划等理论。

（2）校园协同创新网络中研究型大学规划设计策略。

现代创新科研活动的跨学科、综合化与群体协作特征，表现为多主体的群体协作网络；同时，非正式交流与社区联系形成的非正式创新网络，又对创新起到重要促进作用。因此，校园协同创新网络中建构研究型大学的设计策略，需要从校园创新与科研行为特征入手，并涉及研究型大学建设的校园功能与学科布局、学院与科研建筑群体规划、交往设施与空间规划、校园社区建设等主题，以及校园规划与社区设计、创新与科研的管理及行为学等理论。

（3）团队创新组织下研究型大学建筑设计策略。

创新知识和现代科研管理理论都认为，团队式的结构把具有不同能力与知识的人才结合在组织中，互相协作，解决复杂并具有高度不确定性的创新问题。成员的协作交流、集体学习往往引发团队中的学习与知识创造行为。研究型大学建筑空间，需要充分结合现代科研、研究型教学及创新活动的行为特征来设计。这个层面主要是科研与创新建筑空间的设计问题，涉及建筑与室内设计、创新与科研的行为学等理论。

2.三个内容分析维度

对于创新活动来说，创新过程中各主体因知识流动和交往而形成的网络结构，是其主要的组织与结构特征。创新既需要通过制度性、自上而下的组织形成正式的创新网络，又需要通过各类社会交往与人际关系自发形成非正式的创新网络。而对于新知识观下的科研、教学活动，既包括传统、正式化的课堂教学、会议交流模式，又包括各种自组织、非计划性的非正式教学、交流活动，如自主学习、交流学习等形式。综上可见，研究型大学创新与科研空间中包含了正式与非正式的空间，它们分别代表了两种活动属性，即正式化、它组织、有计划、制度化的活动，以及非正式、自组织、非计划的活动。

因此，研究型大学协同创新空间的设计，应该结合正式与非正式创新网络的特征，将正式与非正式的创新、交流、教学活动与空间融为一体。基于此出发点，本书在每个分析层次中，结合上述思路，分别从三个维度入手对协同创新空间进行探讨，形成了每个分析层次上的三个分析维度，即正式创新活动与空间维度、非正式创新与活动维度及整合维度。其目的是通过创新活动正式与非正式结合的特征，试图建立融合这两种活动特征的整体空间。

第4章

区域协同创新体系内研究型大学区位设计

历史证明大学有一种潜在的生长和扩张力量，而且常常是通过一些不可预知的方式；校园也能够戏剧性地改变校园以外的邻近地区。不要把校园与周围的世界隔离开来。作为学习的中心，大学带来新的思想和新的技术，扮演着新思想孵化器的角色。

——戴维·纳尔逊

　　研究型大学在区域创新体系中扮演着主体角色，它通过各种正式与非正式的联系，与城市中其他创新组织发生着信息、知识、技术、人才、物质上的交流。这些联系形成了研究型大学与其他机构、组织在城市区域层级上的协同创新关系，而发挥出强大的创新能力，成为城市创新的驱动器与促进城市发展的增长极。然而，以我国近十年建设的一些研究型大学新校园为例，相比于国外一些知名大学，经常看到这些校园未能在区域创新中发挥其应有的作用。

　　是什么条件导致了研究型大学在区域创新体系中的能力差异？本章在研究型大学参与城市区域层面协同创新的机制和理论基础上，结合成功与失败案例的比较，从城市区位、功能策划、社区边界几个角度分析研究型大学在区域协同创新体系中的空间环境特征，并探求其设计策略。

4.1 研究型大学参与区域协同创新的机制与关注焦点

　　区域协同创新系统建设对城市的产业经济发展与创新能力提升都具有重要影响，甚至可以左右城市化中新区域的发展方向。因此，区域协同创新体系与区域的发展机制一直以来都为理论界所关注，并从城市规划、地理学、经济学、管理学等角度形成了相关的理论成果，为分析研究型大学参与区域协同创新的机制提供了理论基础。另外，可通过比较分析国内外研究型大学的诸多案例，找到国内一些研究型大学在区域协同创新中的能力差距与原因。而这些机制特征和现实问题，为在城市区域层面分析研究型大学协同创新空间设计策略提供了基本原则和关注焦点。

4.1.1 研究型大学参与区域协同创新的理论基础

1.城市区域协同创新系统与研究型大学

　　20世纪80年代以"硅谷"为代表的科技产业聚集和创新区域崛起，使学术界认识到创新开始成为知识经济时代区域发展的主要动力，关注区域在协同创新系统中所扮演的重要角色。英国学者库克最早提出区域协同创新系统概念，指出它是在一定区域范围内的一种创新网络关系和制度上的支持性安排，通过频繁密切地与区域企业的创新投入相互作用[①]。区域协同创新系统的研究主要致力于区域经济与高技术产业布局、创新网络与政策制度对区域创新的影响等。

---

　　① COOKE P. Regional innovation systems[J]. Journal of TechnologyTransfer，2002：133-145.

从内涵上看，区域协同创新系统是主要由区域内参与技术发展和扩散的企业、大学与研究机构组成（图4-1），并有市场中介服务组织广泛介入和政府适当参与的一个创造、储备和转让知识、技能与新产品的相互作用的创新网络系统[①]。它由主体要素（包括企业、大学、科研机构、政府和中介服务组织）、功能要素、环境要素构成（表4-1），产出包括知识技术、产品和经济效益等。其目的是建立区域内与地区资源相关且促进创新的组织网络和空间结构，鼓励区域内的创新主体充分利用地域范围内的社会关系等资源，以推动区域内新知识的产生流动和新技术转化。

图4-1 城市创新空间要素

来源：改绘自顾朝林.中国高技术产业与园区[M].北京：中信出版社，1998：127.

区域协同创新体系组成 表4-1

部分	组成
主体要素	区域内企业组织、研究型大学、科研机构、政府、中介服务组织
功能要素	区域内技术创新、管理创新、服务创新、制度创新
环境要素	基础设施、保障条件、制度法律

区域协同创新理论认为，地域内各种科研、企业组织通过交流学习、合作竞争形成一些正式与非正式的关系，这些关系促进相互间的信息流动和知识共享并带来创新。因此，区域协同创新体系的特征是企业和知识的生产、扩散组织在创新活动中的信息交流和共同协作。促进不同创新主体之间的交流协作是区域协同创新体系建设的关键。这些理论促成了区域层面的协同创新组织关系的形成，它是主要由研究型大学、企业、研究机构、政府等主体形成，为了实现重大科技创新而开展的大跨度整合创新组织模式。各主体通过突破壁垒，释放人才、信息、技术等创新要素活力，共同

---

① 胡志坚，苏靖.区域创新系统理论的提出与发展[J].中国科技论坛，1999：22.

协作、整合资源，产生系统的协同增效效应。

在区域协同创新体系中，研究型大学凭借其强大的科研能力、人才资源、知识储备，发挥着与其他企业和创新主体的能力互补优势，从而成为区域协同创新体系的重要主体。有学者认为美国第二次世界大战后的经济增长50%以上应归功于科技创新，而创新的主要力量来自研究型大学[①]。协同创新的主要形式是产学研合作，包括研究型大学、科研机构、产业与政府间的协作。知名度较高的区域协同创新体系有美国"硅谷"、波士顿128号公路等。从这些国内外著名研究型大学案例来看，研究型大学具有与区域创新体系协同演进发展的趋势，随着区域创新体系不断发展，研究型大学也发挥越来越大的作用。

2.城市创新区域的发展机制

创新溢出与扩散。知识溢出是地理经济学解释创新集聚和区域发展的重要概念，它指一个部门的创新活动不仅会令本身受益，还会使其他部门、组织的创新能力得到提高。这是因为区域间通过信息流动、知识扩散而使相邻空间获得知识收益并带动创新与经济发展。对于研究型大学来说，鼓励大学申请专利、孵化企业，鼓励大学周边科技产业发展的措施，都促进了大学技术知识的向外溢出、转化，从而促进区域创新扩散。而创新的扩散渠道除了公众传播网络外，更重要的、更快速的是通过人际网络传播，并结合区域内的人员、物质、资本的流动来实现。

创新空间聚集。城市的创新产业、科研机构等组织在空间上呈局部集中的分布特征。通过对地理经济学的研究发现，这些创新空间的聚集现象不完全像传统产业那样为了降低运输与能源成本而集中，更多的是因为地域的相邻有利于知识溢出、扩散，使相邻的空间受益。知识传播对创新影响的研究表明，构成创新基础的隐性知识具有难以远距离交换的特点，这导致了创新的扩散在一定程度上受空间距离的限制。同时，创新过程中不同组织间的群体学习、互动与知识流动变得愈发重要，这些机制使隐性知识集中化与社会互动日益重要，也解释了地理空间对创新如此重要的原因[②]。

城市增长极。增长极理论认为城市区域增长主要依靠具有创新能力的机构或组织在区域的聚集发展形成，它通过创新的扩散、资本的集中和规模经济效益形成经济的聚集效应，从而产生吸引与辐射作用，促进地区经济的增长。城市及区域经济的发展

---

① 颜晓峰.创新研究[M].北京：人民出版社，2011：110.
② 詹·法格博格，戴维·莫利，理查德·R·纳尔逊.牛津创新手册[M].刘忠，译.北京：知识产权出版社，2009：288.

需要依赖某些具有相对优势的局部地区和个别产业聚集来带动，应该把这些地区和产业培养为增长极，从而以点带面、由局部到整体地带动区域整体发展。增长极可以表现为局部城镇区域、产业部门、新技术园区等。对研究型大学来说，其创新知识与人才的输出往往带来周边产业的发展，从而成为区域中的增长极；而研究型大学与周边产业聚集形成的创新区域，往往又成为推动城市建设与产业发展的增长极（图4-2）。因此，在近年的城市化进程中，研究型大学的新校区与高新产业区域往往被视作在知识经济中带动城市创新区域发展的增长极核，被规划在新城区发展区域中。

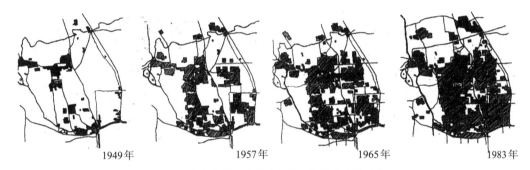

1949年　　　　　1957年　　　　　1965年　　　　　1983年

图4-2　北京中关村以大学为中心聚集发展的过程

来源：孙世界.信息化城市[M].天津：天津大学出版社，2007：118.

3.城市创新区域的空间特征

结合上述创新区域的运行机制，可以归纳出区域创新空间的特征，包括以下内容。

多元空间的协同聚集。城市创新区域是创新产业群与教育科研机构及其他支撑功能结合产生的一种新城市空间形态，其通过资源共享降低成本，通过信息交流促进创新，通过竞争获得能力提升，又通过能力互补产生协同效应，具有一定的地缘特征。甚至有学者认为，这种区域内互惠共生、协同竞争、领域共占、结网群居的关系具有生态群落的行为特征[①]。这种协同聚集产生巨大能量，如"硅谷"除聚集了斯坦福大学、加利福尼亚大学伯克利分校等著名研究型大学外，还聚集了近万家与创新相关的大小企业，它们与大学一起构成了多元的协同创新体系。

近距离空间扩散。创新空间的知识、技术、人才、资本等资源聚集，将形成对外的势差，使区域内创新资源向势差低的外围扩散。这种扩散通过信息、人流、物流、资金流动实现，不但形成空间上的扩散，更通过对外围传统产业的渗透而带动产业的更新与结构调整，并拉动地产、商业服务等产业的发展。基于扩散效应的影响，具有

---

① 罗发友，刘友金.技术创新群落形成与演化的行为生态学研究[J].科学学研究，2004（1）：99—103.

强大知识生产能力的研究型大学通常成为区域内的创新扩散中心，而由研究型大学与周边创新产业组成的城市创新空间组群又往往带来城市的空间格局优化，成为现代城市发展的引擎。因此，城市创新空间是以研究型大学或大型创新机构为核心的区域空间，并具有地缘化的短距离扩散特性。

　　网络化主体关系。区域创新系统内各创新主体建立起强弱不等、形式各样的联系纽带，创新网络的形成是创新空间发展最本质的特征，正是这些网络关系组成并最终发展为创新系统（图4-3）。这些网络关系包括正式的关系，如大学通过项目合作、共同投资、共建科研中心、专利许可、科技咨询服务等正式合约的形式与其他创新主体形成正式联系；也包括非正式的关系，如研究型大学为企业开展人才培养、开展各组织与大学的人才交流，甚至扩展一些更加私人化的社会关系等。创新空间必须为这些网络关系的形成提供条件，并重视为各类交流、交往提供空间。

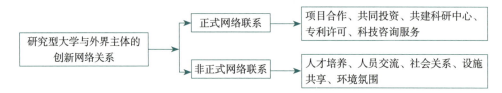

图4-3　研究型大学与外界主体的创新网络关系

4.1.2 国内研究型大学参与区域创新的条件缺失

　　我国的研究型大学处于发展起步期，与欧美的研究型大学相比，无论从与创新系统的结合程度还是从创新成果的产出看都有一定差距。从区域协同创新体系的层面究其原因，除了因一些大学建设时目标定位不明确以外，还与创新相关的文化、制度、物质环境不成熟有关。而从物质空间规划的角度考察，则可以看到其在参与区域创新时的一些典型的条件缺失问题，包括表4-2所示内容。

区域协同创新体系层面研究型大学区位条件缺失　　　表4-2

层级	问题	相关校园类型		相关职能类型	
		新校园	老校园	研究	创新
城市区位	选址区位未结合创新协同与城市发展	○		○	○
	校园功能配置中缺乏足够的产学研结合用地	○	○	○	○
	校园周边配套服务功能缺失、空间活力低	○		○	○
	校园与周边社区融合度低	○	○		○

1.缺少参与区域创新体系的区位条件

具有强大创新科研能力的研究型大学在社会发展中具有经济驱动器的功能，与城市创新体系和产业界存在着协同创新的互动关系。国外成功案例显示，研究型大学在区域协同创新体系中核心角色的实现，需要具有与城市产业结合的区位，并通过优良的交通联系、丰富的生活资源成为高质城市空间和区域经济发展中的增长极，带动城市产业结构升级及城市发展。而在一些国内案例中，不少校园选址在城市化程度较低的郊区，未能跟周边城市经济及产业发生关联互动，既失去了经济及创新驱动作用，又影响校园的发展。

例如，20世纪90年代初东南大学在离主城区近20km外的江北浦口建设江浦校区，期望满足校园扩张需求，并带动江北高新区发展，但因校园选址区域城市化程度低，周边交通、生活资源缺乏，再加上江北高新区发展不尽理想，江浦校区一直未能获得良好的发展条件。东南大学不得不在2002年重新在江宁开发区选址建设新校区。选址江宁建设的原因，除了有众多大学校园与高新产业聚集带来的资源优势外，还可以与东南大学江宁科技园进行产学研对接，形成创新链接。

2.缺少建立外部正式创新网络所需的功能安排

研究型大学需要与产业界、学术界建立正式的交流关系，通过这些正式的创新网络实现其创新输出功能。这需要在校园中建立外部学术与产业联系的设施，如科技产业园区、国家建立的各类实验室，甚至校外产业资本投资的研究中心。然而，国内现行的大学建设指标未考虑这些功能的用地指标，产学研结合用地的缺乏限制了大学协同创新功能的发挥。

例如，华南理工大学大学城校区（图4-4），基本上是遵照《普通高等学校建筑规划面积指标》建设，没有足够的用地以备将来建设国外研究型大学校园中常见的科研中心、科技产业设施，其产学研结合及创新输出能力大受限制。

3.缺少有利于非正式创新网络建立的社区界面

研究型大学发挥在区域中的创新输出作用，需要一定的区位与周边社区条件支持。国外研究型大学开放的校园、注重与周边社区融合的功能界面、交通网络，为校园带来多元的活力。这有利于通过交往形成人际社会关系与非正式的创新网络，以实现校园内外的信息交流和创新扩散。而在我国大多数校园看到的情况却是封闭的校园界面、内外资源的隔离，校园既没有很好地推动周边社区发展，也没能利用周边资源与信息的交流推动校园创新活动。

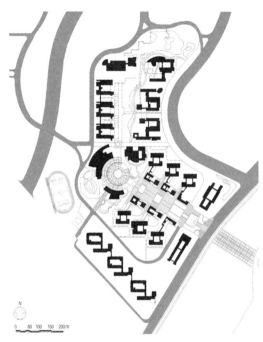

图4-4　华南理工大学大学城校区总平面图

来源：华南理工大学建筑设计研究院有限公司。

4.1.3　研究型大学在区域创新中的定位与策略目标

在区域创新宏观层面考察研究型大学实现其创新能力的空间环境，主要对其区位关系、产学研各主体关系及其他创新主体的网络关系进行分析，并且从城市发展、创新主体关系、周边社区几个层面入手。结合前面提及的区域协同创新体系及现实焦点问题，将研究型大学在区域层面的协同创新空间设计定位与目标归纳如下。

（1）区位选址：研究型大学在城市发展区位中起到驱动器的作用。这个维度的策略目标是在区位选址中将研究型大学与城市发展方向、创新区域结合，促进区域创新聚集与极核形成，并构建多元产业与生活结合的创新城市空间结构。

（2）功能策划：研究型大学与区域内其他外部创新主体建立各种正式的网络联系，在区域创新体系中发挥创新作用。这个维度的策略目标是在校园功能策划中保证各种产学研合作的设施用地，形成大学与外部信息、学术、产业的交流关系，促进产学研协同关系的形成。

（3）社区界面：大学与周边社区存在知识溢出与信息交流，特别是通过社会关系形成的非正式网络，对促进创新产生起着重要作用。这个维度的策略目标是建立校园开放、融合的社区边界，形成研究型大学与周边社区的协同社区关系。

　　总之，在区域协同创新体系中，研究型大学协同创新空间设计策略的本质是建设产学研结合与开放型校园，最终目标是实现有利于研究型大学发挥创新驱动器作用的选址，建立有利于研究型大学与其他创新组织、机构合作的网络关系，以及有利于研究型大学信息与知识溢出的社区边界环境。策略的内容涉及经济学、创新学、地理学、规划学等学科。

4.2 研究型大学与城市区域发展的协同区位

　　从国内外成功经验来看，著名研究型大学由于其强大的科研创新能力，往往成为区域协同创新体系的创新极核，带动区域创新的协同发展；而研究型大学与创新产业所形成的创新区域，对城市经济与城市化发展具有明显的驱动能力。国内一、二线城市的发展过程中往往借鉴这些经验，将城市中研究型大学新校区建设与以高新区、大学城为标志的城市创新区域结合，以期发挥区域创新能力，引领城市发展方向。因而，研究型大学建设与城市发展、区域产业、区位特征密切相关，并影响其协同创新能力发挥。需要从这些角度考察其区位特征。

4.2.1 驱动区域创新的校园选址

1.研究型大学选址模式比较

　　首先，从国外的研究型大学经验来看，并不是所有城市都能培育出一流的研究型大学。研究型大学的发展需要优良的投资、信息、人才资源，需要建立与外界的沟通联系，因而往往出现在经济发达、区位条件优良的国家或地区的核心城市中。而在国内也可看到类似的规律，绝大部分研究型大学新校区均选址于一线城市及省会城市，特别是东部区位、经济条件较好的城市。从我国地域创新水平分布来看，各地企业与大学的创新水平存在一定的相关性，且与地域经济水平呈正相关关系，东部沿海经济发达地区的创新能力表现出更高水平。

　　其次，从城市区域中研究型大学选址的分析中也可以看到，并不是所有的选址都有利于校园的发展与创新能力的发挥。从校园与城市的相对关系角度，可以将选址分为以下几种类型。

　　（1）郊区化模式：校园选址于城市化程度低的郊区，周边没有可依靠的城市资源。校园空间自成一体，成为功能完善、配套齐全的社区。而且由于缺少外部资源与联系，校园活动与空间分布内聚，外部边界相对封闭。这种类型的案例常见于欧美第二次世界大战后建设的一批现代主义风格校园，如德国康斯坦茨大学（图4-5a）；以及国内20世纪80～90年代建设的大学新校区，如东南大学江浦校区。

（2）城市化模式：校园选址于城区或边缘，与城市资源发生各种联系。校园空间与周边社区存在程度或高或低的融合关系。这种模式又常见两种形式，一种如麻省理工学院（图4-5b）、剑桥大学等，校园采用开放式布局，与所在城镇融为一体；另一种如国内常见的城区或城市边缘校园，校园封闭管理，空间、活动分布相对内聚，但仍在边界上与城市发生各种联系与交流。

（3）科学城模式：选址于郊区或城市边缘，大学没有封闭的界限，大学设施与各种研究机构、创新企业混合布置、融为一体，成为相对独立的区域。园区内功能配套齐全，构成了产学研一体化的科技之城。这种类型常见于欧美第二次世界大战后建设的一批科技城，如慕尼黑工业大学和加兴科技园组成的园区等（图4-5c）。

| （a）郊区化模式 | （b）城市化模式 | （c）科学城模式 |
| 康斯坦茨大学，德国 | 麻省理工学院，美国 | 慕尼黑工业大学，德国 |

图4-5 研究型大学几种选址模式案例

来源：改绘自 HOEGER K. Campus and the city: urban design for the knowledge society[M].
Zurich: GTA Verlag, 2007.

对以上几种选址模式的抽样对比（表4-3）可以发现：郊区化模式选址的研究型大学，由于周边缺少城市资源，校园外完全没有创新企业聚集；只有个别靠近城市边缘的案例有在校园内建设或规划创新企业的情况，但数量非常少。科学城模式选址的校园，由于在园区内混合了大学设施与科研、企业机构用地，可以看到有较多的创新企业聚集。而城市化模式的选址，不单能在校办科技园（如斯坦福大学科技园、剑桥科技园）内聚集创新企业，而且能在城市中产生大量创新企业，形成连绵的创新区域空间。一些著名的创新区域聚集案例，如"硅谷"、波士顿128公路、剑桥现象，都属于后者。这些统计也说明，基于城市化区域的校园选址，更有利于校园知识创新的输出；大学与外部创新主体协同关系的形成，也更有利于激发区域创新企业聚集和驱

几种选址模式比较 表4-3

模式	案例	科研机构（个）	创新企业（数量）	
			用地内（家）	用地外
郊区化模式	康斯坦茨大学	13	0	—
	自由柏林大学	14	30	—
	苏黎世联邦理工学院	5	10	—
	阿利坎特大学	21	3	—
	乌德勒支大学	13，（5校内）	18	—
城市化模式	哈佛大学	17（校内7）	每年新增15～20（Allston校区）	波士顿128公路创新区域，数以千计的创新公司
	麻省理工学院	32（校内）	15（MIT科技园）	
	伊利诺伊理工大学	29	100	芝加哥数以百计的企业总部
	剑桥大学	150（含学院）	330（剑桥科技园）	剑桥现象；1600家企业
	斯坦福大学	＞10	＞150（斯坦福大学科技园）	硅谷7000多家高科技公司
科学城模式	慕尼黑工业大学+加兴科技园	15（5校内）	10	—
	不莱梅大学+科技园	20	320	—
	赫尔辛基理工大学+Otaniemi科技园	27（12校内）	＞600，每年新增70	—
	柏林洪堡大学+Adlershof科技园	18（6校内）	714	—
	阿姆斯特丹大学+阿姆斯特丹科技园	18（6校内）	80	—

来源：作者自绘，部分数据来自 HOEGER K. Campus and the city：urban design for the knowledge society[M]. Zurich：GTA Verlag，2007.

动区域经济发展。这也印证了关于多主体协同创新与创新聚集的原理，研究型大学应该选址于有利于创新聚集、产业协同的区位中。

2.城市型选址对区域空间的驱动

无论从上述调查分析还是从众多的实际案例中都可以看到大学与城市的结合，往往给区域乃至整座城市发展都带来巨大影响。但通过分析创新区域发展历史可以发现，并不是所有大学都能发展出高新技术产业而成为城市增长核心，往往只有研究型大学或以其为核心的大学集群才能够承担起带动创新区域发展的功能。研究型大学通过人才、信息、知识的输出，发挥其强大的科研与创新职能，对城市区域产生辐射。通过带动周边地区经济的增长、创新产业聚集，成为区域创新的扩散极，以点带面、由局部到整体地带动城市区域整体发展。

[案例]　　　　"硅谷"：斯坦福大学驱动的创新区域发展

由研究型大学创新输出带动区域发展的机制最早出现于斯坦福大学，时任校长特曼在1951年创建了斯坦福大学工业园，支持师生创业和吸引社会企业进园创办公司。其开创了产学研一体的大学模式，成为世界上第一个科技园即"硅谷"的早期雏形。斯坦福大学通过其50个研究中心为产业界提供信息与合作渠道，这种靠近大学及研究部门的资源优势使斯坦福大学对企业具有强大的吸引力。而众多高科技公司在此落地后，又形成信息与技术高度密集的独特环境，更适宜于高科技企业的诞生。这种正循环在几十年时间内造就了大量产业聚集，形成了连绵的城市区域（图4-6）。

图4-6　19世纪初的斯坦福大学与今日以斯坦福大学科技园为中心的创新区域

来源：（左图）JONCAS R, NEUMANN D, TURNER P V. Stanford University: an architectural tour[M]. New York: Princeton Architectural Press，2019；（右图）HOEGER K. Campus and the city: urban design for the knowledge society[M]. Zurich: GTA Verlag，2007.

3.结合城市创新区域选址

城市创新空间的发展，特别是各类科技园区的建设，需要邻近大学资源（图4-7）。城市创新区域发展的成功案例的启示，使城市规划者与决策者认识到研究型大学或以其为中心的大学集群对产业聚集乃至城市空间发展的带动作用，纷纷将名校与创新产业集中建设，形成了诸如日本筑波科学城、韩国大德科学城、中国台湾新竹科技园等创新区域。而中国大陆的区域核心城市、各省会城市正在经历高速的城镇化及产业升级过程，都期望通过发展新型产业、建设新的城市区域以带动城市产业结构变革和城市版图的扩张。于是在近十年的大学建设高潮中，可见到大部分研究型大学新校区选址都靠近或在规划的城市创新区域（表4-4）。尽管它们名称各异，如大学城、创新城、高新区、知识城，但其核心目标与理念是共通的，就是发挥研究型大学的创新辐射作用，带动城市创新区域发展。

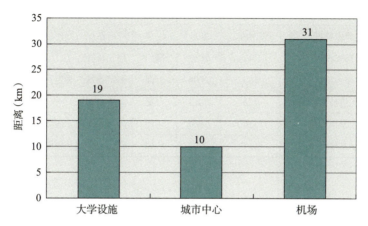

图4-7 世界科技园选址与大学、市中心、机场的平均距离

主要研究型大学新建校区区位特征 表4-4

	校园名称	用地（hm²）	建设时间	地区	区位
1	南京大学仙林校区	189	2006	南京	仙林新区、仙林大学城及科技产业园区
2	复旦大学江湾校区	91	2004	上海	新江湾城
3	上海交通大学闵行校区	333	1985	上海	紫竹高新区
4	华东理工大学奉贤校区	103	2007	上海	奉贤区
5	深圳大学城（清华大学、哈尔滨工业大学分校）	146	2002	深圳	西丽大学城，距深圳高新技术产业区10km
6	湖南大学新校区	19	2007	长沙	湖南大学老校区旁，近长沙高新区
7	中国科学院大学	72	2008	北京	怀柔科教产业园
8	中国农业大学烟台校区	199	2003	北京	烟台高新区
9	四川大学双流校区	200	2002	成都	西南航空港经济开发区
10	兰州大学榆中校区	360	2001	兰州	兰州科教城
11	西安交通大学曲江校区	79	2009	西安	曲江新区，西安交通大学科技园
12	大连理工大学新校区	81	2006	大连	大连理工大学老校区西侧
13	山东大学青岛校区	203	2011	青岛	青岛蓝色硅谷
14	中南大学新校区	134	2005	长沙	邻近长沙高新区
15	北京理工大学良乡校区	202	2005	北京	良乡卫星城，良乡大学城
16	南京航空航天大学	100	1998	南京	江宁高新区
17	东北大学新校区	89	2012	沈阳	浑南新区，大学科技城

	校园名称	用地 （hm²）	建设 时间	地区	区位
18	浙江大学紫金港校区西区	360	2009	杭州	西湖科技电子经济区
19	南开大学津南校区	249	2011	天津	津南新城，海河教育园区
20	厦门大学翔安校区	243	2011	厦门	翔安新区
21	同济大学嘉定校区	150	2004	上海	嘉定新城，嘉定汽车城
22	中国科技大学先进技术研究院	133	2012	合肥	合肥高新区
23	华南理工大学南校区	110	2007	广州	广州大学城，国际创新城
24	中山大学东校区	113	2007	广州	广州大学城，国际创新城

　　将研究型大学建设与城市创新区域结合，不但能使研究型大学发挥创新极核的作用，带动城市新区建设与经济发展，而且反过来也将使研究型大学本身的发展获得更多资源与支持。相比之下，一些选址未能与创新区域结合的校园，则难以发挥并体现出其创新能力，甚至因为缺乏周边资源支持而发展缓慢，如东南大学江浦校区，最终因选址区位未能支持校园发展而不得不易地选址建设。

[案例]　　**广州大学城与国际创新城：带动城市发展的新轴线**

　　2000年前后，广州制定了"北优南拓、东进西联"的城市发展战略，在老城区东侧规划了新的南北城市发展轴线，以指明未来城市的发展方向。为了推进这一发展战略，在轴线上自北向南规划一系列的城市创新板块，包括生物岛、大学城和国际创新城（原大学城二期），以发展为一个集教学科研、智能高地、高新技术基地于一体的完整的社区。政府期望此区域可推进高等教育发展和新产业结构调整，并通过大学城建设带动卫星城的发展（图4-8）。

　　选址于大学城的有中山大学、华南理工大学两所研究型大学与其他几所本地高校，所提供的智力资源将为周边创新产业提供有力支持。例如，2014年在中山大学校园内建成的广州超级计算中心，将为区域、广州乃至华南地区的高新产业和经济发展提供强大技术引擎。大学城建设现已逐渐成形，并有力带动生物岛、国际创新城组成的创新板块及外围区域的城市发展，很好地完成了带动广州南拓的任务，并成为华南地区高级人才培养、科学研究和交流的中心，以及学研产一体化发展的城市新区。

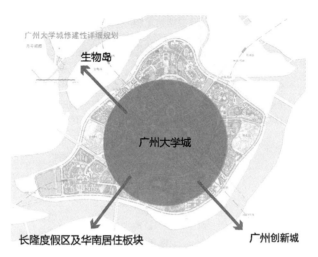

图4-8　广州大学城与带动城市发展的新轴线
来源：广州城市规划勘察设计研究院有限公司。

4.2.2　结合产业布局的区位关系

协同创新在区域创新体系层面，主要表现为企业、大学、科研机构等主体之间的协作交流关系。对于研究型大学来说，重点在于形成与产业界的创新协作关系。从区位角度对研究型大学与其他创新产业组织的空间分布关系进行考虑，无疑具有重要意义。

1.研究型大学与产业的创新聚集

产学研创新组织间的合作关系，是区域创新系统形成的实质。区域创新系统研究学者魏格（Wiig）认为区域创新聚集的元素应包括参与创新活动的企业群、教育机构、研究机构、政府机构，以及金融、商业服务机构。对区域创新系统的研究揭示，企业与协作方的空间邻近方便了彼此间隐性知识的交流，从而促进了创新协作，邻近效应在企业与高校、科研院所之间体现得尤为显著[1]。甚至有学者认为，创新具有类似于生物群落的特征，它以产业联系为基础，以地理靠近为特征，由相互联系的创新组织构成社会生态群落[2]。这些创新组织间的聚集则是它们之间协作关系在区域分布上的空间特征（表4-5、表4-6）。

---

[1] 曾刚，李英戈，樊杰.京沪区域创新系统比较研究[J].城市规划，2006（3）：32-38.
[2] 刘友金.集群式创新形成与演化机理研究[J].中国软科学，2003（2）：91-95.

几种城市创新空间形式 表4-5

园区类型	物理形态	主体机构	主要活动	产出目标	机制
孵化器	单栋建筑物	孵化器经营者	服务	新企业	从不同部门几种生产要素，分散风险，帮助创建高技术产业
科技工业园	小区	企业、研究所	研究、生产	高技术产品科技成果	以良好的基础设施、环境、服务吸引资金、人才来园区建立生产企业和科研机构
高技术地带	地带	企业	生产	高技术产品	在知名大学和国防计划推动下，高技术企业生长、聚集、膨胀
科学城	小区或新型城市	研究所、大学	研究	科技成果	通过聚集效应使科研机构集结，对周围地区进行技术辐射
技术城	城市地区	企业、大学、政府	生产、研究、服务	地区经济的振兴	在完整、全面规划之下，以优惠政策和一定的技术经济基础吸引外地人才和大企业，发展本地高技术研究和产业，实现地区振兴

来源：魏心镇、王辑慈.新的产业空间：高技术产业开发区的发展与布局[M].北京：北京大学出版社，1993.

创新区域产学研协同关系 表4-6

科技园名称	占地规模（hm²）	组成	类型	形态	国别
"硅谷"	约45000	企业与科技园、大学	高技术地带	地带	美国
波士顿128公路	100km沿线	企业与科技园、大学	高技术地带	地带	
北卡三角研究园	约2700	企业、研究所、大学	科学城	新城区	
北卡大学科技园	1000	企业、研究所	科技工业园	小区	
斯坦福大学科技园	300	企业、研究所	科技工业园	小区	
筑波科学城	28500	研究所、大学、住宅、企业	科学城	新城区	日本
关西科学城	2500	研究所、大学	科学城	新城区	
索·安蒂波利斯科学城	2300	企业、研究所	科学城	新城区	法国
古尔诺贝尔科学城	26.3	企业、研究所	科技工业园	小区	
法兰西岛科学中心	24200	研究所、大学	科学城	新城区	
卡尔加里大学科技园	60	企业、研究所	科技工业园	小区	加拿大
新西伯利亚科学城	1100	研究所、大学	科学城	新城区	苏联
普希诺生物科学中心	300	研究所、大学	科学城	新城区	
班加罗尔电子城	14.8	企业、研究所	科技工业园	小区	印度
大德研究园	2760	企业、研究所、住宅	科学城	新城区	韩国
新竹科学工业园	2100	企业、研究所、大学	技术城	城市地区	中国
香港科学园	22	企业、研究所	科技工业园	小区	
岳麓山大学科技园	3600	多个大学、科技园区	科学城	新城区	
广州大学城及国际创新城	7300	多个大学、科技园区	科学城	新城区	

来源：笔者据收集资料自绘

比照世界各地创新区域的发展历史可以发现，建立研究型大学与产业间的聚集关系，不单有利于其各自的发展，也会有利于区域创新系统的进化。对欧洲创新研究表明，大学在区域创新中的主要作用是提供人才培养与劳动力[1]；而对"硅谷"的研究也表明，大学的知识、信息溢出对区域创新起到非常重要的作用。两者共同的经验是，并不是所有的大学都能为企业界提供创新支持，简单的高校聚集也并不能带动城市产业的全面发展，往往是具有较强综合实力或某些学科专长的研究型大学，才能提供企业所需的人才和信息支持。日本筑波科学城的发展历史则为我们揭示，忽视研究型大学与产业聚集对创新的作用往往难以取得成功。日本政府在筑波科学城内建设了筑波大学并聚集了众多研究机构，期望加强它们之间的合作联系，使筑波成为一个科技创新区域。然而从后来的发展中发现，筑波大学不具有研究型大学所具有的强大科研能力与辐射能力，在筑波科学城发展中只起到相当微弱的作用，难以带动周边地区的发展。而科学城内尽管有许多跨学科和组织的科研，但一直缺少与产业界的联系，再加上区域内创业环境的缺乏，筑波科学城在相当长一段时间内都没有取得预期的成功。

2. 创新产业与大学的分布距离

科技园是创新产业的聚集区域，它主要是指，支持和发展技术转让的企业鼓励和支持以创新为主导的高速发展和以知识为基础的公司启动、孵化和发展；提供环境以使更大的公司及国际公司能够与特定知识创造中心发展紧密、互利的联系；成为能够使大学、科研机构这类知识创造组织建立正式联系的园区（英国科技园协会定义）。常见的代替名称包括创新中心、研究园、技术园、孵化器、技术极（technopole）[2]。

关于创新产业与大学的距离关系，可以通过创新产业的聚集体——科技园作为代表对象进行分析，并找到它们之间的规律。在科技园与大学校园的相对位置方面，根据世界科技园协会（IASP）公布的数据（图4-9、图4-10），全球有75%的科技园位于大学校园及大学所有土地内或紧邻大学校园布置，其中48%位于大学拥有的土地上，有27%直接建立在大学校园内。其中，美国的科技园与大学有联系的占95%，设在大学校园内或毗邻大学校园的则有73%。这些都显示了大学与产业界之间的紧密关系。而且从距离统计上看，除了在校园内或紧邻大学的科技园外，有28%在距校园5km的范围内，与大学距离很近的科技园在总数中占据了76%之多。必须注意

① NILSSON J E. The role of universities in regional innovation systems: a nordic perspective[M]. Copenhagen: Copenhagen Business School Press, 2006: 206.

② 马尔科姆·佩里，彼德·拉塞尔. 科技园的规划、发展与运作[M]. 北京：北京师范大学出版社，2001: 3.

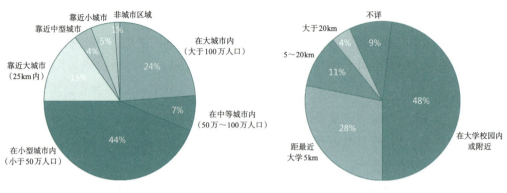

图4-9　世界科技园区位统计　　　　　图4-10　世界科技园与大学距离统计

的是，并非所有的创新企业都在科技园区内，但上述统计揭示了创新企业与大学校园之间的邻近关系。

3.有利于产业结合的研究型大学区位特征

国外研究型大学发展的经验显示，研究型大学与产业结合不单有利于创新企业发展，产生创新聚集效应，而且有利于大学自身创新能力的提高。对于国内的研究型大学建设而言，近年的新校园建设高潮期中，所在城市也往往面临着快速发展与城市产业升级的需求。因此，在研究型大学选址中创造邻近创新产业的区位条件，不但具有必要性，也存在着可行性。有利于产业结合的区位应具有以下特征。

（1）校园外围有利于创新产业聚集的用地规划。例如，科技园、创新孵化、商业办公、金融服务等配套规划。考虑到很多大学人员（教师、学生）在校园周边创业、开办公司，校园外围应提供租金较低、有利于中小企业孵化的办公空间。

（2）与优势学科结合的产业规划。根据国外的案例经验，校园外的创新产业往往以应用学科为主，如电子信息学科、生物医学、工业设计，案例有同济大学的土木学科产生的设计行业聚集，斯坦福大学周边的微电子聚集。相对来说文科院校的产业聚集现象相对较少。

（3）以研究型大学为核心的产业布局。创新聚集区并非只有一所大学，往往也会有好几所大学相邻。但促进产业聚集的通常都是国际、国内著名的综合性研究型大学，或在某学科具有领先地位的教学研究型大学。产业规划应以研究型大学为核心，建立有利于它们之间联系的空间格局。

（4）具有良好的产业区位环境，特别是有利于创新的软环境。包括良好的创业氛围，具有创新与冒险的社会精神，有利于自组织、非正式网络形成的社会环境，开放市场、宽松的政策制度等。

[案例]　　　　　　　　　**剑桥大学：创新溢出与产业聚集**

　　剑桥大学是国际著名的研究型大学，它在1971年建立第一个科技园，并成为欧洲最成功的科技园之一，到了20世纪80年代，这里聚集了近500家高技术企业。在剑桥大学与科技园的带动下，在周边方圆20km的地域范围内出现了大量高技术产业聚集，提供了30多万个就业机会，产生了著名的"剑桥现象"（图4-11）。剑桥高技术企业有半数以上与剑桥大学保持联系，大学生占企业雇员人数的近1/3，其中剑桥大学学生占了近七成[①]。

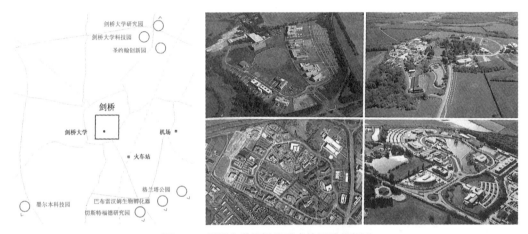

图4-11　剑桥大学及周边形成的区域创新群

来源：HOEGER K. Campus and the city: urban design for the knowledge society[M]. Zurich: GTA Verlag, 2007: 192—195.

　　剑桥大学通过各种方式鼓励人们的创新精神，通过建立创业中心及相关服务机构支持发展小型、新型企业，被认为是重要的因素。各学院行政和财政独立，管理相对灵活宽松，教师兼职甚至创办企业都得到鼓励，从而形成良好的创业环境。剑桥大学在信息、物理、生物等学科的优势，则成为区域创新企业发展的有力支撑，如剑桥大学内著名的院系机构如卡文迪许实验室、计算机实验室，都派生出不少成功的高技术公司。

[①] 昆斯，等.剑桥现象：高技术在大学城的发展[M].郭碧坚，等译.北京：科学技术文献出版社，1998：68-70.

[案例]　　　　　　南卡罗来纳大学：连接产业聚集创新

南卡罗来纳大学是著名的公立研究型大学，优势学科包括能源、健康、环境、材料和软件技术。校园西侧名为"创新远景"（Innovista）的创新区域规划，将工商业、企业与大学资源链接起来，以在南卡罗来纳州乃至更大范围内创造就业、加速创新、驱动经济繁荣。"创新远景"规划同时也是一个都市更新计划。该区地处哥伦比亚市区中Congaree河边，规划期望将该区转化为一个适宜生活、学习、工作和娱乐的充满生机的区域，并吸引技术与创新人才生活与工作，吸引成长中的公司进驻。该区是城市与校园结合的区域，被构思为一个混合功能区域，主要为科研与产业用地。沿河区域为居住与零售的混合区域（图4-12）。

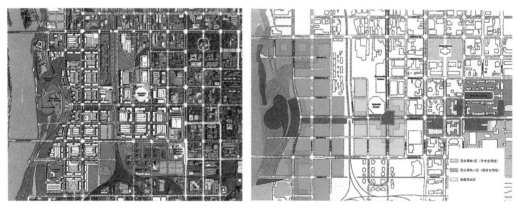

图4-12　南卡罗来纳大学与"创新远景"创新区

来源：SASAKI. Intersection and convergence[M]. Novato：Oro Editions，2008：176.

4.2.3 多元混合的区域空间结构

无论在美国的"硅谷"还是北京的中关村，年轻而富有创造力的参与者、多元而富有活力的空间氛围都往往被视为创新文化的特征。在创新区域的空间规划中，营造满足年轻创业者使用的多元而富有活力的城市空间，被视为重要的目标。

1.创新区域空间环境特质

城市创新区域需要提供优质的空间环境，以满足创新人才所需的工作、教育、科研、生活需求。研究型大学的区位，不应仅是高校或高新产业聚集的单一功能区域，而应该是具有多种功能、多样城市生活的空间，具有多元混合的空间结构。

从区域创新发生的机制来看，混合多元的城市空间结构更容易促进不同创新主体

间的协同创新。创新来自包括研究型大学的产学研等不同主体间的协作、交流，还有
来自政府、服务业的支持。它们依靠相邻的关系、配套设施支持及相融的文化，形成
具有区域化的创新网络^①。反映在功能用地上，其用地组成往往包括了城市规划中的
教育科研设计用地、科研开发用地、商业金融用地、居住用地、公共服务设施用地、
公共设施用地、绿地，有些甚至包括工业用地、文化娱乐及体育用地。而混合多元的
空间结构可以理解为各种不同用地间空间距离的邻近性，这种邻近性有利于不同人员
的隐性知识的流动与溢出。另外，现代城市设计理论也认为，在区域规划中创造一定
的功能混合度和功能块尺度，是提升空间活力与活动多元化的有效途径。正如简·雅
各布斯所主张的，多样性产生了空间活力，城市创新空间的混合结构增加了人们相互
接触、交流的机会，将增加创新产生的机会。

从创新区域空间氛围来看，国外的创新研究表明，除了具有吸引力的工作机会
外，提供高质量生活的地方将在"人才战"中占有更显著的优势。较强的社会多样性
与宽容度，以及享受丰富多彩的、具有吸引力的周边环境和文化氛围，会进一步增强
这些地方的吸引力^②。而对国内创新人员的调研也显示（图4-13），他们希望区内建设
多样的设施，包括：①写字楼、会展中心；②商业设施；③休闲娱乐设施；④学校、
教育设施；⑤居住区；⑥星级宾馆^③。其中，关于交流方式与场所的调查也显示出交
流方式的多样性及餐饮、休闲等交往设施的重要性。可见，多元的工作、生活空间环
境是创新人才的需求特征，研究型大学的区位应具有多元混合的功能特征。

2.研究型大学周边混合型空间结构

在国内一些新建高校与创新的聚集区规划中，看到的情况却是区域功能单一、空
间多样性与活力的缺乏。尽管各高校或创新产业的聚集区都不同程度地强调共享区的
建设，将一些教育、商业、体育运动、绿化景观作为核心布置以促进不同区块间的联
系交流（图4-14），但从结果上看，大部分大学城都缺乏生活、科技产业的混合布置，
导致空间的单一；而共享教育、运动设施也并没有增加功能活动的多样性；一些仅
有的商业办公设施，也往往因为区内功能单一、人群单一，未能聚集足够的人气而显
得萧条冷清。以广州大学城为例，区内居住用地缺乏，教师多数住在大学城外，加上

① 虞大鹏，陈秉钊.知识型产业集聚中的社会资本作用研究——以同济大学周边为例[J].城市规划
学刊，2005（3）：64-70.
② 詹·法格博格，戴维·莫利，理查德·R·纳尔逊.牛津创新手册[M].刘忠，译.北京：知识产权出版
社，2009：294.
③ 俞孔坚.高科技园区景观设计：从硅谷到中关村[M].北京：中国建筑工业出版社，2001：26.

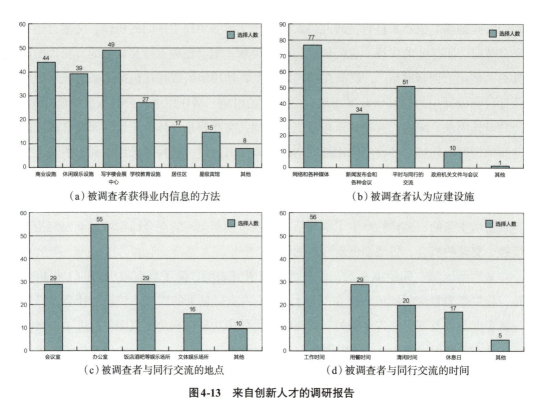

图4-13　来自创新人才的调研报告

来源：俞孔坚.高科技园区景观设计：从硅谷到中关村[M].北京：中国建筑工业出版社，2001.

产业功能与工作机会缺乏，区内生活人群基本以学生为主，生活服务、商业娱乐、休闲交往设施也非常缺乏。单一的功能与人群，不但导致城市空间的冷漠，也使教师与学生间缺少课后交流的机会。究其原因，除了大学城内功能格局设计欠缺外，也与功能地块尺度过大、不同功能间联系距离过远有关。

　　随着创新组织模式发展，创新元素之间是否能建立良好的协同关系，尤其是在区域知识方面是否互补，决定了区域创新能力能否提高①。综上分析，结合一些成功案例的经验，研究型大学应该创造周边多元混合的区域空间结构，其设计应注意以下要点。

　　（1）混合功能结构。协同创新在区域空间中主要表现为研究型大学、创新企业、研究机构为主的多主体协同合作，研究型大学的科研、创新能力必须与产业、商业服务等活动有机结合，才能得以发挥。区域规划应通过各种功能用地的混合，通过提高产学研不同活动间的结合度，培育大学与周边产业之间更多的交流、合作活动；通过

① FISCHER. Technological innovation and inter-firm cooperation[J]. International Journal of Technology Management，2002（24）：724-742.

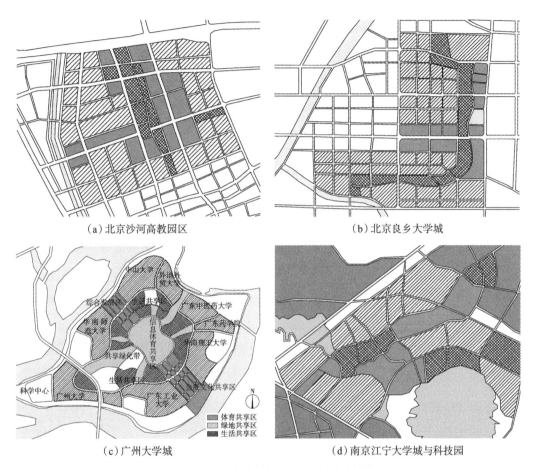

（a）北京沙河高教园区　　　　　　　　　（b）北京良乡大学城

（c）广州大学城　　　　　　　　　　　（d）南京江宁大学城与科技园

图4-14　几所大学与产业聚集区的功能结构

来源：中国建筑工业出版社，中国建筑学会.建筑设计资料集 第4分册 教科·文化·宗教·博览·观演[M]. 3
版.北京：中国建筑工业出版社，2017：77.

提高工作空间与居住空间的混合度，加强活动的多元性与空间活力。

（2）注重公共空间与服务设施。公共空间与服务设施不单是满足创新人员对高品
质生活追求的必备条件，更为创新人员提供了信息交流与交往所需的空间环境。城市
创新区域应注重公共交往与生活质量，配置齐全高品质的公共空间与服务设施，并保
证有良好的可达性、均好性。

（3）功能地块尺度控制。混合功能问题的实质是不同功能间的易达性问题，目的
是提供不同功能地块上人群相互联系的便捷性。因此，只有混合的空间分布，忽略
实际的联系距离与尺度，并不能带来多样性与空间活力。区域规划应该避免过大尺度
的单一功能地块，特别是公共性较强的公共服务设施、商业办公等地块，尽量营造宜
人、步行可达的空间尺度。

（4）功能地块内功能混合。混合不仅是不同功能地块的混合布置，也可表现为同
一地块内的建筑功能复合。例如，建筑地块内底层结合零售、餐饮等交往与社区服务
功能，上层复合科研、产业等不同功能，将有利于增加不同职业、活动之间的交流合
作机会，有利于创新的产生。

（5）多样交通方式与可达性。通过步行、机动车、自行车、轨道交通等手段，可
提升校园与周边不同功能间的易达性，提高不同活动间的混合度，并将校园融入城市。

[案例]　　　南卡罗来纳州"创新远景"创新区：多样混合方式

位于南卡罗来纳大学西侧的"创新远景"创新区域，是大学与城市之间的连接地
带。规划将商业、工业、企业链接到大学的丰富资源，创造就业机会，加速创新，并
将该区转化为一个融合生活、学习、工作和娱乐的区域。区域规划采用多种混合功能
的策略，包括：用地平面功能混合，靠近大学用地主要着眼于科研与产业使用，沿河
区域为居住与零售的混合布置；地块内功能混合，每个地块内部通过建筑上下层多种
功能混合，提供多样的活动，增加区域活力（图4-15）。

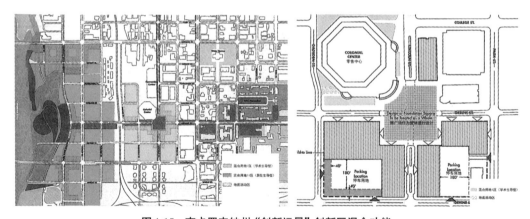

图4-15　南卡罗来纳州"创新远景"创新区混合功能
　　■ 产业研发区；　　■ 混合居住区；　　▨ 建筑底层混合功能
来源：Sasaki. Intersection and Convergence[M]. Novato：Oro Editions，2008：176.

4.3　研究型大学与区域创新协同体系的功能策划

研究型大学通过与不同创新主体的协作来实现其协同创新功能，这需要校园提供
有利于外部创新协作的功能设施。因而在确定校园的区位条件后，在下一步规划设计

之前，应该策划校园参与外部协同创新的功能设施。

4.3.1 与外部创新主体的网络关系

1.研究型大学与外部创新主体的网络联系

随着创新活动日益复杂，其跨专业、跨组织特征愈发明显，并表现为参与主体之间相互联系、合作的活动。研究发现，这种参与主体间复杂的网络关系对创新具有极为重要的价值，形成了创新研究的"网络范式"。区域协同创新体系创新能力不足，其原因除了主体的创新活力不足之外，更主要的是企业、科研单位等各创新主体缺乏紧密的联系，创新网络没有真正形成[①]，因而加强外部创新协作联系对研究型大学创新具有重要意义。

对研究型大学而言，其外部创新网络表现为大学与产业企业、研究机构、政府甚至其他大学等其他创新主体之间的复杂协作联系，以及通过这些关系形成的结构。它们以区域关系为主，也包括跨国的联系。而这些网络关系既包含正式网络，也包括非正式网络。其中，正式网络主要指大学与外部创新组织间通过正式的合作关系形成的组织联系，通过制度化的合作形成信息、知识、人员的流通，完成创新协作，其特点是合作关系正式化、有组织、大型化、目标明确，适用于需要复杂技术力量的大型创新课题攻关。例如，我国的教育部协同创新中心计划，就是通过国家层面，促进产学研不同组织间的创新协作关系的形成。

2.正式创新网络联系主要类型

大学与外部创新主体的正式网络关系，主要通过各种协议、机制、制度关系形成，其形式包括与企业、研究机构、政府组织等合作方形成的项目合作、专利许可、科技咨询、联合开发、技术产业化，以及它们之间联合投资或共建的公司或设施，也包括与其他教育机构、企业组成的合作教育。我们现在所熟知的大学国家重点实验室、"2011协同创新中心"，其实质都是一种以促进不同组织协作、形成创新合力为目标的正式创新协同组织机制（表4-7）。

在这些创新网络关系中，大学科研人员与企业之间的项目合作、专利转让、技术咨询是比较常见的形式，但这类形式合作与产出规模一般都较小，在形成重大创新成果方面存在一定的局限性。各国在实践中也探索出多种高层次、大规模的合作组织模

---

① 樊杰，吕昕，杨晓光，等.（高）科技型城市的指标体系内涵及其创新战略重点[J].地理科学，2002（6）：641-648.

式，如技术联盟、共建科研机构、共建科技产业贸易一体化经济实体等，这些方式形成了跨组织、大规模、跨学科的创新合作形式，在挑战重大创新课题、形成规模经济效应方面具有不可替代的优势。这些合作往往涉及校园基础设施建设，典型的有我国的协同创新中心、国家重点实验室、国家工程中心，也有国内外大学常见的科技园、孵化器、合作研究中心、共建实验室等。

协同创新的正式协作关系　　　　　　　　　　　　　　　　表4-7

协同组织形式	协同合作对象	涉及的校内设施建设类型
项目合作 专利许可 科技咨询 联合开发	产业企业	实验室、项目平台
	研究机构	
	政府机构	
	其他大学	
共同投资 共建设施	产业企业	孵化器、科技园、共建研究中心、协同创新中心、校办企业
	研究机构	共建研究中心、协同创新中心
	政府机构	国家大学科技园、重点实验室、工程中心、研究中心、超级计算机中心、协同创新中心、医疗中心
	其他大学	共建研究中心、协同创新中心、共建研究院
合作教育	其他大学	合作学院、共建研究院
	产业企业	

[案例]　　　　　　麻省理工学院：多样化创新协作设施

　　麻省理工学院以创新能力著称，它认为美国创新系统发展的关键在于建立企业、大学和研究机构的深入协作[①]，并将整合学术、产业与政府力量一起研究解决世界重大问题作为办学理念。得益于重视创新与结合产业的科研理念，该所大学表现出强大的创新与创业能力，有人估算过，若将所有麻省理工学院校友创建的企业组成独立的国家，这个国家的GDP将在全球排第11位。

　　麻省理工学院在建立外部创新联系方面探索了多种方式。早在20世纪初就开始搭建教师为企业提供服务的联系，并在40年代建立鼓励教师成立公司的专利制度，形成产学协作关系。第二次世界大战期间与军方建立起科研联系，通过合同的形式获得政

---

① 查尔斯·维斯特.一流大学卓越校长：麻省理工学院与研究型大学的作用[M].蓝劲松，译.北京：北京大学出版社，2008：124.

府资助，在校内建立多个先进的实验室和跨学科研究中心，使工程技术能力得到极大提升。第二次世界大战后到现在，麻省理工学院一直致力于探索各种外部协作，主要机构包括（图4-16）：

（1）与政府和产业界的协作机构，如国防部设立的研究中心、实验室，以及产业界投资的研究中心。

（2）与其他科研组织、教育机构协作的机构，如各类跨学科跨组织研究中心、癌症与脑科学研究综合体、咨询中心，以及与阿联酋、西班牙、新加坡等国合作的学院。

（3）大学企业培育设施，包括大学科技园、企业孵化器在内，其目的是加强工商业联系与促进校内创新成果的产业化，如校园外围的科技广场等科技办公建筑。

（4）研究创投组织，如高新技术咨询中心，构建独立的项目和中心为创业教育和创业提供全面支持，加强师资与企业人才的交流。

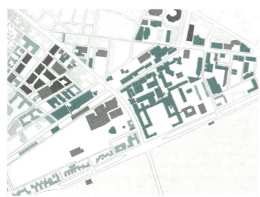

图4-16 麻省理工学院与外部协作设施分布

来源：HOEGER K. Campus and the city: urban design for the knowledge society[M]. Zurich: GTA Verlag, 2007.

4.3.2 建立创新联系的功能策划

1. 研究型大学参与创新的功能策划

在区域创新系统层次建立研究型大学与外部创新主体的正式网络关系，其核心是建立产学研之间的协作关系。美国斯坦福大学、麻省理工学院等大学在第二次世界大战后特别是20世纪末的发展，展示了研究型大学与产业界、研究组织联合起来共同探索重大前沿问题的强大能力。在进入知识经济时代的今天，各国大学越来越认识到学术与产业界结合的重要性。但如前面所述，这种联系特别是一些大型的创新合作，往往需要基础设施的支持，因而各国校园中都探索出形式众多的、有利于建立外部创新协作的设施（图4-17），以建立正式的创新协作网络。

图4-17　卡尔加里大学与外部创新联系的校园功能

来源：改绘自 Sasaki 事务所官方网站。

　　我国研究型大学发展时间较短，相比于欧美各国名校，科研与创新能力都处于相对弱势的地位，亟待通过协同合作提高创新能力与水平。因而无论是原有老校园发展还是新校园建设，都应在开展建设前期对校园参与外部创新协作的功能设施进行策划，确定建设内容。这些设施称谓繁多，如研究中心、创新中心、实验室、科研平台、研究院、创业园等，但其实质主要是以一些科研与产业合作功能空间为主。落实到校园内，常见的建筑或空间形式可归纳为以下几种类型（表4-8）。

研究型大学参与外部协同创新的主要建筑形式　　　　　　　　　　表4-8

建筑形式	参与协同创新的正式协作组织
科研中心与实验中心	实验室、项目平台、重点实验室、共建研究中心、协同创新中心、工程中心、研究中心、超级计算机中心
院系科研建筑	重点实验室、协同创新中心、共建研究中心、共建研究院
合作教育学院	合作学院、国际学院、国际交流学院
科技园或孵化器	大学科技园、校办企业、科技楼、孵化器、创业中心
医疗中心	生物医学研究中心
会议交流中心	会议中心、交流中心

（1）科研中心与实验中心。主要为科研、实验、检测等活动空间。在重点高校常见的国家重点实验室、项目平台、共建研究中心、协同创新中心、国家工程中心、研究中心、超级计算机中心，大部分以科研实验中心的形式为空间载体。在这类空间内工作的一部分是中心专职科研人员，还有一部分是来自院系甚至其他科研组织的人员。需要说明的是，以上的一些"中心""实验室"并不是直接指代某种建筑空间，更多是指一种制度性组织，如我国的协同创新中心实质是一种从国家层面组织的创新组织制度，国家重点实验室则是依托一级法人单位建设的科研实体，只有国家工程中心的要求明确提出，承担者必须满足一定的工程实验空间条件。

（2）院系科研建筑。校园内以学科分类为特征的教学科研建筑容纳了常见参与外部协同创新活动的组织，如重点实验室、协同创新中心、共建研究中心、共建研究院。这类组织大多依附于大学学院，在这些组织内工作的教师与科研人员大部分身兼本院系的教学科研身份。

（3）合作教育学院。国内大学与其他教育科研机构特别是国外著名高校合作建设的特色学院，如常见的合作学院、国际学院、国际交流学院。

（4）科技园或孵化器。科技园区是依托于大学校园的科研与人才资源，与科研机构和企业合作创办的创新密集区。孵化器的主要服务对象是大学师生创办的企业，主要功能是通过提供研发、经营的场地，以及配套的咨询、融资和推广等方面的支持，以培育具有潜质的创新企业。

（5）医疗中心。通常是在有医学专业的大学设立的大型医院、医疗生物科技研究综合体，如常见的生物医学研究中心。

（6）会议交流中心。供跨国、跨组织学术合作交流的场所，如国内校园常见的会议中心、交流中心，通过开办学术会议进行正式交流活动。

在国内的大学校园规划建设流程中，校园基建用地指标以1992年的《普通高等学校建筑规划面积指标》（简称《92指标》）作为指导。根据《92指标》内容，只有院系科研建筑用地是《92指标》规定为必须配置的功能用地。其余科研实验中心、协作交流设施用地，属于需由校方报批并经审批部门特别审批的项目；至于科技园或孵化器等产业类功能，则没有包含在《92指标》范围内。而在实际操作过程中的校园立项选址阶段，校方或因校园发展定位不清晰，抑或在预计未来需求方面存在困难，在经审批的用地指标内往往缺乏创新职能用地的指标。因而，在研究型大学校园立项选址阶段，在正式开展规划设计之前，应该基于自身的发展定位、学科优势，对建立外部创新协作联系的功能设施进行策划，确保在将来的校园建设发展中有足够的用地与完备的创新功能组成。

2.大学创新功能区域——国家大学科技园

国家大学科技园主要指以研究型大学或大学群体为依托，利用大学的人才、技术、信息、设备、文化氛围等资源优势，在大学附近区域建立的进行技术创新和企业孵化活动的高科技区域。它是大学技术创新、创新创业人才培育、创新企业孵化和技术产业辐射催化的基地。其规模与功能设置借鉴了美欧各国的大学科技园做法（表4-9）。

美欧大学科技园用地规模 表4-9

美国大学科技园名称	规模（hm²）	欧洲大学科技园名称	规模（hm²）
北卡罗来纳州立大学科技园	1000	剑桥大学科技园	80
斯坦福大学科技园	300	牛津大学科技园	30
普渡大学科技园	243	沃威克大学科技园	9.7
西北大学科技园	10	阿斯顿大学科学园	29
宾夕法尼亚大学科技园	53	萨里大学科技园	28
弗吉尼亚大学科技园	212	利默里克大学科技园	268
平均值	303	平均值	74.1

我国现有的国家大学科技园从选址与校园的相对位置关系看，可以分为校内型、边缘型、独立型三种。其中，校内型是指大学从校园内部划出部分用地作为大学科技园，如华南理工大学国家大学科技园，就是在校园北区规划13.3hm²的独立园区；边缘型是指将科技园建于学校周边或邻近用地上，如北京大学科技园和清华大学科技园，就在校园与城市交界的位置划出用地作为园区；独立型则是指独立于校园外，主要是选址于城市高新区中建设园区。

一般而言，大学科技园的用地归纳为以下几种：研发用地、孵化用地、产业用地、教育用地、服务管理用地、居住用地，以及生活服务用地（图4-18）。一些地处历史校园周边，靠近像北京大学、清华大学、复旦大学等位于城区中的科技园，用地相对紧张，往往采用商用办公楼群的密集布局形式。也有部分大学科技园选址于高新开发区建设，密度较低而常采用类似于科学公园或校园的空间形式（表4-10）。

首批国家大学科技园用地规模统计　　　　表4-10

占地面积类别	园区名称	用地规模（hm²）
0＜S≤20hm²	北京航空航天大学科技园密云科技园	6
	山东大学科技园产业园	8
	清华大学科技园珠海分园	14
	燕山大学国家大学科技园	17
	北京化工大学科技园校外园	20
20hm²＜S≤40hm²	南昌大学国家大学科技园	21.6
	西北农林科技大学科技园	28
	吉林大学国家大学科技园	30
	清华大学科技园江西分园	30
	天津大学科技园产业园	33
	哈尔滨工业大学国家大学科技园	37
	北京邮电大学国家大学科技园	40
	兰州大学国家大学科技园	40
40hm²＜S≤60hm²	南开大学科技园产业园	50
	东北大学科技园东大软件园	50
	清华大学科技园西安分园	56.5
60hm²＜S≤80hm²	电子科技大学校外园	67
	武汉大学科技园	67
	武汉理工大学科技园	67
	东南大学科技园创业园	67.5
	南京大学科技园江东研发基地	70
	西北工业大学国家大学科技园	73
	华中科技大学科技园	73.3
80hm²＜S≤100hm²	上海大学国家大学科技园	共100
	华中农业大学科技园	100
	武汉东湖大学科技园综合园	100
	四川大学绵阳科技园	100
100hm²＜S≤120hm²	浙江大学国家大学科技园	113
	福州地区国家大学科技园（多校一园）	120
120hm²＜S≤200hm²	重庆北碚国家大学科技园（多校一园）	126
	四川大学鲁能科技园	200
	合肥国家大学科技园（多校一园）	200

续表

占地面积类别	园区名称	用地规模（hm²）
120hm² < S ≤ 200hm²	青岛国家大学科技园（多校一园）	200
200hm² < S ≤ 1000hm²	京师药国家大学科技园（多校一园）	1000
平均值	97.8hm²	

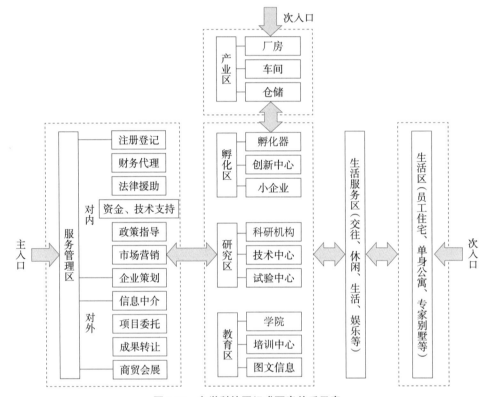

图4-18　大学科技园组成要素关系示意

[案例]   清华大学科技园

　　清华大学科技园位于北京中关村核心地带。园区位于清华大学校园东南部，占地面积22hm²，建筑面积近60万m²，由企业孵化器群、研发中心和工程中心群、校内科技产业群和综合配套服务群组成，是清华大学科技成果商品化、产业化的重要基地（图4-19）。

　　新园区部分布局以中心绿地为核心，呈院落式布置：南侧为四栋高层研发办公综合楼，西侧是四栋孵化器大楼，北面和东面主要是学校的产业楼群，东面靠近城市的入口处有国际学术交流中心，西南侧还有配套的酒店办公用地。绿地中央的生态信息舱是园区的信息交往中心，包括信息查询与展示大厅，展示中心，电子图书馆，信息系统与网络管理中心，多功能厅，会议、培训、报告厅等。

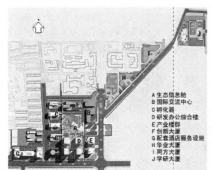

A 生态信息舱
B 国际交流中心
C 孵化器
D 研发办公综合楼
E 产业楼群
F 创新大厦
G 配套酒店服务设施
H 毕业大厦
I 同方大厦
J 学研大厦

图4-19　清华大学科技园

来源：广州勘测规划设计研究院有限公司。

3.大学创新功能设施——"2011协同创新中心"

"高等学校创新能力提升计划"是从国家层面组织的以大学为主体的协同创新模式与组织机制，旨在发挥高校优势，突破壁垒，释放人才及资源等创新要素活力，联合校内外各类创新力量，建立一批协同创新平台。这令其成为国际学术高地、行业产业研发基地和区域创新引领阵地，在国家创新体系中发挥重要作用。2013年首批14家协同创新中心获批成立，基本以著名的研究型大学为核心成员，涵盖量子物理、司法文明、化学化工、生物医药、航空航天、轨道交通等多个重大需求领域。协同创新中心没有终身制，每四年评估一次[①]。协同创新中心分为面向科学前沿、面向文化传承创新、面向行业产业和面向区域发展四种类型，前三者分别以自然科学、哲学社会科学、工程技术为主体，后者以地方政府为主导。协作对象是高校、产业、政府、国际学术机构、科研院所及其他高校。

[案例]　　　　　　　　　　**天津化学化工协同创新中心**

天津化学化工协同创新中心以天津大学和南开大学化工化学学科的协同合作为中心，并与中国科学院研究所、中国石油化工集团有限公司等企业共同组成学—研—产协同创新组织。该中心在校园内的工作场所坐落于连接两校校园边界的共享研究建

---

① 来自中华人民共和国教育部公开信息。

筑——天南大联合研究大厦内（图4-20）。该中心利用两校毗邻的优势，两校的师生、研究人员不出校门就可与对方合作科研，成为两校协作的桥梁。

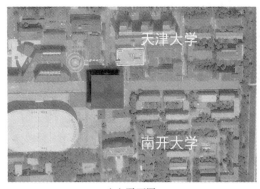

（a）平面图　　　　　　　　　　　　　（b）外观

图4-20　天津化学化工协同创新中心

来源：（b）天津大学官方网站。

4.3.3　校园发展特征与用地配套

知识经济与创新时代的到来，研究型大学在创新体系中的主体地位，使得研究型大学与外部创新主体的协作越来越多。国内的大学校园也开始了各类创新科研设施的建设及扩建。然而，国内的现状往往是老校园用地紧张、建设空间不足；新校园建设没有相应的指标支持，缺乏足够的科研与创新用地，更难以满足研究型大学长期扩张发展的需要。如何针对研究型大学特点，制定创新与科研职能的用地指标，成为建设中待解决的紧迫性问题。下面分析研究型大学建设用地发展特征，目的是研究其在创新时代中因研究与创新职能提升带来的用地特征变化，为解决国内研究型大学创新与科研用地缺乏的问题提供参考。

1.研究型大学在知识经济时代的用地发展特征

美国的研究型大学自19世纪末开始发展至今已有一百多年历史，从其发展的历程看经历了两段大规模建设期，首先是工业发展时期特别是第二次世界大战前后因国家与产业界对大学科研能力的需求，大学校园内建设了大量科研功能建筑；其次，进入知识经济时代，研究型大学与产业结合及大学创新职能形成，校园内及外围开始建设与产业界结合的设施，如斯坦福大学科技园。从这些校园的发展过程，特别是近几十年的建设来看，可以在校园空间与建筑变化中看到以下特征（图4-21）。

不断建设大型科研设施——基于对大学科研需求的增加，研究型大学内建设越

1900年总体规划　　　　　　1950年总体规划　　　　　　2001年总体规划

图4-21　范德堡大学（Vanberbit University）校园发展

来源：KENNEY D R. Mission and place：strengthening learning and community through campus design[M].
Westport：Greenwood Publishing Group，2006：92-93.

来越多以各类研究中心、实验室为代表的科研设施；而现代科研活动特征的变化，使
得老旧科研建筑小型分散化的形态已不能满足当今科研大型化、学科交叉化的要求，
从图4-21就可以看到校园建筑尺度与数量上的这种变化。

　　新增大量创新协作设施用地——研究型大学逐渐成为创新体系的主体，创新协
作活动增加。与政府协作建设科研平台，与产业界合作而投资建设产业园区、孵化设
施，参与国际合作而设立研究中心、国际学院，这些参与协同创新活动的需要，使得
校园有大量用地用于建设与外部合作所需的产业和科研设施。

　　长期不间断的持续建设发展——即使是美国"婴儿潮"导致大学扩招结束后，美
国研究型大学校园也一直处在不断扩张建设中。随着学科的不断更新发展及产业界的
创新需求，各种类型的新研究设施不断建设。尽管有些处在密集城区中的校园，如麻
省理工学院已严重缺乏发展用地，但也通过在周边购置高价用地的方式换取继续扩张
新建设施的空间。

　　可见，随着知识经济时代研究型大学创新职能的发展，学院发展是以大量科研、
创新功能设施的建设为特征，并需要大量建设用地支持。

2. 国内研究型大学用地制约问题

　　表4-11抽取了几组研究型大学校园内创新职能设施用地的统计，其中包括国外
案例、国内老校园案例及十多年内新建校园案例（表4-11），并增加了一组国内普通
教学型大学的相应用地统计（表4-12）作为参照。通过比较可以发现以下特点。

　　首先，对比普通教学型校园与研究型大学校园的用地，普通教学型校园基于其定
位，仅有部分校园有院系科研建筑；而在创新与科研职能建筑如科研实验中心、科技

研究型大学参与创新用地统计　　　　　　　　表 4-11

	校园名称	科研中心与实验中心	院系科研建筑	科技园或孵化器	合作教育学院	医疗中心	会议交流中心
美国	加利福尼亚州大学伯克利校区	●	●	○	—	—	○
美国	加利福尼亚州大学圣地亚哥分校	●	●	●	—	●	○
美国	麻省理工学院	●	●	●	○	○	○
美国	哈佛大学	●	●	●	○	○	○
美国	斯坦福大学	●	●	●		●	○
美国	约翰·霍普金斯大学	●	●	—	—	○	○
英国	剑桥大学	●	●	●	○	○	○
阿联酋	哈里发科学技术大学	●	●	●	—	○	○
新加坡	国立新加坡大学	●	●	●	○	○	○
新加坡	南洋理工大学	●	●	○	—	—	○
日本	东京大学	●	●	—	—	—	○
加拿大	卡尔加里大学	●	●	●	—	●	○
荷兰	乌德勒支大学	●	●	○	—	○	○
瑞士	苏黎世联邦理工大学	●	●	○	○	—	○
德国	慕尼黑工业大学	●	●	●	○	—	○
国内案例本部校区	清华大学	●	●	●	○	○	○
	北京大学	●	●	○	—	○	○
	中山大学	●	●	○	—	○	○
	华南理工大学	●	●	●	—	—	○
	北京工业大学	●	●	●	○	—	○
	中国科技大学（东校区）	●	●	○	—	—	○
	西南交通大学	●	●	○	—	—	○
	同济大学	●	●	●	○	—	○
	大连理工大学	●	●	●	—	—	○
	华中科技大学	●	●	○	—	—	○
	南开大学	●	●	○	○	—	○
	天津大学	●	●	○	—	—	○
	西安交通大学	●	●	○	—	—	○
	中国人民大学	○	●	○	—	—	○
国内案例新建校区	中山大学南校区	○	●	—	—	—	—
	华南理工大学南校区	○	●	○	—	—	○
	中国科学院大学雁栖湖校区	○	●	—	—	—	○

续表

校园名称		科研中心与实验中心	院系科研建筑	科技园或孵化器	合作教育学院	医疗中心	会议交流中心
国内案例新建校区	北京航空航天大学沙河校区	○	●	—	—	—	○
	北京化工大学新校区	○	●	○	—	—	○
	北京交通大学新校区	●	●	●	○	—	○
	复旦大学江湾校区	●	●	—	—	—	○
	同济大学嘉定校区	●	●	○	—	—	○
	东北大学新校区	●	●	○	○	—	○
	南开大学津南校区	○	●	—	—	—	○
	浙江大学紫金港校区	●	●	○	○	—	○
	上海大学宝山校区	○	●	—	—	—	○
	西北工业大学长安校区	○	●	—	—	—	○
	中南大学新校区	●	●	○	—	—	○
	山东大学青岛校区	●	●	○	○	○	○
	西安交通大学曲江校区	●	●	○	—	—	○
	南京大学仙林校区	●	●	●	○	—	○
	东南大学江宁校区	●	●	○	—	—	○
	南方科技大学	●	●	○	—	—	○
	四川大学双流校区	●	●	○	—	—	○

注：●为相比规模较大；○为有但规模不大；一为无或不详。

普通教学型大学同类用地统计　　　　表4-12

校园名称	科研中心与实验中心	院系科研建筑	科技园或孵化器	合作教育学院	医疗中心	会议交流中心
武汉大学东湖校区	—	○	—	—	—	○
郑州大学	—	●	—	—	●	○
南京审计学院江浦校区	—	○	—	—	—	○
重庆理工大学	—	○	○	—	—	○
华南师范大学南海学院	—	○	—	—	—	○
广东药学院	○	○	—	—	○	○
南京邮电大学	—	●	—	—	—	○
广州大学新校区	—	○	—	—	—	○

注：●为相比规模较大；○为有但规模不大；一为无或不详。

园孵化器方面几乎完全空白。这也显示了研究型大学的职能特征——创新与科研占有重要比例。

其次，对比国外与国内研究型大学案例统计，在院系科研建筑、会议交流中心、医疗中心建筑方面没有明显差异。在科研实验中心建筑方面，国外校园无论数量与规模，都明显超越国内大学；而在科技园与孵化器用地规模上，国内大学也远远落后于国外大学。而在合作学院方面，国内外均可见合作学院项目，但差异在于国内大学往往是合作资源的输入方与承办方，而国外著名大学是技术资源的输出方。

再次，通过比较国内案例中老校园与新建校园发现，新建校园的科研与创新功能设施并没有取得应有的进步。新校园在科研实验建筑及科技园孵化器建设用地上规模都要小于老校园。

通过上述分析可发现，国内的研究型大学在发挥创新科研职能的设施方面，特别是各类科研实验中心与科技园孵化器建筑的用地规模上，要远落后于发达国家的著名研究型大学；而国内研究型大学近十年的新校区在此方面用地规模上并没有取得比老校园更多的发展空间，反而有退步。可以对照国外著名大学的发展特征进行进一步判断，国内研究型大学新校区协同创新与科研用地将限制其创新能力的发挥。

3.研究型大学参与协同创新指标配套与用地预留

导致上述国内研究型大学参与创新与科研协作用地落后的面貌，特别是新建校园缺乏用地的原因，除了一些大学在校区建设策划时定位不明确、对研究型大学特征了解不充分外，还有很大一部分原因是指导我国高校建设的用地指标体系老旧，未能提供有效指导。我国近年校园建设选址阶段确定用地规模使用的标准，是1992年教育部组织制定的《92指标》，这套指标定位于一般普通高等学校，没有按照教学层次分为教学型高校与研究型高校，这在选址策划阶段导致一些突出的问题。

例如，对于科研实验设施用地，《92指标》将科研用房作为选配用地，并提出"学校根据需要可配备的有专职科研机构用房"等，要经过另行报批；而且其计算规则规定需要根据科研机构人数推算。此计算规则在实践中难以操作，校方不但难以预计校园中将来学科发展及所需建设的机构数量，更难以提出准确的机构人数，导致审批没有依据。而对于大学科技园及孵化设施用地，《92指标》中也并没有考虑其指标，而且注明并没有包含"生产性工厂及其附属用房"，学校需"根据实际情况报请主管部门另行审批"。《92指标》中针对重点高校用地有提及"重点普通高等学校……及有特殊需要的普通高等学校，经主管部门批准后，可酌情提高某些教学和生活用房的规划指标"。但在实际操作过程中，由于需求难以在选址阶段明确，基本上也难以取得相应的用地指标。

综上可见，对于将研究型大学作为发展目标的校园，在选址阶段依据《92指标》确定用地规模时，难以获得足够的创新、科研功能用地。归纳其原因为：首先，《92指标》老旧落后，没考虑到知识经济时代与创新社会的时代背景下大学创新职能的提升，而不适合当今建设创新型大学的要求。其次，建设存在定位差异——指标着眼于一般普通高校，并基于新中国成立后参照苏联模式建设那批高校的建设经验，加上新中国成立后建设校园学科分散、科研职能发展不充分的特点，这套指标体系在科研职能上考虑较少，没考虑现代研究型大学科研功能强化、现代科研设施大型化发展特点。再次，没有考虑研究型大学长期存在扩张发展的用地需求，而根据国外研究型大学的办学经验，即使没有招生扩张的需求，校园设施也还是会因科研创新需求而不断增建。

因此，针对以上问题，必须根据研究型大学发展特征与时代背景，结合其科研与创新需求对建设用地指标进行调整，其解决方案可参照以下方案。

（1）结合研究型大学教学特征及此类型高校数量越来越多的趋势，突破老指标体系以普通教学型为主的类型，增加研究型大学用地指标。充分认识在知识经济背景下科研与创新职能的重要性及快速发展趋势，增加相应的用地指标。科研用地平衡指标建议在普通教学型高校的院系科研实验用地指标上增加50%以上，以满足不可预测的各类科研机构建设需求。

（2）结合创新职能重要性提升的趋势，补充科技园、孵化器等产学研结合用地指标。如城市外围未考虑大学创业及产研结合（如产业园及可供师生创业的办公）用地，则校内应考虑预留科技园用地指标。用地规模可参考前面所述大学科技园用地规模，并结合学科特征选择，一般工科院校可适当选较大用地，偏文理科的大学可以选择下限。如城市外围有考虑科技产业用地，且可供大学师生创业使用，则校内可不再设置科技园。

（3）预留用地与提高土地使用率的策略相结合，采用大疏大密的总体布局，预留集中发展用地；避免低密度分散铺开的用地方式。根据近年的实践经验，校园容积率有逐渐升高的趋势，以往动辄0.5～0.6的校园容积率，在土地价值逐渐提高的背景下已很难维持。近年在一线省会城市常见的容积率已开始接近0.8～1.0。如按照0.5的容积率，校园还应有客观的可预留发展用地，但容积率接近0.9时，校园用地就需要规划精心布置。但无论用地宽松度如何，仍应坚持集约利用的原则，并可参考以下控制方法：一般教学科研区建设区域容积率可以控制在1.0以上，行政办

公、交流中心、科技园区甚至学生公寓区域容积率可以考虑达到2.0的容积率，而
校园在总体容积率为0.9～1.0的容量等级下，仍可保持有足够的开放空间、绿化园
林空间。

（4）关于地形与实际可建设用地。校园用地指标应扣除大面积水体、山体等不宜
建设用地，这点在《92指标》中有所提及，但执行过程中往往被忽略。

4.4 研究型大学与周边社区融合的界面设计

研究型大学除了通过建立正式创新网络与外部主体进行创新协作以外，还通过非
正式网络进行人员间的知识、信息交流。对创新活动的研究也证明，这种通过社会交
往、人际关系建立的关系网络，对隐性知识的交流起到重要作用，是促进创新思维
发生的重要渠道。因此，应该结合在区域协同创新体系中的协同目标，建立有利于校
园、社区、产业界等不同组织的交流关系形成的校园界面。

4.4.1 自组织协同理念下的社区融合

1.非正式创新网络与自组织特征

关于创新的研究发现，知识的转移与共享——交流对创新起到关键作用，特别
是非正式、带有主观性的隐性知识交流碰撞构成了知识与创新的源泉。而这种非正式
的面对面交流，其内容、时间都不是经过刻意安排的，具有一定的随意性。这种依赖
于各种个人社会联络关系，相对松散、私人的社交网络，被认为是对促进区域创新网
络形成起关键作用的非正式创新网络。对美国"硅谷"创新的研究者也认为，"硅谷"
中创新人员通过非正式网络发生的一些信息交流活动，如本地餐厅或酒吧中的聚会，
对信息分享、激发创新思想起到重要作用[①]。

从协同创新角度看，子系统间协同效应的发生关键是要形成它们之间自下而上
的自组织状态，从而形成整体上的协同结构与功能。如将研究型大学与外部创新主
体的正式网络关系理解为一种自上而下的他组织关系，则通过非正式网络形成的交
流关系可以理解为一种自下而上形成的自组织关系。国外研究也显示，区域协同创
新体系中非正式个人创新代表了最具创造力的元素，该体系应该是一个网络结构而

---

① VARGA A. University research and regional innovation[M]. Dordrecht：Kluwer Academic Publisher，
1998：10.

不是自上而下形成的组织——如果将创新体系转换为一个组织，将会失去它的创新能力[①]。"硅谷"就是这样一个具有自组织特征的创新体系，新知识、新想法诞生后，通过各种个人关系形成的渠道被传播和接收，相关人又会进行再研究，很快又产生了新的思想与方法。

2.利于非正式交往的社区环境

在过去，大学环境往往被认为应该保持一种封闭的象牙塔状态，以利于学者专注于学问，而知识经济社会越来越要求知识能尽可能地广泛传播。越来越多的国外大学认同学术可以在大学与城市的文化融合中吸取灵感，过去那种封闭的校园对于学术创新来说已不合时宜。绝大部分校园—城市关系研究者都指出了非正式交流、文化与都市生活的重要性，以及城市作为校园社会与经济支撑对校园发展的重要性[②]。来自校园以外的创新人员也认为，与学术界非正式交流和使用学术界设施如计算机、图书馆甚至餐厅是非常重要的[③]。因此，通过校园与外围城市区域的设施共享、边界开放融合，建立有利于校园内外交往与非正式关系网络形成的社区关系，将有利于研究型大学与外界的创新自组织关系的形成。

3.校园内外社区融合策略

在美国的大学校园研究中，社区学派学者对校园与校外社区的关系研究自后现代主义思想流行以来一直占有很大比例。其思想的重点在于建立校园与外围城市在信息、人流、服务上的联系与和谐关系，以便于良好的社会关系形成与校园内外的持续发展（图4-22）。而良好的交往环境、社区关系对非正式创新网络形成至关重要，因此，非正式创新网络形成可结合社区设计方法，将其设计策略目标设定为：

（1）重视公共生活与交往的质量和环境。社区设计的实质是人与人的交往行为设计，在区域中提供满足信息、物流、人流需要的空间条件，以及创造舒适安全环境下的交流机会。而公共空间有着很强的中介性，各种非正式的创新交流活动都依赖于公共空间发生，因而社区设计的策略首先要关注公共空间与设施的质量问题。

（2）发挥大学对外围社区的共享与服务能力。研究型大学的公共服务职能除了前

① NISSON J E. The role of universities in regional innovation systems：a nordic perspective[M]. Copenhagen：Copenhagen Business School Press，2006：211.
② HOEGER K. Campus and the city：urban design for the knowledge society[M]. Zurich：GTA Verlag，2007：21.
③ 詹·法格博格，戴维·莫利，理查德·R·纳尔逊.牛津创新手册[M].刘忠，译.北京：知识产权出版社，2009：2.

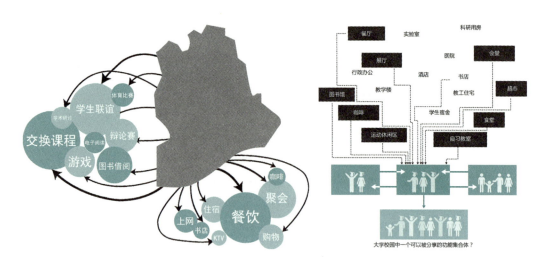

图4-22　大学设施对外围社区的开放共享概念

面提及的知识、技术输出外，还有图书馆等文化服务、教育服务、医疗服务，甚至包
括一些社区服务。大学通过这些服务使社区受益，反过来也作为大学教学的外延建立
与外界的交流，使大学从社区获得信息、经济方面的益处。

（3）建立有利于内外融合的开放边界。大学与周边社区应在文化、心理、空间上
形成一定程度的共同目标感与归属感，这需要弱化大学与外部之间的隔离，形成具有
一定开放性，有利于内外融合、交流的界面。而且，社区设计也是场所感的设计，道
路、边界、区域等城市认知意象应在设计中被关注。

[案例]　　　　**波特兰州立大学：外围创新型社区融入**

波特兰州立大学是一所位于美国俄勒冈州的有近3万学生的私立研究型大学。其
2010年制定的规划将未来发展建立在校区的创新型学习氛围上，希望通过开发伙伴关
系而成为可持续的社区，目标是建成一流的可持续城市型研究型大学。规划认识到研
究型大学在推动区域经济增长和创新中的催化剂作用，除了关注实现校园学习研究基
地的功能外，还致力于建立大学与企业、城市之间的伙伴关系和经济环境（图4-23）。

规划主要提出一个可持续发展的整合式方案，不只是简单地关注"城市"或"校
区"，而是将两者融合。公共空间和私人空间界限变得模糊，多种功能互相交叠共享，
透明化的设计使学习和社交生活可视化。具体措施包括：通过绿化、街道、界面的整
合，建立城市和校区融合交织的动态开放空间网络；建筑通过复合化的功能促进科

研、教学和商业等不同人群间的互动与合作；进一步发展原有的社交枢纽，促进人们之间的交流。

（a）鸟瞰图

私人商业
科研空间
学术空间
共享空间

（b）交通、开放空间设计　　　　　　（c）校区外围建筑的混合功能策略

图4-23　波特兰州立大学校园外围社区融入设计

来源：俞孔坚.高科技园区景观设计：从硅谷到中关村[M].北京：中国建筑工业出版社，2001：176.

4.4.2　建立开放融合的校园边界

1.非正式交流型设施共享

在"硅谷"的发展过程中，交流型设施及公共交往空间中的各种交往活动，被认为对"硅谷"非正式创新网络的形成起到重要作用。"硅谷"中来自不同创新组织的从业人员习惯于在酒吧、餐厅、健身房与各类休闲活动空间交流想法与成果，推动了新知识、思想的扩散与实现。而依附于研究型大学周边的创新空间从业人员，有相当一部分是来自大学的师生或校友，存在着与大学的亲缘关系；他们又往往具有年轻化、从事脑力劳动及追求高质量生活环境的特点，都对交流设施、休闲活动与文化活动有较大需求。

　　建立校园与周边社区的融合界面，其目的在于提供便于校园内外信息沟通和人际交往的空间场所。研究型大学通常都是一个功能齐全、规模庞大的综合体，除了教学、科研的核心功能外，通常还有体育场馆、博物馆、医院等各类设施。建立融合的社区界面，首先应考虑这些设施适度地对外共享开放，有利于结合周边创新人员的需求，提供校内外信息沟通的渠道、人际交往的空间，建立非正式创新网络场所（图4-24）。这些可共享的设施包括：

　　①文化设施，如博物馆、艺术馆及部分图书馆功能。

　　②运动休闲设施，如运动场、健身中心。

　　③社区服务设施，如部分餐厅、咖啡厅、零售商业设施。

　　④会议交流设施，如交流中心、宾馆。

　　⑤医疗设施，如医学中心、具有社区服务功能的校医院。

　　⑥部分景观绿化休闲空间。

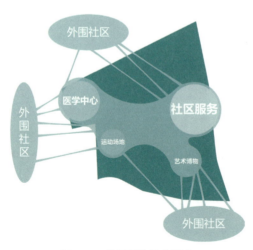

图4-24　校园设施共享概念

2.设立校园外围的融合区域

　　如前面所述，研究型大学越来越趋向选址于规划中的城市创新区域，周边为多元混合的创新产业、居住功能，再加上大学丰富的信息、科研资源，正使校园与外围城市融为一个学习型的社区。建立一个有利于校园内外融合的空间结构具有重要意义。

对于研究型大学而言，教学、科研功能是校园中的核心功能，通常要考虑教研活动、相近学科之间的紧密联系与相对清净的环境，在规划中适宜布置在用地的核心区域。上述如文化、运动休闲、社区服务等可共享校园设施，则可以考虑布置在校园外围与城市接壤的地带，以形成内外融合的开放区域。这个区域既是校园功能的外延部分，也成为周边城市生活与校园生活的交叠区（图4-25）。

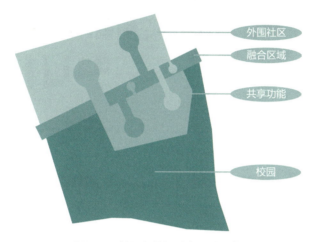

图4-25　校园与外围融合区域概念

3.校园界面积极化设计

国内研究型大学校园往往依托郊区型区位发展，再渐渐被周边城市化区域包围，校园边界往往缺乏城市化的界面设计。再加上国内大学倾向于封闭的校园管理，校园边界通过围墙、栏杆、河流等措施与城市隔离的案例并不少见。这些都导致了校园外围空间的消极化，校园周边缺少城市活力与交往氛围。可见，仅有前面所述校园功能共享、融合区域规划还不足以形成校园与外围社区的融合界面。需要从城市设计角度对外围界面进行设计，建立尺度宜人、便于交往、空间积极、充满城市活力的校园外界面。常见的有效策略包括以下方面（图4-26）。

（1）增加沿街开口率。基于国内的管理现状，让校方接受如哈佛大学那样完全开放的校园边界不太现实，即便如此，国外案例中也有通过封闭围栏管理但又避免消极界面的案例。可以避免完全由围墙、绿化形成校园外围界面，适当打破围墙并改由临街服务设施或公共性较强的建筑代替的策略。通过使校园围墙后退，建立有对外开口的公共建筑界面，增加沿街开口率，提高沿街空间的公共性。

（2）建筑界面设计。避免松散、无组织、各自为政的校园沿街建筑界面；引入城市设计的手段，通过控制城市界面天际轮廓的高低变化，街道界面连续与断裂的节

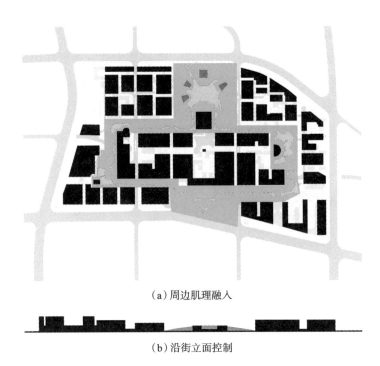

（a）周边肌理融入

（b）沿街立面控制

图4-26　校园外围界面设计概念

奏，建筑界面的疏密变化、进退距离等，形成积极的城市界面，形成校园外围的整体感与领域感。

（3）开放空间穿插。完全通过绿化形成校园界面，难以形成积极的城市空间。但校园外界面的设计也不应仅通过建筑实体形成。校园外围可通过开放空间、绿化公园、景观园林甚至运动场地的穿插布置，形成各处景观优美、聚集人气的交往场所，不失为有益的补充。

（4）街区肌理过渡。校园内为低密度的空间，其分散布置的大规模教学设施所形成的校园肌理，往往不同于外围城市化的街区肌理，形成校园内外空间感受的差异，缺乏过渡。在校园外围的共享设施规划中采用贴近于城市街区的肌理与尺度，有利于校园与城市空间的过渡，也有利于形成宜人、积极的街区空间。

[案例]　　　　芝加哥大学：融入城市的校园界面

　　芝加哥大学是建于1891年的著名私立研究型大学，校园东邻密歇根湖与海德公园，西邻华盛顿公园，校园周边被开放绿地与城市市区包围，它们是校园与城区的过渡区域。此校区在近百年的时间内经历过多次规划，在兼顾历史传承保护与创新的原则指导下，形成校园与周边社区的融合关系（图4-27）。主要策略包括以下方面。

（1）融入社区的街区尺度。校园路网地块遵循城市整体的路网结构。校园核心空间保留了原有的方院空间尺度，外围地块尺度、肌理甚至建筑风格则融入周边社区。

（2）融入社区的功能分布。校园与城市的交界区域布置了许多混合功能，如体育场、教堂、停车楼、研究所和学生公寓等，以及可共享的休闲、零售设施，形成了校园与社区间的过渡地带。

（3）融入社区的开放空间体系。加强校园外围林荫道、交流空间、绿化空间的整合。

（4）制定边缘校区发展策略。通过加强与社区的合作，稳定人口与结构。

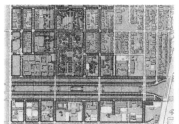

图4-27 芝加哥大学校园社区
来源：NBBJ官方网站。

4.4.3 衔接周边社区的交通结构

1.有利于交流的开放型交通结构

有利于校园内外交流与非正式创新网络形成的社区设计，主要是提供有利于校园内外信息、资源、人员交流的空间条件，以及创造更多接触交流机会。而联系校园内外的交通路网，不但是建立空间联系的直接渠道，也承载了许多交往活动的发生。在校园外围建立一个安全、便捷、宜人的开放型交通结构，打破校园封闭隔离的边界，无论对促进周边交通、功能、空间方面有机融合，还是对促进校园内外社区的创新交流，都具有重要意义（图4-28）。

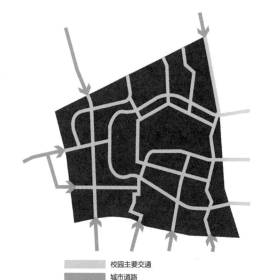

▬ 校园主要交通
▬ 城市道路

图4-28 校园与外围融合区域概念

［案例］   **华盛顿大学：开放联系激活社区**

华盛顿大学塔科马（Tacoma）校区是20世纪80年代末开始建设的新校区，政府希望通过大学的建设使衰落的城区重现活力。基地位于原有的工业区内，许多建筑都是原有的砖式厂房，已有完整的城市环境和社区。MRY建筑设计事务所的规划注重校园与社区的融合关系，试图使校园给外围城区带来积极影响（图4-29）。其设计策略包括：①保留原有城市道路走向，限制机动车并将道路作为校园开放空间骨架；②沿保留道路设计开放绿化空间，营造一定的领域感；③从城市地标建立视觉通廊并引入校园；④在校园外围景观设计中强化入口空间设计，提示校园场所特征；⑤通过混合功能布置，将商业与服务设施引入校园步行区域。

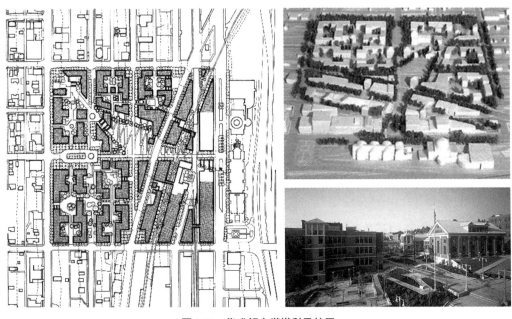

图4-29　华盛顿大学塔科马校区

来源：YUDELL M R. Campus and community：architecture & planning[M]. Rockport：Rockport Publishers，
1997：176.

2. 开放校园与封闭管理的矛盾

从城市规划师的角度看，研究型大学往往是功能复杂的大型机构，国内校园案例中动辄$100\sim200hm^2$的用地，形成城市市域中尺度巨大的斑块，给城市交通与空间连续性带来严重影响。近年来，城市规划师也开始意识到封闭管理的大尺度校园给周边空间带来的消极影响，往往倾向于在城市规划层面划定由若干城市道路分隔开的地块作为大型校园的建设用地（图4-30）。而从教育管理者的角度看，国外城市型校园如耶鲁大学、哈佛大学等开放式的校园空间，其城市街道与校园空间的融合使校园充满了交往的活力，这种空间的魅力也使他们意识到城市活动与校园生活结合应该是国内大学校园未来的发展方向。因此，城市规划师与教育管理者都对校园与城市的开放融合具有共同愿景。

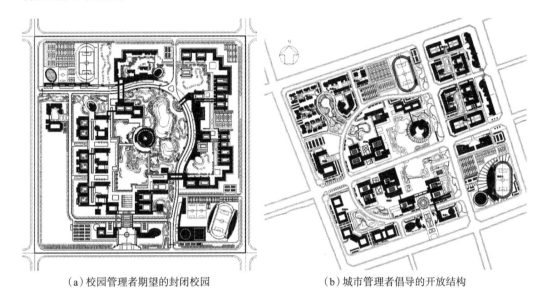

（a）校园管理者期望的封闭校园　　　　（b）城市管理者倡导的开放结构

图4-30　校园交通开放与封闭的矛盾（北京航空航天大学）

而在实际操作中，各种现实矛盾为开放式的校园管理带来巨大挑战，如完全开放的校园道路给校园带来大量穿越性交通问题，周边社区设施的缺乏导致大量外部人流挤占校园的设施资源问题，由此带来的各类威胁师生安全的问题，以及大量管理成本带来的经济问题等。这些现实的管理问题，都使得管理者不得不在这些挑战的压力下选择封闭式的校园管理。如何在现实情形下平衡开放与封闭的矛盾，又兼顾未来校园开放的愿景，成为校园与周边社区融合问题中一个重要的现实问题。

3.衔接周边社区的开放交通策略

结合国外案例及近年实践的成功经验，可以将校园衔接周边社区的开放交通策略总结如下（图4-31）。

（1）道路网络衔接。建立校园外围道路与周边城市道路的衔接结构，使内外道路互为对方的延伸，为未来开放校园预留可行性通道。

（2）车行分层管制。控制路宽与车流速度，将校园车流分为内外两层圈。外围混合功能区、城市过渡区域可允许较大车流通过，使用接近城市衔接路的断面宽度；核

（a）过境车流分流

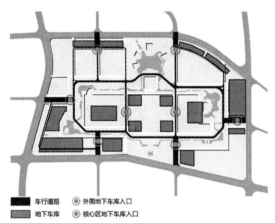

车行道路　　　● 外围地下车库入口
地下车库　　　● 核心区地下车库入口

（b）外层交通疏导

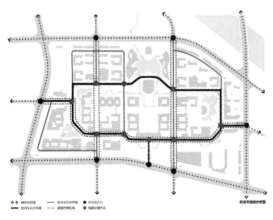

（c）道路分级设计

图4-31　兼顾管理的适应性策略

心区限制车速以利于建立安全的步行
环境。尽量避免城市快速过境交通对
校园的切割，甚至可采用立体交通形
式隔离。

（3）步行空间环境。建立道路联
系的最终目标是形成校园内外人员活
动的衔接，因此需要重视步行环境的
设计，建立适于人车混行或步行为主
的交通环境。通过合理衔接使城市步
行空间体系可延伸至校园核心区域，
并通过步行体系的空间设计形成一系
列体验丰富的空间序列。

（4）结合社区设施。结合步行环
境与网络，规划公共建筑、社区服
务、餐饮零售等设施，恢复街道的生
活机能，提升街道空间活力。

（5）公共交通衔接。采用多样化
的出行方式，包括建立公共交通流线
衔接、校园穿梭巴士，并充分考虑站
点分布的适宜距离与覆盖范围。

（6）场所界限识别。在建构校园
周边开放交通结构的同时，仍可通过
校园界面处景观环境或空间节点设计
增加场所感，通过特殊化的标识提示
大学界限的存在，以缓冲城市的干扰
与不安全因素。

4.兼顾管理问题的适应性补充策略

考虑到当前国内校园还有封闭管
理的需求，可采取兼顾现时管理与将
来开放需求的措施，包括以下方面。

（1）过境导流与避免穿越。穿越

校园的市政道路需按城市道路技术标准设计并有一定的顺畅度要求，路线设计应在保证路形条件的前提下适当调整和导流，尽量避免穿越主要的教研生活区域。

（2）未来开放与现时管制。保持校园路网与城市道路的衔接关系，以利于与周边社区融合和为未来开放校园的实现预留可行的结构。现时则通过设置校园管制措施，实行相对封闭管理以过滤不安全因素。

（3）外层疏导与内核限制。原则上，在对外联络较多、车流量较大的功能区域与设施的布置方面，如行政办公、大型体育设施等应布置在校园外围，并结合外围停车场地的设置，避免大车流量进入校园核心区域。教学科研等核心功能区域保证安全的步行环境，通过管制、设置减速带、减小断面宽度等措施，对车流采取限速、限行管制，以避免车流对核心区的影响。

[案例]　　　　　宾夕法尼亚大学：连接校园与城市社区

宾夕法尼亚大学是美国著名私立研究型大学，校园地处费城西侧，库尔基尔河将校园孤立在城区商业区和居住区之外。为了连接校园与城市社区，学校将学术和研究的发展与城市沿河街区的混合使用无缝连接起来；提出"连接之桥"的概念（图4-32），并将其作为组织东部校园土地使用和发展的规划框架，它包括以下方面。

（1）生活与学习之桥：重建积极的街道，连接中心城市与里滕豪斯广场。

（2）运动与娱乐之桥：计划建一座步行桥，将学生生活设施如一系列运动娱乐场

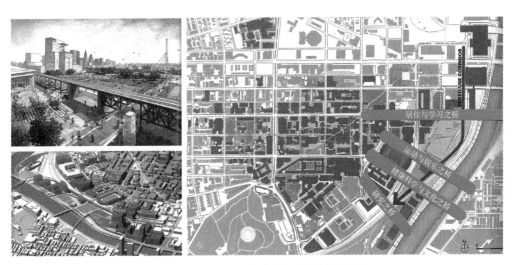

图4-32　宾夕法尼亚大学连接城市的校园界面

来源：SASAKI. Intersection and Convergence[M]. Novato：Oro Editions，2008：79-88.

地沿河布置，并靠近具有历史意义的富兰克林体育场。

（3）健康科学与文化之桥：在南街布置一个对城市与大学发展都非常重要的设施，容纳健康护理和文化交流。

（4）研究之桥：整合研究空间，将学术和研究与街区发展连接起来。

城区沿河公园被定义为社区公共领域和校园互动区，成为容纳学院间和校内体育活动的一系列场所。校园通过交通联系、城市界面、开放空间、多元功能与活动组成等综合性的策略，在校园与城市社区间建立融合的关系。

第5章

校园创新网络中研究型大学规划设计

创新发生在各种思想的交界处，而不是某一种知识和技能基础的局限内。

——伦纳德·巴顿

大学应该像一座城市，以利于思想的交流。校园应具有集中的都市特征，应提供交流的空间、共享的设施、娱乐的场所等，总之要创造人与人相互交往的条件，这样才会激发学生的创造性。

——亚瑟·埃里克森

随着"创新型国家"目标的提出和高等教育发展战略从规模扩张向质量提高转移，近十年来，越来越多的重点高校将研究型大学作为发展目标，将创新与科研职能作为发展重心，并且希望在校园建设中能体现这种发展方向。例如，浙江大学在其紫金港新校区规划中提出要将学校建设成为"高素质创造性人才培养、高水平科学研究和知识创新、高科技辐射和高技术产业化、国际文化学术交流的基地和中心，以及研究型、综合型、创新型的一流大学"，甚至提出要"突破以往校园规划模式"，将校园建设为"研究型的社区"。

面对上述命题，几个很重要的问题摆在设计师与决策者面前：创新型、研究型教学活动的特征是什么，创新型、研究型的校园应具有怎样的空间环境？由于相关设计资料的缺乏，设计师与决策者都难以找到足够的理论支持，对研究型大学校园特征认识不足。因而近年来在一些研究型大学建设案例中，有不少校园基于旧的教学型校园指标、特征来建设，校园建成质量参差不齐，更与发展定位存在差异。这些现实问题亟待从校园规划角度，探求创新型、研究型大学校园的空间环境特征。

从上述问题出发，本章将结合研究型大学的教学特征与发展趋势、现代科研与创新活动的组织特点、当代大学校园的规划理论，分别从科研设施组织、创新社区网络、校园空间结构几个角度，探索研究型大学开展协同创新的空间环境特征与设计策略。

5.1 研究型大学组织科研与创新的机制和焦点问题

对于研究型大学的科研与创新活动组织规律，科学学、教育学、经济学及管理学提供了相关的理论依据，而国内外设计界多年来也在大学校园规划方面积累了大量经验与理论，这些理论结合近十年来国内大学校园建设中的一些现实问题，为从校园规划层面分析研究型大学协同创新空间提供了理论依据和关注目标。

5.1.1 研究型大学科研与创新活动的特征和原理

1.研究型大学校园创新系统组成及协作网络关系

创新的实质是知识的产生与传播，而现代知识生产与传播方式已发生根本性变革。新知识往往产生于传统学科的交叉处，创新活动具有跨学科的特征；同时，未编码的隐性知识通过各种自发、非正式、多渠道的交流方式进行流动传播，并促发新的知识产生。因此，在研究型大学内，协同创新活动的目标主要被设定为通过跨学科的合作和资源整合，突破各部门学系间的界限，改变分散封闭的学科现状，释放人才、资源等创新要素活力（图5-1）。

图5-1　团队协同创新关系

协同创新是具有多主体、多层级特征的协作活动，本章所考察的校园内创新系统层面的协同创新活动，主要指校内各学系、部门之间的协作关系，特别是各类跨学科、跨部门的创新合作。所以在校园中的创新系统，主要由参与创新与科研活动的各学系学院、科研机构组成；涉及的实施空间以各类创新科研与研究型教学设施为主，包括各学院、学系科研设施，各类重点实验室、研究中心等（表5-1）。

研究型大学创新系统组成　　　　　　　　　　　　　　　　　　　　　　　表5-1

创新对象	参与主体	实施空间
知识创新	参与基础研究和应用研究的团队与相关的研究机构	重点学科、重点实验室和各类跨学科、跨组织研究机构
技术创新	参与技术与产品开发研究的团队和科技开发机构、科技产业化机构	技术和应用类重点实验室、工程研究中心、技术开发与成果推广中心、孵化器科技产业中心、跨组织科研中心

创新网络是创新空间发展最本质的特征，校园层级的各创新主体间同样存在网络化的联系。其中，正式化的网络关系主要有校内不同机构、学科、组织间的制度性组织机制，如各类跨学科的研究平台、研究中心、重点实验室、协同创新中心等；还包括通过项目合作、联合培养等形式组成的协作关系。这种协作机制形成的网络，对整合不同学科资源进行跨学科的创新课题、重大攻关研究起到关键作用。但同时，其中隐含的各种非正式联系，如通过社会关系和交往形成的非正式网络关系，对校园创新发展也起到重要的促进作用。作为正式网络的补充，非正式网络促进隐性知识的传播、参与者间的合作和创新思维的激发，它主要表现为参与创新活动的师生之间的非正式交流行为。

协同创新活动的组织，关键是形成多元主体协同互动的网络创新模式。而研究型大学是协同创新系统的子系统，具有如要素、环境、结构、功能等一般系统的特征。

结合系统原理，组织研究型大学创新活动的关键不在于更换某些元素，而是要优化它们的组织联系、空间组合，并将此作为校园空间设计的依据。

2.研究型大学的科研与研究型教学特征

以往依赖学者个体进行科研的时代已经被团队式的合作所代替，各种团队式、网络式的合作模式成为主要的科研组织模式，这种科研组织的大型化趋势体现在当今大学的科研成果中，使大部分发表的科研论文都为合作作者所完成。再者，科研的问题越来越多地出现在学科边界上，这些边缘性或综合性的课题需要来自不同学科背景的研究者共同协作，使跨学科、超学科的研究成为当今科学研究的发展方向。从这些科研特征变化可以看到，当今的研究型大学中科研发展越来越呈现出大规模、社会化、交叉化、综合化的趋势；反映在科研组织中，也表现出越来越明显的团队化、跨组织特征，这使得信息交流与资源共享在科研活动中起到越来越重要的作用。

研究型大学强调研究型教学，与普通教学型高校相比在培养人才层次、教学目的、教学形式、活动规律等方面都有很大不同。研究生教学以科研及创新能力的培养为重点，科研是教学活动中的重心；与本科课堂教学形式不同，研究生培养注重发挥学生的自主性，学生需要自己的研究学习空间。培养过程强调导师与团队的作用，需要有利于导师指导和集体研究交流的空间，同时注重学科的交叉，拓展各自学科的研究范围。可把研究型教学的特点归纳为研究性、创新性、团队性、自主性、开放性、实践性、学科交叉性等，这些特征都决定了自主学习空间、协作学习环境、信息资源与交流环境的重要性。

3.研究型大学发展趋势与校园空间特征

研究型大学在创新体系中的重要定位、对科研与创新职能的提升及现代教育理念的发展，使其越来越走向学科交叉交融与协同创新，越来越注重自主学习与交流学习的方式，并出现组织形式的多样化与创新趋势。这些趋势体现在校园规划中，使其教学环境呈现以下变化（表5-2）。

研究型大学教学环境变革 表5-2

旧式教学环境	新式教学环境
灌输教学	自主学习、交流学习
正式交流	非正式交流
个体科研	团队科研
单学科研究	多学科交叉融合
校内教学	开放合作，注重校外联系产业协作

（1）跨专业的协作联系：提供跨学科、跨部门共同协作的工作场所，提供便捷的联系、共享的资源及其共同活动的空间。

（2）空间接近的群组分布：相邻的学科、参与协同创新的各主体在空间上互相邻近，以利于知识溢出和交流联系。

（3）非正式的交往空间：提供有利于隐性知识交流，以及具有较大随意性、自发性的非正式交往空间，如餐厅、咖啡厅、酒吧、休息区甚至体育健身、休闲活动空间等。

（4）有利于沟通的网络化结构：提供成员面对面交流和互相联络空间，提供有利于交往网络形成的节点，如各类正式、非正式的交往场所，以及信息、资料共享平台。

（5）集体学习的社区环境：研究型教学讲求自主学习、集体学习、建构式学习，校园需要打破封闭的教学环境，提供开放式的教学环境及社区氛围，使学生从集体学习、师生交流和社会体验中汲取知识。

5.1.2 国内研究型大学校园创新科研空间发展滞后

相比于欧美各国研究型大学近百年的发展历史，我国正式提出建设研究型大学仅有不到20年时间，其科研与创新能力都有待大力发展。近年来无论是从有几十年发展历史的老校园，还是刚建成的新校园中，都可以看到一些校园规划不适应现代研究型教学需求、未能体现创新活动空间特征的问题。特别是相比于国外先进案例，国内校园无论是设计理念还是建成效果都存在发展滞后问题（表5-3），主要包括以下方面。

校园规划层面创新科研相关空间发展滞后 表5-3

层级	问题	相关校园类型		相关职能类型	
		新校园	老校园	研究	创新
校园规划	校园科研设施分散、规模小，不利于协作	○	○	○	
	科研设施按传统教学理念设计，不能满足研究型教学需求	○	○	○	○
	教学科研区社区服务功能缺失，缺少创新网络形成的交往空间	○			○
	开放空间存在尺度不合适、整体性不足等问题，空间活力低	○	○		○

1.学科群体组织未能满足现代创新科研协作需求

国内高校科研在20世纪80年代以前，一直受苏联模式的影响，不强调大学的科研职能，使大学科研普遍存在小型、分散、封闭的特点：一位教授带几名研究生的模式，研究团队规模小；院系学科相互封闭，资源难以共享。这种分散、封闭的科研组织方式，研究质量低且重复浪费，培养的研究生和人才知识结构单一；不能组织大团队承担大课题，与现代科研大型化要求特别是国家重大课题研究需要集体攻关要求不相适应。尽管近年来国内大学也意识到这些问题，并试图通过建立跨学科研究平台、重点实验室、协同创新中心等机制来整合资源，打破学科间的分散格局，但这种长期形成的教学科研模式影响了各老校园中建成的科研设施，甚至影响了十多年来建设的新校园，形成了许多规模小而分散、缺少学科群体组织的科研设施。

2.缺乏创新网络形成所需的交往设施与社区氛围

国外的研究型大学早已突破了传统灌输式的教学模式。例如，建构式、研究型的教学模式，自主学习、交流学习模式及学习型社区等理念早已得到认可并体现在校园中，形成了校园中有利于非正式创新网络形成的各类交往空间与生活设施。然而在国内大学校园中，设计师受现代功能主义理念的影响，加上校方往往只关注教学设施建设，造成许多校园的教学科研区中缺乏应有的生活、交往设施，交往与社区氛围都较弱，不利于创新网络形成。

3.未形成促进交往联系的积极开放空间和整体结构

美国的研究型大学校园，在校园开放空间与场所感营造方面给予极大重视。具有特色、尺度宜人的开放空间设计，使校园避免了消极冷漠的空间氛围，激发多样的交往与多元的活动，使校园充满了空间活力与交往氛围，从而进一步产生场所感与空间魅力。同时，连贯而具有整体性的开放空间体系，也建立了不同区域、多元人群之间的联系与交往。然而国内的校园特别是一些新建的校园案例中，经常可见到尺度巨大、空间冷漠消极的校园开放空间设计，不单缺乏空间活力与交往氛围，也不利于建立不同学系、不同建筑、不同人群间的交往联系，师生也因此觉得新建校园缺乏老校园的空间魅力。

5.1.3 研究型大学校园协同创新的核心问题与策略目标

在校园创新网络的中观层面考察研究型大学创新科研职能的空间环境，主要从参与科研协作的各机构、组织之间形成的正式和非正式网络关系入手，分析促成这些关系形成的学科科研建筑和生活交往设施布局，以及社区空间氛围和开放空间体系等内容。结合前面校园创新科研活动的基本机制，以及实践中发现的突出问题，可以将校园协同创新空间的设计策略目标归纳如下。

（1）群体组织规划。校园中不同学系、机构之间的跨学科、组织协作机制组成了校内正式创新网络，是实现大型创新目标的关键途径。在规划层面的策略目标首先要提供跨学系与部门的协同工作环境，以利于相互间联络与资源共享，并以空间接近的群组化设计使各创新主体便于沟通，实现知识溢出流动。

（2）校园社区设计。校园中师生、学者之间通过各类交往形成社会联系，建立他们之间私人化的信息沟通渠道，形成具有自发性和更具创新活力的非正式创新网络。这些非正式的信息交流具有较大的随意性与自发性，校园规划应提供有利于隐性知识交流与发生的非正式交往空间，主要包括有利于社会联系的社交场所、生活设施，以形成校园的社区氛围。

（3）整体网络结构。线性化的传统创新模式已经被网络化模式所取代，创新由不同机构和个人之间的互动联系促成。将校园各部分视为互不相干的功能元素，仅着眼于要素间均衡配置与规划布局已远远不够。这个层面的规划策略目标是建立一种有利于信息交流的网络化空间结构：将校园内的各类交往、共享设施如媒体中心、信息平台、图书馆、餐饮交往设施视为分布于校园中的信息节点，而将开放空间系统视为联系各要素间人流、信息的联系纽带，共同构建一个积极而充满活力的校园空间网络架构。

综上所述，在校园协同创新体系层面，研究型大学校园规划设计的策略本质是建设跨学科创新科研协作与交流型校园社区。策略的最终目标是，促进多学科跨学科边界、跨组织团队的科研与创新协作，建立校园内组织、人员间知识、信息高效流动的创新网络，建立整合校园各元素及开放空间整体化的校园网络结构。策略依据主要涉及创新学、科学学、教育学、管理学，以及校园整体化规划理论、社区化设计理论等。

5.2　适应现代科研创新协作的群体组织规划

西方特别是美国的研究型大学近百年来的校园建设历程，主要体现为其与现代教育理念和创新科研职能的逐渐结合的过程。研究型教学等新教学模式的出现、创新与科研模式的变革，都深刻影响着校园空间的变化。而国内的研究型大学大多数从以往教学型高校发展而来，新老校园都表现出在科研与创新功能发展方面不同程度地受到物质环境配套的制约，亟待为新理念和新职能提供相应的环境条件。因此，研究型大学的校园规划，需要从现代创新科研活动及新型教学模式的特征出发，考察其应具备的校园空间特征。

5.2.1　科研与教学并重的多核布局

1.科研与教学并重的教学特征

研究型大学不同于普通大学以传授知识和培养使用人才为目标，它以高层次精英人才培养为目标、以高水平科研成果和创新型知识的产出为中心，这些不同的定位与职能决定了它具有科研与教学并重并突出创新科研职能的活动特征。相比于常见的普通大学，主要区别包括以下方面。

从学科与机构组成看，研究型大学往往是学科齐全的综合性大学，具有跨学科教学研究的特点，其机构组成庞大而综合。例如，著名的德国洪堡大学发展至今有近3万名学生，共11个院系、200多个专业学科，还有18个研究生院和11个交叉学科研究中心，形成了庞大而复杂的教学科研综合体。从学生组成比例来说，研究型大学的研究生往往占学生人数的近半比例。从国内案例来看，排名前30的重点大学中大部分研究生人数已超过了本科生。再从教学活动的特征来看，研究型大学具有教学、科研并重的活动特征。从表5-4中可看到，在培养硕士的学院和研究型大学中，科研空间的使用时间远高于普通大学。

各类高校科研空间利用比较   表5-4

项目	1997年	1996年	1995年	1994年	1993年
平均每周在教室的教学时间（h）					
研究型大学	30.0	26.5	28.2	29.4	28.3
培养硕士的学院和大学	25.1	24.2	24.4	25.2	25.7
培养学士的学院和大学	22.1	20.5	21.4	20.4	19.0
平均每周在实验室的教学时间（h）					
研究型大学	18.4	11.3	11.3	13.0	12.2
培养硕士的学院和大学	15.4	14.1	14.7	14.1	14.2
培养学士的学院和大学	11.6	11.2	11.1	11.0	9.1

来源：丹尼尔·D·沃奇，研究实验室建筑[M].徐雄，译.北京：中国建筑工业出版社，2004：63.

国内重点高校建设研究型大学及其创新职能都处在起步阶段与较低水平，但由近10多年来的发展已经可以看到向研究型大学转型的一些特征变化，如教学方式从以往注重知识传授，转向以全面素质培养和研究型教学方式为主；办学层次从原理工、文理类本科院校转向综合学科研究型大学；在学科组成上也逐渐通过各类重点实验室、工程中心为核心，带动相关学科从原来的分散、封闭的状况逐渐转向综合、交叉的格局。

2.突出创新科研用地规划的综合性校园

研究型大学的特点决定了其在校园总体格局上具有与普通教学型高校不同的特点，结合表5-5中研究型大学新校区数据，可以看出其突出创新科研用地规划的综合性大学校园特征。

新建研究型大学新校区规模及布局模式　　　　　　　　表5-5

校园名称	占地（hm²）	品字形	复合品字形	组团形	层圈形	带形	其他
南京大学仙林新校区	189					●	
东南大学九龙湖校区	246			●			
复旦大学江湾校区	91				●		无宿舍
上海交通大学闵行新校区	333						●
华东理工大学奉贤校区	103		●				
深圳大学城西区三校研究生院	146				●		
湖南大学新校区	19						无宿舍
中国科学院大学雁栖湖校区	72		●				
中国农业大学烟台校区	199		●				
四川大学双流校区	200		●				
兰州大学榆中校区	360				●		
西安交通大学曲江校区	79	●					
西北工业大学长安校区	260		●				
大连理工大学新校区	81	●					
山东大学青岛校区	203		●				
中南大学新校区	134	●					
北京理工大学良乡校区	202			●			
南京航空航天大学	100	●					
东北大学新校区	89				●		
浙江大学紫金港校区西区	360				●		
浙江大学紫金港校区东区	200	●					
南开大学津南校区	249			●			
厦门大学翔安校区	243				●		
同济大学嘉定校区	150	●					
重庆大学虎溪校区	162		●				
南方科技大学	194	●					
天津大学津南校区	250					●	
华南理工大学南校区	110						●
中山大学南校区	113						●
上海大学宝山校区	200		●				
上海大学本部东区	33			●			无宿舍
北京航空航天大学沙河校区	97		●				
澳门大学横琴校区	109			●			

（1）研究型大学由于人员众多、功能复杂，在各类大学校园中占有最大型的用地规模。新建校区统计显示，这些校园占地面积普遍超过100hm²，有近半数接近或超过200hm²，远远超过了普通教学型大学的占地面积，而普通大学的简单分区规划方法已难以适应这种规模用地的需要。

（2）研究型大学有着复杂的学科与机构组成，并体现其突出创新与科研功能的特征。以北京大学为例，校园拥有包括人文、社会、管理、教育、自然、技术、工程、医药等学科的本科和硕士专业各近100个，博士专业170多个；共有98个研究所、126个研究中心、包括国家重点实验室在内的35个各类重点实验室，以及校内外十多所附属或教学医院。

（3）反映在校园用地分配上，不再像普通教学型大学那样以通用、基础型教学及实验楼用地为主，而是由大量各学科教研设施、研究机构占据了大部分用地。各新建校区的规划案例中，各类科研型教学用地普遍达到公共教学实验区用地的2倍以上，在200hm²以上的大型校园中达到3～4倍甚至更多。

3.建立具有层级特征的多中心布局

由国内主要研究型大学新校区的统计来看，由于研究型大学综合化程度提高、用地大规模化及突出创新科研职能的教学特征，其校园总体规划大多呈现多中心、复杂化的倾向。只有少数几个100hm²以下的小规模校园采用简单的教学区—宿舍区—运动区品字形布局；而对于规模更大的校园，科研教学区表现为多个有各自中心的群组分布，从而出现复合品字形、组团形等多种布局模式。

出现这种布局是因为，随着用地规模扩大与创新科研功能的突出，研究型大学校园已不能简单地以功能分类作为布局依据，而是更多地以学院或学科群为基本单元和组织的中心，以设施与服务共享层级为依据，形成具有层级特征的多中心布局。其特征为：校级共享的设施（如图书馆、公共教学实验楼等）组成校级的中心组团，布置在靠近校园中心的位置，有利于全校共享；其余学院、学系、科研机构按照相互间的学科组合关系，以学科群级的共享设施（如学科共享平台、学科图书馆等）为中心，形成若干组团或区域布局，从而形成教学科研设施的群组式多中心分布和公共设施的分层级共享布局（图5-2）。

基于案例总结，除极个别小规模校园可采用简单的品字形分区模式外，随着校园用地规模的增加，研究型大学校园可以在总体布局中采用多中心布局策略，并可以依次采用以下布局模式（表5-6）。

（1）复合品字形。以包含图书馆、公共教学楼、实验楼在内的公共教学实验区为

图5-2　层级与多核心布局

国内研究型大学功能组织模式   表5-6

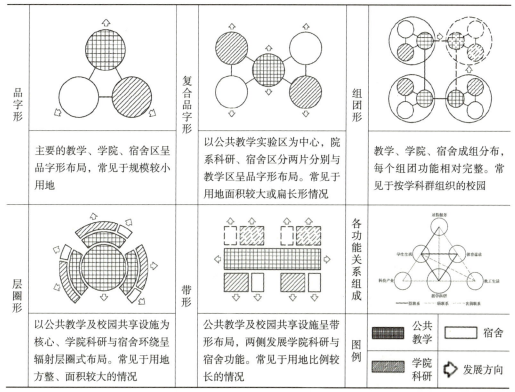

品字形	主要的教学、学院、宿舍区呈品字形布局，常见于规模较小用地	复合品字形	以公共教学实验区为中心，院系科研、宿舍区分两片分别与教学区呈品字形布局。常见于用地面积较大或扁长形情况	组团形	教学、学院、宿舍成组分布，每个组团功能相对完整。常见于按学科群组织的校园
层圈形	以公共教学及校园共享设施为核心、学院科研与宿舍环绕呈辐射层圈式布局。常见于用地方整、面积较大的情况	带形	公共教学及校园共享设施呈带形布局，两侧发展学院科研与宿舍功能。常见于用地比例较长的情况	各功能关系组成	
				图例	公共教学　宿舍　学院科研　发展方向

来源：中国建筑工业出版社，中国建筑学会．建筑设计资料集 第4分册 教科·文化·宗教·博览·观演[M]. 3版.北京：中国建筑工业出版社，2017：62.

中心，将院系科研区、教学区分两片布置于公共区两侧，结合分别对应的宿舍区形成以公共区为中心的两个三角形的功能关系。这种布局可很好地适应占地面积较大、比例较长的用地，案例如江南大学、中国科学院大学雁栖湖校区。

（2）组团形。公共教学实验区自成一组团，其余学科群科研、教学设施与相对应学科宿舍组成相对完整的多个组团，形成多中心格局。其常见于追求"书院"特征的校园，如澳门大学横琴校区、南开大学津南校区；或者用地被城市道路分隔的校园，如北京航空航天大学沙河校区。

（3）层圈形。随着用地进一步扩大，校园形成以公共教学实验区和校级共享设施为中心，外围依次以学院科研与宿舍片区环绕布置的层圈形布局。这种模式适用于形状方整的大规模校园用地，如浙江大学紫金港校区西区、东南大学九龙湖校区。

（4）带形。公共教学实验区及校级共享设施呈带形布局，两侧发展学院科研与宿舍功能，常见于用地比例较长的情况，案例如天津大学津南校区。

[案例] **深圳大学城西区三校研究生院：多层级共享结构**

深圳大学城西区（图5-3）用地面积146hm^2，引入清华大学、北京大学、哈尔滨工业大学三所研究生院进驻。规划强调开放共享、汇聚优势，以促进各校间、大学与社会之间的交流。总体布局形成以公共核心区为联系主干、以三个校区的连廊轴线为骨架、与自然山水融合的多组团空间结构。规划注重各类资源分级配置，实现三个层次共享，包括：①城市级共享资源，包括可与城市共享的体育场馆区与生态公园区；②校区级共享资源，包括图书馆、展览馆、学生管理中心等集中布置在核心区；③校级资源，各学校教学、科研、行政办公、生活等功能单元呈链状集中布局。

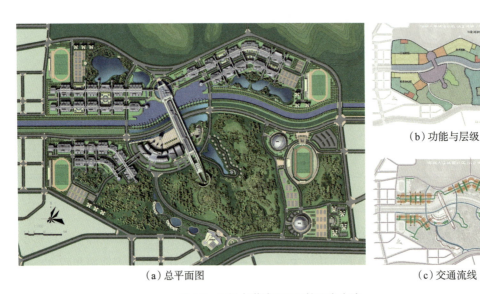

（a）总平面图　　　　　　　　　　（b）功能与层级

（c）交通流线

图5-3　深圳大学城西区三校研究生院
来源：北京清华城市规划设计研究院。

[案例]　　　　**浙江大学紫金港校区西区：多核心复环布局**

　　浙江大学紫金港校区（图5-4）以创新、研究为目标，定位于开展世界一流科研及研究生培养的功能。针对西区研究型大学校园的定位和360hm²的大型校园尺度，规划提出了"多核共享"的布局。

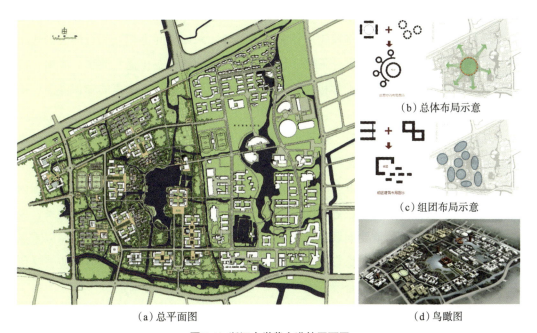

（a）总平面图　　　　　　　　　　　　　（d）鸟瞰图

　　　　　　　　　　　　　　　（b）总体布局示意

　　　　　　　　　　　　　　　（c）组团布局示意

图5-4　浙江大学紫金港校区西区
来源：浙江大学建筑设计研究院有限公司。

　　首先，在靠近校门的中心部位布置校级共享的公共研究平台，包括公共图书馆、博物馆、公共教学楼、行政办公楼区，成为学校科研办学的核心。其次，各学院科研建筑以研究型教学为特点，规划适应学科组群发展的组团模式，各组团中相邻学科建筑围绕中心开放空间布局。最后，生活服务区位于主环道外围，公共研究平台位于教学区内环，从而形成研究平台、教学区、生活服务区同心复环的结构形式，减少了与各教学科研组团的交通距离。对于这种多中心的复合功能布局，每个组团含有完整的教学科研功能且自成一体，可便捷连接生活区，在大尺度校园中实现学生往返半径的合理控制；而各学院组团以公共研究平台为纽带形成学科群建筑，建立人才、信息、资源交流网络。

5.2.2 融合相近学科的集群组织

1.创新网络与现代科研的集群协作

研究型大学在校园层级的协同创新活动，主要表现为校内各院系、部门间的创新协作关系，并以此为基础形成校园正式创新网络。而从创新发展趋势看，当今创新主题的广度与深度决定了其往往难以通过单学科分头独立工作完成，而需要多学科、跨组织进行协作创新。因而，将校园中相关学科整合，采用空间上相互邻近的集群式布局，是符合创新协作特征的设计策略。创新源于知识的转移、传播、共享、溢出，这种学科集群式布局不但有利于学科间的联络与协作，而且通过近距离的知识溢出、扩散促进创新的形成。

从现代科研特征的角度看，随着现代科研问题往复杂深入方向发展，科研活动也越来越表现出大规模、群体化特征。以往大学内一位教授带几名研究生的小团队、"单干户"型的科研组织难以承担大型科研活动，科研水平低且不能产出大成果。对国内的研究型大学而言，如何改造老旧的学科组成，打破学科间的壁垒形成融合关系，成为提高科研创新能力的重要问题。近年来各重点大学通过引入学科群的理念，以重点学科为基础，联合相关学科综合建设，既促进学科间相互协作、发挥群体效应，又优化学科结构、促进相互的融合渗透。

2.相近学科的集群组织

基于上述现代科研与创新的组织特征，研究型大学的学科群体规划也越来越强调大型科研空间、学科协作关系、学科群的组织及创造学科间沟通交流环境，并出现以下几种趋势。第一，科研设施大型化：科研课题趋向复杂综合化、科研组织的群体化，使得校园内科研设施体量越来越趋于巨大，甚至出现巨构、高层化特征。第二，院系科研设施集中化：许多国外大学要求把相关院系设施布置在几分钟的步行距离之内，通过将相关院系及共用的实验中心、资料中心、公共平台集中设置，不但可避免学系各自重复建设带来的浪费，更增加了相互之间的密切联系与交流融合。第三，群体布局整体化：通过将科研、教学、交往等活动空间高度综合，形成系统化的整体布局，不但使院系各类型教学活动相互渗透成为整体的教学过程，形成的空间也有利于适应将来学科发展带来的调整。

为了适应这些趋势，校园学科群体组织可采用集群组织策略（图5-5）。其特征是，通过将相近学科、机构、设施相对集中布置，形成整体化的学科群体，以提供现代科研与创新所需的大型化、协作性空间，并有利于打破传统学科边界，形成院系间

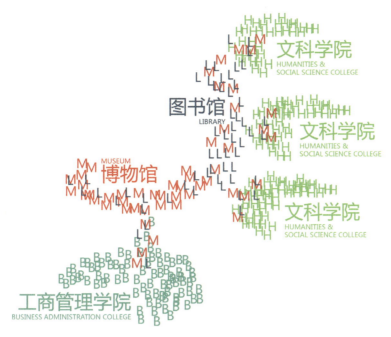

图5-5 学科集群组织

的协作与交流关系。其策略要点包括：①集群组织。按照学科间相互关系及学科建设的规划，将相近学科或学科群的教学科研设施在空间上相互邻近布置，形成相对集中的组团形布局，强调空间的聚集与资源共享。②控制距离。控制学科群内建筑、设施之间的合适距离，将群组内设施间的联系距离控制在适宜的步行尺度内；通过相对密集的布局提高互相联系的效率，改善群组的邻里感，增加碰面交流的机会。③建立联系。建立学科间及设施间的便捷联系，如建立相互间的步行路径、架空通廊、公共交通厅等连接手段，促进学科间的联系协作；通过群组内公共设施的共享促进人员与信息的交流。

　　相近学科的集群组织方式具体到空间形态方面，通常可采用以下几种方式。①中心院落式。较为传统的学院式布局，相近学科以建筑单体的形式围绕中心广场或院落等户外开放空间布局，形成组团式格局。案例如下面将要介绍的南开大学津南校区学院群组团。②中心交通骨架式。以线性或分支式主要交通轴连接相关学科群，形成长条形的群体形态；在交通轴空间中可结合布置共享设施和交往空间。案例如下面将要介绍的慕尼黑工业大学加兴校区机械工程系。③网格式。学科建筑群组合成网格状形态，强调一种密集化、城市化的群体空间，以及学科设施生长性与功能调整灵活性的设计。

[案例]   **南开大学津南校区：相近学科集群发展**

　　南开大学津南校区（图5-6）占地面积249hm²，为了适应大尺度用地与研究型教学的特点，规划将公共资源区集中设置便于共享，并采用了组团形、层圈形混合结构，内圈侧重于教学、研究，外圈侧重于生活、服务，东、西侧重于开发服务，产、学、研功能各自聚集成组团布局。规划将相近学科与功能组合布置，形成强调聚集与共享的学科集群发展，组团内通过合理的交通布局与人性化的步行空间，营造适宜学习生活、相互交流的"书院式"空间。

图5-6　南开大学津南校区
来源：同济大学建筑设计研究院（集团）有限公司。

[案例]   **乌德勒支大学：学科融合的群组密集布局**

　　乌德勒支大学是荷兰最大的研究型大学（图5-7），校区建于1961年，现代主义的规划、分散的学科建筑、过低的密度，使校园成为一个不受欢迎的区域。20世纪90年代大都会建筑事务所（OMA）对校园规划进行修改，修改的主要目标是解决原有建成设施孤立分散的问题，除在宏观层面提供了基本的秩序和控制法则外，还采用提高建筑密度与建筑群组化的策略。自90年代开始校园内陆续建设了多个新的学系和机构，形成多个含有实验室和多机构建筑的密集组团；组团内通过集中布局和建立相互联系来促进学科间的协作。另外，规划通过增加建筑密度控制新建筑与现存建筑的合适距离；通过建立不同功能的集中布局与网络联系来创造可辨识的邻里感，鼓励人们互相联系、交流思想和分享设施。

图5-7　乌德勒支大学
右图中黄色填充部分为群组分布的建筑组团
来源：HOEGER K. Campus and the city：urban design for the knowledge society[M]. Zurich：GTA Verlag,
2007：69

3.打破学科边界的空间融合

　　形成学科间的融合与协作关系，除了建立紧密的联系外，还需要打破学科设施间的边界并形成相互开放融合的关系，以促进相互间人员、信息的流动并提高资源利用率（图5-8）。可采取的措施包括：建立学科间共享的设施与空间（如学科间共用的研究平台、实验室、资料信息中心、会议室等），以及服务性的设施（如餐厅、咖啡厅甚至零售、康体设施等）。而学科之间的教室和实验空间也可以通过标准化设计，增加它们相互间的兼容度以便于互相调配使用。

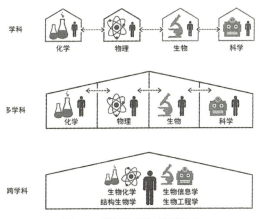

图5-8　学科集群与学科融合

来源：NEUMAN D J. Building type basics for college and university facilities[M]. 2nd ed. Hoboken：John
Wiley & Sons, 2013：180.

　　需要注意的是，打破学科边界的融合不但是一个空间环境的组织问题，更是一个组织机制问题。在实践中经常遇到的情况是，院系之间有维护自身利益与范围的倾向，容易产生相互间资源空间的隔离；同时，层级过多的院系管理架构也会影响学术间的交流协作。因此，为了实现学科间的融合及打破边界，许多研究型大学在创造学科融合的空间环境的同时，更注重组织机制上的融合与创新。例如，德国康斯坦茨大学打破了传统研究所制及学科、资源分割，将学系分为三大学科群，采用教学与科研融合的专业化领域组织，实现了资源共享与高效灵活的管理，其创新的组织架构使其在30年时间内名列德国大学学术榜前三。国内大学近年来也开始出现类似尝试，如南方科技大学提出减少管理层级，设理学部、工学部，下设研究所、实验室作为教学科研的支撑单位，并以此为基础设置专业。这些组织机制都将配合空间环境的营造策略，实现学科间的融合。

［案例］　　慕尼黑工业大学加兴校区：有利于融合的学科集群

　　慕尼黑工业大学加兴校区的机械工程系（图5-9）基于现代大学重视学科融合与交流的理念设计，整个建筑群创造出整体的沟通氛围和学科间相互融合协作的空间关系。学系建筑群包含七个研究机构，整体设计为便于交流与集中的综合体。一条近200m长的学院街连接了不同的研究机构，主要的交通与公共活动都聚集于此，包括图书馆、礼堂、会议室、商店、餐厅及幼儿园。4层楼高的研究所空间朝中轴学院街展开，并通过天桥、连廊等加强相互间的空间与视觉联系。整体开放而灵活的空间设计，使各学系的教室空间可以相互交换调整，便于适应项目的合作与变化。

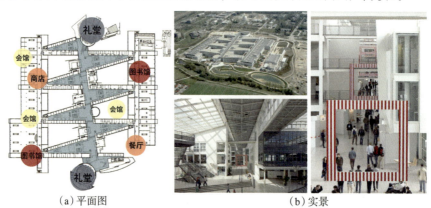

（a）平面图　　　　　　　　　　　　　　（b）实景

图5-9　慕尼黑工业大学加兴校区机械工程系

来源：哈多·布朗，迪埃特·格鲁明.研究和科技建筑设计手册[M].香港：安基国际印刷出版有限公司，2006.

［案例］　　　康斯坦茨大学：打破学科界限的研究型大学校园

康斯坦茨大学（图5-10）是德国十所精英研究型大学之一，以改革型大学闻名，它的理念是通过校园提供不同于传统大学的、可培育前沿科研的总体组织结构来发展其"创新文化"。其教学强调跨学科研究，打破院系划分的传统，将14个系、40多个专业集中为3个学院；学校强调小班教学或者工作团队而不是传统的讲堂授课，提供开放式的教学环境。其设计策略包括以下方面。

（1）打破学科边界的布局。校园采用集中式布局，所有的设施被集中成三大群组，容纳跨专业的科学、人文和社科三个大学院，并以此创造跨学科协作和网络联系。

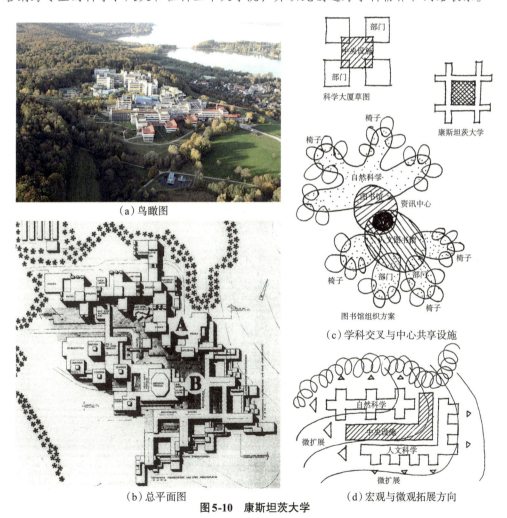

（a）鸟瞰图

（b）总平面图

（c）学科交叉与中心共享设施

（d）宏观与微观拓展方向

图5-10　康斯坦茨大学

来源：（a）康斯坦茨大学官方网站；（b）（c）（d）MUTHESIUS S. The post-war university: Utopianist campus and college[M]. London: Paul Mellon Centre BA, 2001: 235-238.

（2）促进学科交叉的共享设施。三个大学院群空间在校园的中心汇集，在中心处布置了共享的设施，如讲堂、24小时开放的图书馆、餐厅、咖啡厅、计算机及其他学生设施，而集中布局的目的是更好地促进跨学科师生间的交流沟通。

（3）促进交流的空间网络。大学的科研区域和教室也同样提供了休息空间组成的空间网络，鼓励学生自发、随机地会面交流。

5.2.3　促进学科的交叉共享

1.创新的跨学科特征

学科交叉或跨学科研究，主要是指不同学科之间通过协作、交叉、渗透而出现新的学科研究。它是一种独特的协作研究方式，是一种密切联系实际的研究活动，为促进科学合作和技术服务提供各种机会[1]。约翰·海厄姆（John Higham）曾将跨学科机制形象地比喻为"住在房间里的人，在房门紧闭的情况下从敞开的窗户里探出身去，与周围邻居愉快地交谈"[2]。学科交叉研究打破了传统学科的界限，促进学科间的结合，形成新的学科，而且还形成了一种以问题为中心的科研模式，推动了许多重要实践问题的解决（图5-11）。

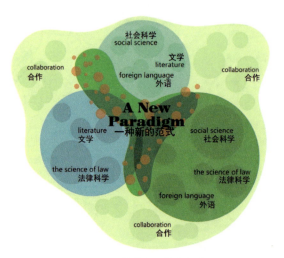

图5-11　学科交叉协作概念

来源：笔者设计项目图片，陆歆绘制。

---

① 刘仲林.跨学科导论[M].杭州：浙江教育出版社，1990：126.

② 罗燕.国家危机中的大学制度创新——"世界一流大学"的本质[J].清华大学教育研究，2005（5）：36-41.

学科交叉是创新的重要方式，因为随着科研发展的深入化与集体化，在单一学科领域已很难找到新课题与突破口；而在较少人涉及的学科边缘、交叉领域或者需要大型跨学科团队攻关的领域，往往能找到新的课题。当今科研领域中的重大创新突破通常出现在学科的边缘或交叉区域，据统计，20世纪诺贝尔奖近半数属于跨学科研究成果。因而，对于研究型大学来说，需要组织不同学科背景的团队和人员，通过协同创新在学科交叉领域开展创新突破。

2.跨学科研究的组织机制

基于对跨学科研究与创新关系的认识，国内外研究型大学都致力于探索各类跨学科研究组织机制，以期打破院系与学科的界限，建立共同的科研支撑平台，并在交叉领域取得突破性创新成果。这些组织机制灵活多样，各大学都有自己不同的形式与名称。其中，既有实体建筑设施的研究中心，也有非实体的组织机制；组织形式既有集中制，也有通过矩阵式管理形成的跨组织机制。

在这些跨学科研究机制中，最为典型的是美国研究型大学中建立的各类跨学科研究中心。作为一种科研制度的创新形式，它通常以某学科的带头人为核心，组织若干跨学科的研究团队形成创新协作关系，并实现对不同院系的设备、人力资源的整合利用。其中，哈佛大学就有十多个跨学科研究中心，麻省理工学院的跨学科研究中心和实验室（如雷达实验室、电子实验室等）已超过60个，斯坦福大学比较著名的则有近年制定的生物学交叉学科计划。国内的研究型大学中常见的组织模式有跨学科课题组、跨学科研究中心和各级重点实验室、工程中心等，其实质也是一种组织机制，而不是简单地指某一建筑设施。

[案例]　　　　　**麻省理工学院跨学科研究中心**

麻省理工学院注重学科的交叉与融合，并体现在其学科群和跨学科研究中心的建设上（表5-7）。自20世纪60年代后，麻省理工学院在5个学院间建立不同形式的跨学科研究中心，打破了传统的院系学科设置，使传统教学架构与现代科研组织完美结合；5个学院下的21个系科和60多个的跨学科科研组织，形成了矩阵式管理结构。学科的交叉与融合使麻省理工学院科研得以整合，形成了许多交叉学科研究领域，使其科研创新能力得到极大提升。

麻省理工学院的跨学科科研组织 表5-7

类型	具体形式	特点
大学内跨学科组织	研究计划、研究实验室、研究组、项目（课题）组、协作组、研究所	组织灵活、不拘泥于形式
政产学跨界合作组织	工程研究中心、科技中心、国家实验室（政府设立大学代管）、大学产业合作研究中心（NSF推动）	跨传统学科与机构界限，多学科合作研究与培训；强调科技相关的基础研究；工业代表参与活动，规范研究方向
实体基础建设	大学科技（研究）园、企业孵化器	有具体的建筑设施
研究创投组织	高新技术咨询中心	以制度、机制为主

来源：整理自 王雁.创业型大学：美国研究型大学模式变革的研究[M].上海：同济大学出版社，2011.

3.营造学科交叉的共享环境

建立学科的交叉关系除应建立相应的组织机制外，还应从物质空间上创造有利于学科交叉的环境（图5-12）。例如，设计师伍兹·谢德拉克在设计柏林自由大学时就曾经提出学科交叉环境的构想："大学的主要功能是鼓励从事不同学科的人们之间的交流和智力更新，来扩大人类的知识领域、增强人们对集体行为和个体行为的控制。我们确信必须超越不同建筑中各种院系或行为的分析研究。我们设想一个功能和部门的综合体，在其中所有的学科能够相互联系，所有学科之间心理上和管理上的隔离不会因建筑分隔特征而加强。这种分隔特征不能以牺牲整体为代价"[①]。

图5-12 学科交叉共享

为了实现学科交叉，校园应创造有利于学科混合的共享环境，其特征是通过不同学科间相互空间关系的控制及共同活动氛围的营造，提供有利于其相互间建立密切联系的空间氛围。其策略包括：将交叉学科相邻布置，以利于不同学科学者、师生之间的协作联系；相对紧密的布置也有利于增加会面、沟通的概率，增加社区邻里感。但

---

① 戴维·J·纽曼.学院与大学建筑[M].薛力，孙世界，译.北京：中国建筑工业出版社，2007：24.

同时更应该注重对学系间公共活动氛围的营造，提供共享的设施，包括跨学科教学、科研设施（如公共实验平台等），还应包括各类生活服务、文化与休闲设施，以增加各学系间的交往活力。

[案例]　　哈佛大学 Allston 校区：有利于学科交叉的多元校园

2007年哈佛大学在现有校园南面，即查尔斯河对岸的 Allston 地区建设新校区（图5-13），以容纳生命科学、医学、工程、健康及教育等几个新交叉学科组团。其目

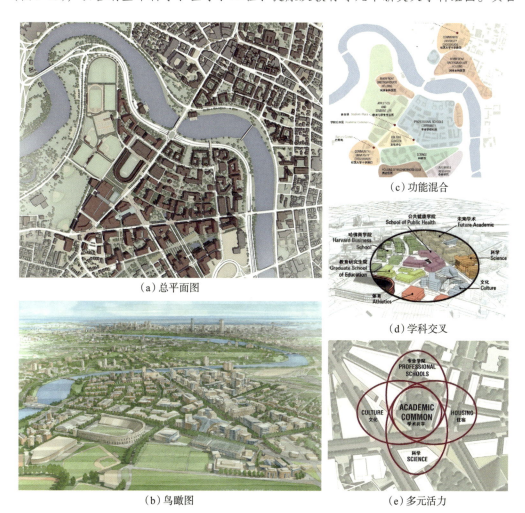

（a）总平面图

（b）鸟瞰图

（c）功能混合

（d）学科交叉

（e）多元活力

图5-13　哈佛大学 Allston 校区

来源：Ayers Saint Gross. The plan for Harvard in Allston[EB/OL]. (2007) [2012-03-21]. https://ayerssaintgross.com/work/project/harvard-university-allston-campus-master-plan.

标包括在更高的水平上建设新的学科，并培养多学科交叉的氛围；创造具有活力的校园空间；并通过校园与社区、产业的结合营造创新机会。具体策略包括以下方面。

（1）功能混合：规划将这个地区转换为具有密集空间结构的区域，并采用多功能的布局，包括多学科的教学、科研设施，以及住宅、餐饮、零售、文化与休闲设施。

（2）学科交叉：哈佛大学寻求在新校区创造不同学系、部门科学家开展学科交叉、共同协作的可能，将几个交叉学科混合集中布置，以利于师生可以近距离地进行交流活动。

（3）多元活动：创造活跃的交往聚会场所，包括各类文化、零售、娱乐活动场所；提供学术、体育、社区活动各类空间。校区不但创造具有活力的街道生活和贯穿整个校园的开放空间，还在校区中新建博物馆与艺术馆，通过艺术文化氛围为校园增添活力。

（4）社区融合：校园在外围建设一个区域中心，并向社区提供共享设施；Allston校区还建设了创新实验室，它作为一个创业与机遇的集成器，促发了哈佛大学学生、学系、企业和社区之间的团队式和企业化活动。

4. 创造学科交叉的协作联系

学科间的交叉协作关系还可通过建立交叉研究中心的策略实现（图5-14），其特征是建设供不同学科团队进行跨学科开展科研工作、学术交流的学科交叉研究中心，并实现各学科群与交叉研究中心之间的便捷联系。可采取的具体措施包括以下方面。

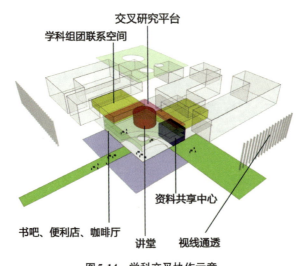

图5-14 学科交叉协作示意

来源：笔者设计项目图片，童敬勇绘制。

（1）选择在各交叉学科之间的中心位置建设如交叉研究中心、共享科研平台、创新中心之类的跨学科科研设施，提供学科间合作科研的空间。

（2）在交叉研究中心设置如信息资料共享中心、学术讲堂、展厅，以及餐厅、咖啡厅等服务设施，甚至供科学家们集会或聚会的公共空间，以提供跨学科交流的空间与条件。

（3）通过设计便捷的步行路径或联系通廊，建立学科群与交叉研究中心的便捷连接，提高其易达性。

[案例]　　**斯坦福大学克拉克中心：创造学科交叉联系**

福斯特事务所设计的斯坦福大学克拉克中心是该校生物学交叉学科研究计划（Bio-XProgram）指导下建设的新设施（图5-15），目的是建立斯坦福大学医药、工程、人文社科学科之间的跨学科合作与创新，其设计策略包括以下方面。

（1）汇聚跨学科人群的空间布局。建筑在选址上位于校园三个不同学科群区域的交会处，通过开放空间与步行路径的整合连通，以及建筑开放架空的布局，使穿行于校园的不同学科研究人员有机会在此偶遇。建筑在场地中设计了圆形的聚会广场、餐厅、礼堂，创造了一个具有多元活力与空间魅力的交流场所，吸引并服务于周边不同学科的学者在这里驻足、交谈、休息。

（2）跨学科协作的工作场所。中心设计采用开放、邀请式的布局，许多实验室混

图5-15　斯坦福大学克拉克中心

来源：左上图改绘自斯坦福大学官方网站；其余来自Foster+Partners建筑事务所官方网站。

杂布置、相互影响；学者们无论吃饭、上课还是操作公共设备，都可以很容易碰面以便交流研究心得。这些设计有利于为不同学科背景和兴趣的研究者创造合作的机会，搭建跨学科协作的平台。

5.2.4 适应学科发展的弹性空间

1.研究型大学创新与科研发展的持续特征

纵观西方各著名研究型大学，在近百年的发展过程中，校园一直处在不断发展与建设中，特别是在研究型大学与科研和创新职能的结合过程中，新学科的发展、现代科研的特点及创新协作需要建设的各类科研协作设施，使这些校园在近几十年中建设了大量大型科研设施。正如约瑟夫·赫德所描述的，"校园的建筑与规划是不断变化的，我们难以预测其未来。对于校园的想象应如同对城市一样，其发展形成既与过去相关又与未来相关，大学永远不会完成……[1]" 即使是那些已有数百年历史的著名历史校园，如剑桥大学、哈佛大学，也一直存在扩张的需求而不断寻求新建设施的机会与空间，如近年来剑桥大学西区、西南区的规划，以及哈佛大学在Allston区域的扩建等。美国学者认为规划应该能指导校园机构设施的增长，即使没有学生人数的增长，设施每年平均也有1%～1.5%的增长率[2]。包括课程变化、建筑设施过时更替，都反映了研究型大学不断增长的发展需求。

对我国的研究型大学来说，无论是历史校园还是刚落成的新建校区，近年来也一直存在着新设施建设。特别是研究型大学发挥在协同创新中的主体能力，带来产业界、政府对其科研能力的巨大需求，导致校园中各类科研创新设施的大量建设需求。但这些校园所要面临的问题是，历史校园的用地紧张已成为普遍的现实；而对于近年来新建校区来说，随着所在区域快速的城市化进程，校园周边也将很快难以找到拓展的空地。再加上近年来土地价值的一再攀升，在校园用地红线外再觅新地更不是一件容易实现的事。因此，在规划中为将来不确定的发展预留足够的发展空间，且对持续数十年甚至更长期的发展过程建立控制规则，使发展过程有序展开，成为研究型大学校园针对科研与创新能力发展所要面临的一个重要问题。

---

① 宋泽方，周逸湖.大学校园规划与建筑设计[M].北京：中国建筑工业出版社，2006：7.

② DANIEL R K. Mission and place：strengthening learning and community through campus design[M]. Lanham：Rowman & Littlefield Publishers，2005：86-92.

[案例]　　　　**莱斯大学：校园持续发展特征与设施大型化趋势**

莱斯大学（图5-16）是位于美国得克萨斯州的一所私立综合性研究型大学。迈克·格雷夫斯事务所完成的校园50年规划，通过分期建设的方式在现有建筑肌理中填充建筑来强化户外空间并建立步行网络。规划的南向轴线连接了得克萨斯州医学中心，促进了校园的科研协作，也为容纳现代科研实验室的大体量建筑提供了新的发展空间。同时，新的50年规划更新了校园的运动、休闲设施及景观空间[①]。此规划反映了未来大型科研设施的持续建设需求与校园的动态发展特征。

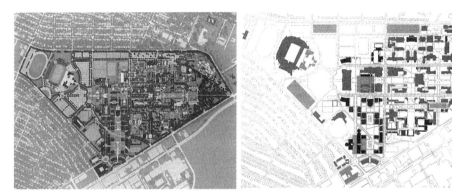

图5-16　莱斯大学分期建设规划

来源：NEUMAN D J. Building type basics for college and university facilities[M]. 2nd ed. Hoboken：John Wiley & Sons，2013：27-28.

2.校园发展空间的预留策略

校园应通过分期建设规划确定近期、中期、远期的建设区域，使各期建设能尽量保持校园功能、空间、景观的完整性，同时为将来不确定的需求适当预留发展用地。综合近年来各地新建校园用地与建筑容量的情况来看，很大部分新校园参照《92指标》的指导意见，校园按建设用地计算总容积率控制在0.5～0.6，如浙江大学紫金港校区西区等。而在土地价值较高的区域及部分集约发展试点城市，不少校园建设在政府要求下将容积率提高到0.8～1.0，如上海大学东区、中国人民大学东校区等。

根据近年来多个项目的实际经验，可总结出两种建设容量上限模式。①高密度方案一。在主要的教学科研设施保持为6层以下的低层建筑，将办公、交流中心、各类

---

① NEUMAN D J. Building type basics for college and university facilities[M]. 2nd ed. Hoboken：Wiley，2013：27.

宿舍公寓设计为10层以上小高层建筑的情况下，能够实现校园总容积率1.2的建筑容量，并保持20%左右的建筑密度和近40%的绿化率。②高密度方案二。若将教学科研设施与宿舍公寓都设计为低层建筑，其余办公、交流、科技创业建筑设计为小高层建筑，则可将校园总容积率控制在0.8～0.9的上限，并保持40%左右的绿化率。据此推算，按《92指标》指导意见规划的校园密度较低，尚可承担增加50%～100%的建筑容量。因此，校园可采用集约化的规划策略，将建设区域的建筑容量控制在接近1.0的容积率，以利于为将来发展预留足够的用地（表5-8）。

据近年建设经验绘制的几种校园建设容量方案 表5-8

建设策略		容积率	绿化率（%）	特点
低密度方案	参照《92指标》建议的建设容量	0.5～0.6	50～60	所有设施均可按低层建筑设计
高密度方案一	一线城市可承受高密度建设容量	1.1～1.2	35～40	教学科研设施可按6层以下设计，宿舍公寓、办公建筑、交流中心、科技孵化等按10层以上小高层建筑设计
高密度方案二	非一线城市可承受中高密度容量	0.8～0.9	35～40	主要教学科研设施可按6层以下设计，宿舍公寓按7层设计；其余办公建筑、交流中心等按小高层建筑设计

3.校园预留发展及发展控制模式

目前国内大学校园总体建设密度相对较低，但可预见未来存在创新科研设施大量建设需求，因此，有必要在规划中提高近期建设区的密度，采用大疏大密的格局，为未来发展留有空间。预留用地的方式可有以下两种（表5-9）。①发展用地集中预留，通常选址于边缘用地，用地规模一般相对较大。其优点是建设区域规模及布局自由度较大，可以建设相对独立的功能设施或者需要对外联系的设施，避免对建成区造成干扰。②发展用地在原建设区域周边分散预留，优点是建设区域容易在周边扩展，缺点

用地预留方式 表5-9

集中预留		分散预留	
发展用地集中预留，用地规模一般相对较大，建设区域规模及布局自由度较大		发展用地在原建设区域周边分散预留，发展用地规模相对较小，建设区域容易在周边扩展	
案例：天津大学津南校区		案例：安徽理工大学	

　　　　　　　　　　　　　　　　　　　　　　　　　■ 现有建筑　　▨ 预留用地

来源：中国建筑工业出版社，中国建筑学会.建筑设计资料集 第4分册 教科·文化·宗教·博览·观演[M]. 3版.北京：中国建筑工业出版社，2017：66.

是发展用地规模相对较小，建设不同类型设施时会对原区域产生干扰。

研究型大学的建设是一个长期的动态过程，众多国外案例都往往经历了近百年的历程。为了在长期建设发展中保持校园的发展秩序，除了定期结合发展需求调整规划并制定相应的管理措施外，更应在规划阶段采用适当的发展控制策略，制定校园发展的控制结构与秩序。根据近年来国内的建设情况调查，将比较符合中国国情的几种控制模式总结如下（表5-10）。

校园发展控制模式 表5-10

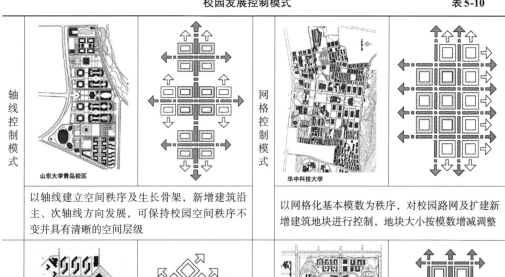

轴线控制模式	以轴线建立空间秩序及生长骨架，新增建筑沿主、次轴线方向发展，可保持校园空间秩序不变并具有清晰的空间层级	网格控制模式	以网格化基本模数为秩序，对校园路网及扩建新增建筑地块进行控制，地块大小按模数增减调整

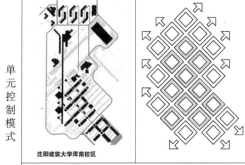 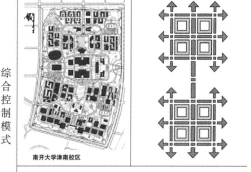

单元控制模式	校园主体建筑群体以重复的建筑或组团为单元母题扩张，通过各单元交接处节点的特殊设计，保证每次扩建后交通与设施的衔接	综合控制模式	以上几种模式的组合运用，或以其中一种为主导组合其他发展方式，以满足校园发展的灵活性与多种需求

▨ 现有建筑　▢ 发展建筑　◀▬▶ 控制轴线　⇨ 发展趋势

来源：中国建筑工业出版社，中国建筑学会.建筑设计资料集 第4分册 教科·文化·宗教·博览·观演[M].3版.北京：中国建筑工业出版社，2017：66.

（1）轴线控制模式：以轴线方式建立空间秩序，通过包括主轴线以及下一层级的次要轴线构成生长骨架，新增建筑沿主、次轴线方向发展，可保持校园空间秩序不变并具有清晰的空间层级，如山东大学青岛校区。

（2）网格控制模式：以适合建筑与路网规模的尺度为基本模数，以网格化基本模数为秩序，对校园路网及扩建新增建筑地块进行控制，地块大小可按模数增减调整，如华中科技大学。

（3）单元控制模式：校园主体建筑群体以重复的建筑或组团为单元母题扩张，通过各单元交接处节点的特殊设计，保证扩建后交通与设施的衔接，如沈阳建筑大学。

（4）综合控制模式：以上几种模式的组合运用，或以其中一种为主导组合其他发展方式，以满足校园发展的灵活性与多种需求，如南开大学津南校区。

4.历史校园的更新策略

研究型大学需要适应社会、技术及科研学科的发展，不断更新并建设新的设施。这种情况不但出现在新校园，对于用地紧张的老校园也同样存在这种需求，而且成为更大挑战。对历史校园来说，校园空间、建筑立面的历史感与强烈的场所氛围，使其具有新校园所没有的独特魅力与保护价值。然而老旧、分散、学科隔离的小型科研设施，以及基于传统教育理念建造的教学设施，难以满足现代科研创新所需的大型协作空间及现代教学模式的需要，亟待进行设施更替。因此，如何在保护历史价值与寻求发展空间之间取舍，往往成为突出问题。

在历史校园的发展中，可以采用兼顾保护与发展的更新策略。首先，应对校园的整体空间与建筑进行评价，将其最具历史特色的区域划为保留区，并制定措施强化其空间特色，而对特色不明显区域可设为可增建区域。其次，采取分区制定建设强度的措施，在保护性的历史区域尽量控制建设强度，避免新建设施对校园特色的破坏；而在外围的适宜建设区域，可采用高密度甚至高层建筑的建设策略，以满足校园设施增加的需求。再次，结合老旧建筑的改造，保留其具有历史价值的立面，而将内部空间改造为大空间，以满足现代科研教学的要求。东京大学本乡校区校园的发展为我们提供了一个研究型大学历史校园更新发展的案例。

[案例]　　　　　东京大学本乡校区：历史校园再开发

东京大学本乡校区是位于城区的主校区（图5-17），现区内全部为教学科研设施，包括10个学部、12个研究机构和14个研究生院。校园自1867年创建，校园设施在近百年时间内不断扩建新设施，发展到20世纪80年代，校园用地已难以容纳新的设施；但教育规模的扩大对设施的要求也在增加。而校园内形成的众多混杂而分散的学科设施，已成为复杂的管理问题；老旧的建筑不但功能难以适应现代科研教学的需求，也

存在着难以更新的困难。于是有人认为校园已不能满足未来发展需要，提出要将校本
部迁走。

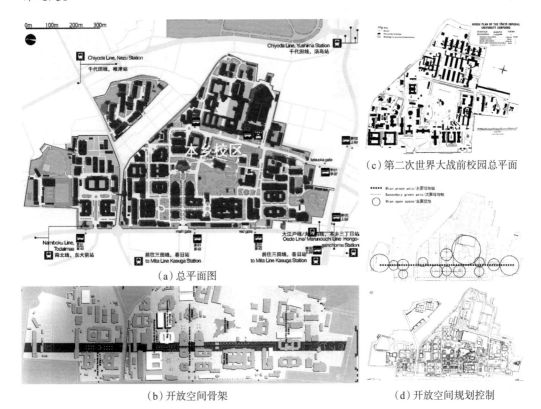

（a）总平面图

（b）开放空间骨架

（c）第二次世界大战前校园总平面

（d）开放空间规划控制

图5-17　东京大学本乡校区

来源：（a）改绘自东京大学官方网站地图；（b）改绘自谷歌地球；（c）（d）Architecture and Urbanism[J]. A+U，
2005（5）：94-99.

　　1993年东京大学开始了改建规划，目的包括让被密集建筑分离、成为碎片状的园
区恢复整体感，保留历史建筑和绿化空间所营造的人文历史氛围，为未来科研教育预
留更大自由度。具体的策略包括：①整合开放空间，创造一个以南北绿轴为主、由广
场和林荫道组成的开放空间网络作为整个校园的脊梁，使校园连成整体；②分区定制
开发密度，对形成校园脊梁的历史性地带控制开发密度，周边外围区域楼群向高层发
展，使设施得到更新；③旧建筑更新，将老建筑具有历史价值的立面、空间保留，通
过内部空间改造、增补现代高层建筑，使原有小体量、老旧的设施更新为适应现代大
规模教育科研需求的大型现代化设施（图5-18）[1]。

---

[1] Architecture and Urbanism[J]. A+U，2005（5）：94-99.

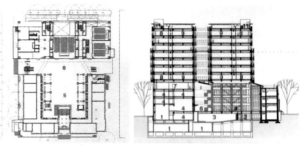

（a）工学部建筑更新

（b）提高高度与密度规划，白色为新增高层

图5-18　提高建筑密度和高度的更新策略

来源：岸田省吾.迈向新校园——东京大学本乡校园的重建与工学部的试行[J]. Architecture and Urbanism,
2005（5）：94-99.

5.3　形成非正式创新网络的校园社区设计

研究型大学内的校园创新网络关系，除了前面所述通过学科、部门间的科研协作机制形成的正式创新网络，还有通过交往行为与各种社会关系所形成的非正式网络，它需要在校园内提供宜于交往行为发生的设施与空间环境。而校园中的交往活动，也是人文主义规划与社区化设计理论所关心的主要问题。因此，校园非正式创新网络环境的建构可以结合社区化设计理论，着力于校园交往环境的营造。

5.3.1　构建创新网络的社区策略

1.非正式交往对非正式创新网络的促进

非正式创新网络相对于正式创新网络而言，主要是指创新主体之间在正式制度性安排之外的一些联系所形成的关系网络。有学者将它简单概括为通过人与人之间关系形成的网络，它具有交流形式的宽松性与随意性，是以信任或道德为基础而长期建立的人际关系。这种基于社会交往而形成的关系网络，具有自发性、自组织的特征，比正式创新网络更具活力。在研究型大学，这种关系既存在于校内，也拓展到外部更广泛的网络关系中。

非正式的创新网络联系使知识与信息在个人或组织间传递，形成知识溢出与扩散效应，对创新的产生起到极大促进作用。这是因为在创新活动中，存在于个体间具有非正式、启发性和主观性特征的隐性知识，是创新性知识的源泉。而这种知识由于个体化和难以编码化的特征，其传递难以通过正式的渠道实现。它往往依赖于非正式的个人关系，通过实践和交流来理解，达到整合与传递知识的目的。

非正式交流发生的时间、地点、内容、形式都具有一定的随意性，属于基于社交关系自发发生的交流活动，如表现为在各种餐饮、休息、休闲活动中发生交流。它是创新扩散的重要渠道，有研究表明，科学家40%的知识是通过非正式交流获取的，工程师通过非正式渠道获取的知识则高达60%以上[①]。"硅谷"的成功经验也证实，工作中未解决的问题常常会成为休闲活动中交流探讨的话题，各种包括在咖啡店、酒吧、书吧中闲谈在内的非正式交流，正是组成"硅谷"创新网络的社会基础。

因而，学者们认为，非正式创新网络形成的主要形式是科研工作者之间的非正式交流，各主体间的社会关系随着人员的交流、沟通、学习而变得越来越紧密。萨克森宁认为，创新行为发生很大程度取决于有效的交往模式，在创新环境中的交往空间，尤其是非正式交往空间是创新人才的根本需要。因此，通过提供适当的交往空间与条件，促进科研人员间的交往行为发生与人际关系形成，是构建非正式创新网络的重要手段。

2.以交往为核心的校园社区化理念

现代教育理念使校园社区得到了重视，是因为现代教育将教学场所扩展到社会生活中，强调以人为本、全面发展和素质教育。这要求大学由专业型教学转向通识性教育；改变传统课堂的灌输型教学方式，而将教学拓展到社会生活中；通过建构式教学方式，让学生在相互交流、协作中学习知识。正如教育家纽曼所说，学生在大学中的主要才智收获，并不主要来自对具体知识分支的学习，更多地来自洋溢着普遍知识的生活氛围[②]。这些新的教育理念与模式的转变，需要大学更多地采用开放式教育方式，从课堂转向社区、社会教育，因此，西方的研究型大学都非常重视校园社区的营造，将校园社区作为教育理念的核心组成部分，如20世纪末麻省理工学院就《美国研究型大学发展蓝图》报告，提出了教学、研究、社区一体的整体教育概念。在这种理念下，大学的学习与生活之间的界限逐渐被打破，学习不再限于课堂而是拓

---

① 王辑慈.创新的空间：企业集群与区域发展[M].北京：北京大学出版社，2001：330.
② 约翰·亨利·纽曼.大学的理想[M].徐辉，译.杭州：浙江教育出版社，2001：15.

展到生活中。

同时，20世纪人文主义设计观念也使校园设计转向重视校园社区的营造。在20世纪初期，现代功能主义的思想长期主导校园设计，通过功能区间的划分隔离来进行校园规划设计，其建成环境过度关注物质层面的设计，被认为忽略了大学的学术结构、社会关系、文化传统，造成了校园生活被切割为独立的片段而减少了相互接触与交流的机会，更造成了校园空间冷漠与缺乏人气。因而在第二次世界大战后，设计界开始反思功能主义设计，转向人文主义的立场，关注校园中的交往、社区主题，以创造能与社会结构相容、具有良好社区氛围与交往活力的校园空间。

基于以上理念，20世纪60年代国外的校园规划师逐渐开始采用基于社区理念的设计策略。而就社区设计的实质而言，社区主体的日常生活行为及其主体间交往活动本身就是社区营造的过程[①]。可见，校园社区理念关注校园中的社会结构、人际关系与交往行为。在这种理念下大学强调校园的交流功能，校园不仅是与传统的教学和研究有关的机构，而且是为师生提供交流机会的场所。校园中需要各种类型的自发性交流场所，使学生之间、师生之间通过自发的交流以相互学习。

[案例]   哈佛大学：社区氛围促进思想交流

哈佛大学前校长陆登庭曾把哈佛大学比作一个"不同寻常的社区"，它将"把众多卓越的天才聚集在一起追求他们的最高理想，使他们从已知世界出发去探究和发现世界及自身未知的东西"。哈佛大学对校园社区生活给予极大重视，认为课堂外的社会生活是教育过程的组成部分，也是促进思想交流的重要途径（图5-19）。

哈佛大学前校长博克曾指出，只强调知识和技能而忽视向学生提供从事相互依赖的合作活动机会是危险的。他认为课外活动不应仅被看成是娱乐，而应被看作是学生学习合作、学习为同伴谋福利的理想组织形式。哈佛大学校园中共有900多个各类学生社团，涵盖了学术、研究、文化、娱乐各方面，学校提供宽松包容的环境，在校园中还有多处学生专用的俱乐部建筑。

---

① 王彦辉.走向新社区：城市居住社区整体营造理论与方法[M].南京：东南大学出版社，2003.

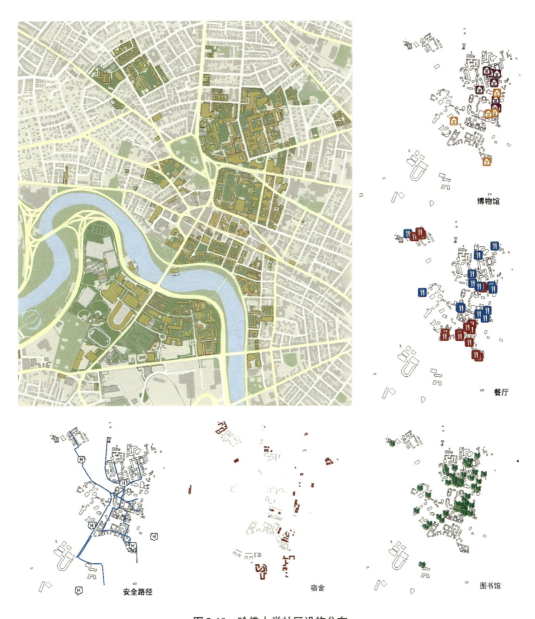

图5-19　哈佛大学社区设施分布
来源：改绘自哈佛大学官方网站校园地图。

博物馆

餐厅

安全路径　　　　　　　　宿舍　　　　　　　　图书馆

　　社区设施对交流具有促进作用。哈佛大学以校园与城市在空间与生活方面互相交织著称，街区内有大量餐厅、咖啡吧、书店、博物馆、图书馆等提供给学生休闲交流的场所。在这种场所自发的交流活动易于激发学生的创造力，许多创新思想都诞生于这种在社区设施中无拘束的讨论和交流之中。国外的学者认为，正是哈佛大学校园中相互邻近的教室、住宅和各种类型的社区便利设施，加上校园与城市生活的融合，促进了校园中非正式的思想交流①。

3.构建非正式创新网络的校园社区设计策略

研究型大学校园内非正式创新网络的空间设计，其实质是通过提供促进非正式交往行为发生的空间环境，促进校园创新人员间人际关系网络的形成。其设计策略的建构，可以借鉴与结合校园社区设计策略，这是因为它们具有核心概念、设计目标及结构特征上的一致性（图5-20）：首先，校园非正式创新网络与校园社区策略关注的核心概念是一致的，它们都共同关注校园内的交往行为。其次，非正式创新网络环境的设计目标是，关注促进交往来培育人员间的非正式关系网络，即各种社会关系的集合；同样社区策略也是通过促进交往形成和谐的社会关系。再次，非正式创新网络与社区关系结构具有同构的特征（图5-21），它们实质上都是校园内成员通过交往形

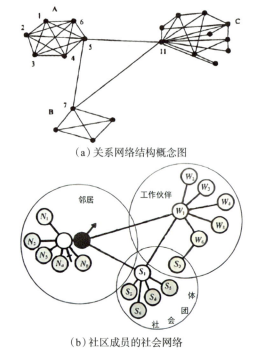

（a）关系网络结构概念图

（b）社区成员的社会网络

图5-21 创新网络与社区网络的同构性

来源：（a）刘兰剑.创新的发生：网络关系特征及其影响[M].北京：科学出版社，2010；（b）王彦辉.走向新社区——城市居住社区整体营造理论与方法[M].南京：东南大学出版社，2003.

**图5-20 创新网络—交往行为—社区设计
概念关系**

---

①HOEGER K. Campus and the city：urban design for the knowledge society[M]. Zurich：GTA Verlag，2007：198.

成的社会关系集合。因此，采用社区化的设计策略应对非正式创新网络的空间环境设计，不但具有合理性，而且具有可行性。

校园社区的营造主要是注重人与人之间的关系，营造具有共同目标、归属感与凝聚力的社区氛围。具体到空间环境层面，主要是关注校园各种交往空间的营造，包括为师生提供各种除学习、工作场所以外的生活、休闲空间，以及各类餐饮、休闲设施，使学习空间拓展到课室、会议室外的社区设施中；通过功能的混合增加人群会面交流的机会等。

5.3.2 促进创新交往的社区设施

1.社区交往设施中的创新与学术交流

通过交流来学习和促进知识、信息的传递，是现代教育特别是研究型教学应具备的特征。实际上课余、工作之余的许多闲谈、休息活动为各种思想交流、产生创新火花提供了机会，因而校园空间应该成为师生之间、学者之间可以随意交流的地方。然而创新所依赖的非正式交往行为，其发生通常需要伴随着其他休闲活动，如各种休息、就餐、娱乐活动等，它们离不开交往设施的空间。所以，研究型大学校园应该在校园中提供交往所需的各类社区设施（图5-22）。

图5-22　校园各类交往与社区服务设施
来源：笔者设计项目图片，陆歆绘制。

在美国，研究型大学非常注重在校园中提供各类交往设施，以利于师生间社交活动与社会关系的形成。这些设施形式多样，涵盖的功能包括餐饮、零售、展览、集会、康体健身、社交聚会、艺术观演；具体到建筑形式，大型的可包括各类学生中心、食堂、超市、剧场、教堂、健身中心、音乐厅、展厅、博物馆、美术馆等，小型的如各类咖啡厅、书吧、俱乐部等。

其中，美国大学中的俱乐部（university club）就是一种典型的社交与学术交流场所，教工、学者可以在俱乐部内就餐、喝咖啡、会见朋友、举办聚会、会议交流等（图5-23）。在学校机构越来越趋向于大型的情形下，这类俱乐部交往设施提供了学术社区所需的员工互相熟悉的场所，相关领域或者不同学科的学者都可以在这里随意交流，激发新的思想。例如，在加利福尼亚大学伯克利校区的俱乐部中，每天午餐时间就聚集了大量学者与校领导，通过各种非正式的交流碰面，校长与学者们探讨共同的问题，导师了解学生科研的进展，许多重要的学术、管理问题就在此地得以解决。而在芝加哥大学的方庭俱乐部（Quadrangle Club）中，各种跨学科的学者相互交流，其产生的新思想、激发的新成果被认为远超过大学组织改善或者管理部门进行的强制组合的成果。

（a）哈佛大学教工俱乐部　　　　　　　　　（b）加利福尼亚大学伯克利校区教工俱乐部

（c）哈佛大学学生俱乐部　　　　（d）罗彻斯特大学俱乐部　　　　（e）纽约大学俱乐部

图5-23　美国研究型大学各类俱乐部型交往设施
来源：哈佛大学、加利福尼亚大学、罗彻斯特大学、纽约大学官方网站。

2.国内校园交往社区设施的缺失

由国内外校园科研教学区中交流设施的统计结果（表5-11）可以看出，案例都对正式交流设施、学术性的交流设施非常重视，图书馆、会堂、报告厅、学术交流中心等设施都有配置。但在非正式交流及社区服务设施的配置方面，国内与国外案例表现出不同特征：在国外案例中，教学科研区中餐饮、活动设施得到高度重视，几乎所有校园都提供了相应设施，而零售、展览、聚会、体育活动设施也同样得到配置，许多案例中甚至提供了剧场、博物馆等设施。反观国内案例，这些设施在教研区中仅有零星配置，至于餐饮、活动中心、体育活动设施则仅在个别案例中有考虑，且通常布置在教研区边缘。

研究型大学教学科研区各类交往设施建设情况　　　　表5-11

校园名称	占地(hm²)	正式交流及学术交流设施				非正式交流及社区服务型设施								
		图书馆	会堂	报告厅	交流中心	餐饮	商店	展览	活动中心	聚会	运动	博物馆	剧院音乐	服务
国内研究型大学														
南京大学仙林新校区	189	■	—	■	■	□	—	■	■	—	■	—	—	—
东南大学九龙湖校区	246	■	—	■	—	□	—	—	—	—	—	—	—	□
复旦大学江湾校区	91	■	■	■	□	■	■	—	□	—	—	□	—	■
华东理工大学奉贤校区	103	■	—	■	■	—	—	—	□	—	—	—	—	—
深圳大学城西区三校研究生院	146	■	■	■	■	—	—	—	□	—	—	—	—	—
湖南大学新校区	19	—	—	■	—	—	—	—	—	—	■	—	—	—
中国科学院大学雁栖湖校区	72	■	■	■	—	□	—	—	■	—	—	—	—	—
中国农业大学烟台校区	199	■	□	■	—	—	—	—	—	—	—	□	—	—
四川大学双流校区	200	■	—	■	—	—	—	—	—	—	—	□	—	—
西安交通大学曲江校区	79	■	■	■	■	□	■	□	□	■	—	—	—	□
西北工业大学长安校区	260	■	■	■	□	—	—	□	□	—	□	—	□	□
大连理工大学新校区	81	■	—	■	—	—	—	—	—	—	—	—	—	—
山东大学青岛校区	203	■	■	—	—	—	□	■	—	—	■	■	—	—
中南大学新校区	134	■	—	■	—	—	—	—	—	—	—	—	—	□
南京航空航天大学	100	■	—	—	—	—	—	—	—	—	—	—	—	—
东北大学新校区	89	■	■	■	■	—	—	—	■	—	—	—	■	■
浙江大学紫金港校区西区	360	■	—	■	□	—	—	—	—	—	—	□	□	□
浙江大学紫金港校区东区	200	■	■	■	□	—	—	—	■	—	—	□	—	—

续表

校园名称	占地(hm²)	正式交流及学术交流设施				非正式交流及社区服务型设施								
		图书馆	会堂	报告厅	交流中心	餐饮	商店	展览	活动中心	聚会	运动	博物馆	剧院音乐	服务
南开大学津南校区	249	■	—	■	—	□	□	□	■	□	■	□	—	—
厦门大学翔安校区	243	■	□	■	□	□	□	—	□	—	■	□	—	—
同济大学嘉定校区	150	■	—	■	□	□	□	—	□	—	■	—	—	—
重庆大学虎溪校区	162	■	■	■	□	—	□	□	■	—	■	—	—	—
南方科技大学	194	■	■	■	■	■	■	□	■	□	■	—	—	—
天津大学津南校区	249	■	■	■	—	■	□	□	■	—	■	—	■	—
华南理工大学南校区	110	■	■	■	■	■	□	—	■	—	■	—	■	—
中山大学南校区	113	■	■	■	■	■	■	—	■	—	■	—	—	—
上海大学宝山校区	200	■	—	■	—	■	■	—	■	—	■	□	□	—
上海大学本部东区	33	■	—	■	—	■	■	■	■	—	■	■	—	—
北京航空航天大学沙河校区	97	■	□	■	□	■	■	—	■	—	■	—	—	—
澳门大学横琴校区	109	■	■	■	□	□	□	—	□	—	■	■	—	—
国外研究型大学														
康斯坦茨大学		■	■	■	—	■	■	■	■	■	■	□	—	—
兰卡斯特大学	100	■	■	■	■	■	■	■	■	■	■	■	■	—
哈里法大学		■	■	■	■	■	■	■	■	■	■	■	■	■
哈佛大学Allston校区		■	■	■	—	■	■	■	■	■	■	■	■	■
新加坡大学		■	■	■	■	■	■	□	■	■	■	■	□	■
麻省理工学院		■	■	■	—	■	■	□	■	■	■	■	—	■
东京大学		■	■	■	■	■	■	—	■	■	■	■	■	■
苏黎世联邦理工学院		■	■	■	■	■	■	■	■	■	■	—	■	■
乌德勒支大学		■	■	■	■	■	■	■	■	■	■	—	—	—

注：■为有布置；□为少量布置；—为无。

这种对交往及社区服务设施配置的不同取向，反映了国外大学对社区理念、交往活动促进学术活动作用的认同与重视，国内大学则对此重视不足而使得设施缺失，再加上功能主义主导的校园规划，导致教学科研区往往仅关心教学科研设施配置而功能单一。

[案例]　　　　**浙江大学紫金港校区东区：功能主义规划的反思**

　　浙江大学紫金港校区东区（图5-24）为占地面积200hm²的大规模校园，尽管竞赛中标方案是考虑校园步行尺度的平行分区布局，但在该校管理层的坚持下，实施方案改为了南北分区的布局，结果教学区与生活区超过1km的距离造成学生长途往返的问题，加上校方关注教学、科研设施的建设而较少考虑学生活动及服务设施的投入，导致校园空间社区氛围的缺乏。

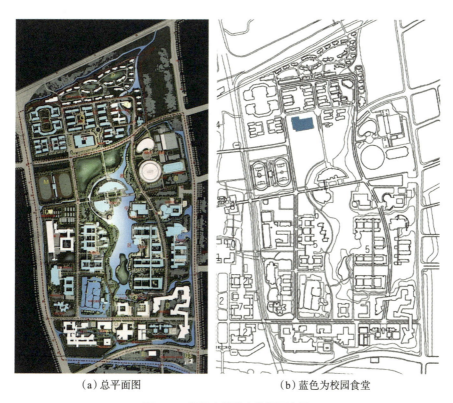

（a）总平面图　　　　　　　　　　　　　　（b）蓝色为校园食堂

图5-24　浙江大学紫金港校区东区
来源：华南理工大学建筑设计研究院有限公司。

　　浙江大学紫金港校区在校园建成后开展的校园满意度调查[①]反映，学生对生活设施的满意度远低于科研设备和休闲资源。而在这个调查中也显示了本科生与研究生对设施的不同需求，反映出研究型大学的研究型教学与人群的需求特征：本科生上课机

---

① 孙天钔，董翊明.基于"3E"满意度模型与模糊综合评价的大学校园使用绩效研究——以浙江大学紫金港校区为例[J].规划师，2011（9）：118-119.

会较多，他们更关注往返时间及设施使用效率；而对于课程较少的研究生来说，影响生活质量的设施分布和环境效益对其满意度影响较大。这也从需求角度反映，在研究型大学采用合理尺度、复合功能及加大服务设施投入的必要性。

3. 促进交往的校园社区设施设计

基于现代教育理念及创新活动特征，教室外的交流活动、研究室外的社会交往，对全面素质培养及非正式创新网络形成具有重要意义，这些交往活动应该是教研活动本身的组成部分，而不是互不兼容或额外附加的部分。因此，研究型大学不应仅关注教学科研区域中学术讲堂、交流中心等正式、学术型交流设施的配置，也要提供相应的非正式、社区服务型的交流设施与空间。这些设施主要有餐厅、咖啡厅，以及零售商店、展览馆与博物馆、活动中心、康体健身中心、文艺表演厅、社交聚会空间等，它们提供了各种思想的交流场所和社会交往空间，应该与正式的教学、科研空间组成连贯的整体，而不应被切割开布置于教学科研区域之外。

[案例] 苏黎世联邦理工学院：社区设施与教研空间的穿插布局

苏黎世联邦理工学院是世界著名的研究型大学，建于20世纪60年代的新校区（图5-25）被称为苏黎世的科学城。校园不同的学系、讲堂、实验室作为模块沿中轴排布，中轴中央被规划成一个提供各种设施的集市，设计反映了当年提出的建设"融于自然中的知识中心"的理想，提供了最大限度安静与专注氛围。然而近30年的校园发展被单一功能与孤立环境所制约，不得不展开规划修改①。为了促进知识、思想的交流，规划允许激进的混合功能布局——公共活动区紧邻严密安保的实验室、办公室紧挨公寓组团、会议设施靠近体育中心布置。策略包括以下方面。

（1）社区设施。规划通过增加新设施甚至非大学功能鼓励功能多样性和社会交往，包括增加学生与教工宿舍、高质量公共交通及引入商业与文化功能，如创业公司、零售商店、剧院、餐厅、咖啡馆、运动和幼教设施。还规划了向社会开放的会议中心、图书馆和供会议与展览的多功能空间，以在校园中创造学习、工作、生活的吸引力。

（2）交往空间。校园的规划策略主要是整合与提高密度，形成两条开放空间主轴，

① HOEGER K. Campus and the city：urban design for the knowledge society[M]. Zurich：GTA Verlag，2007：237.

即一条原有道路和新规划的"集会与聚会大道"轴线。两条轴线垂直相交，将校园分为四个街区，形成建筑与开放空间、庭院相互交织的肌理。空间不是互相隔离，而是互相融合，形成一种互有联系的整体结构。规划试图通过这种空间与功能的互相交织，将校园变成一个面向未来的全球化都市区。

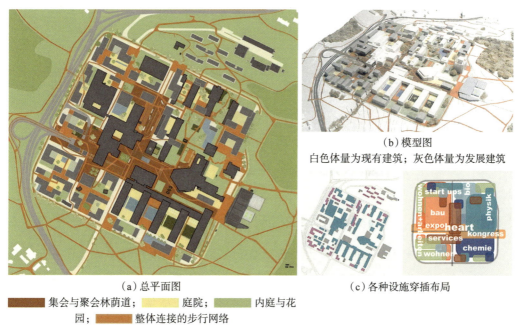

（a）总平面图

■ 集会与聚会林荫道； ■ 庭院； ■ 内庭与花
园； ■ 整体连接的步行网络

（b）模型图
白色体量为现有建筑；灰色体量为发展建筑

（c）各种设施穿插布局

图5-25 苏黎世联邦理工学院

来源：（a）（b）HOEGER K. Campus and the city: urban design for the knowledge society[M]. Zurich:
GTA Verlag，2007：49；（c）KCAP官方网站。

5.3.3 形成多元活力的混合功能

1.混合功能带来的多元活力与交往氛围

现代教育理念与校园社区理论，主张鼓励自发性、交流型的非正式学习；而现代创新理念也倡导成员通过非正式交流促进创新的产生，这些都需要多种活动融合的校园环境，使不同功能空间中的人群有机会相互接触。同时，以简·雅各布斯为代表的人文主义规划理念，对功能主义单一的分区规划进行了反思，认为城市应该是积极的生活空间、多功能环境的交织，提出规划应通过协调多种功能来满足人们多样复杂的需求。

混合功能与多样性带来的空间活力和交往氛围，正如杨·盖尔在《交往与空间》中所述，混合意味着各种活动与人可以相互融会或并行不悖，在公共空间及其附近多样的活动和综合的功能，使人们可以互相交融、启发和鼓励①。因此，在尺度巨大的研究型大学中，无论是从活动便利性出发，还是从促进交往的角度出发，都应该避免以往单纯地以功能分区规划，而是结合社区化设计理念，规划具有一定功能混合度的校园（图5-26）。

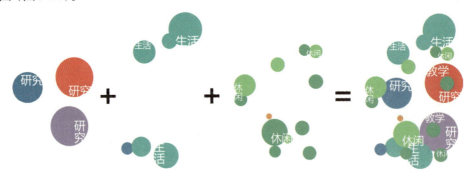

图5-26　混合功能与多元活动概念

[案例]　　　　　　　　乌德勒支大学：混合功能的校园中心

荷兰乌德勒支大学是荷兰最大的研究型大学，校区建于1961年，现代主义的规划、以功能区分的分散建筑布局与过低的密度，使校园成为一个不受欢迎的区域。20世纪90年代OMA开始了校园规划的修改，除在宏观层面提供了一个基本秩序和控制法则外，还采用混合功能与提高建筑密度的策略（图5-27）。

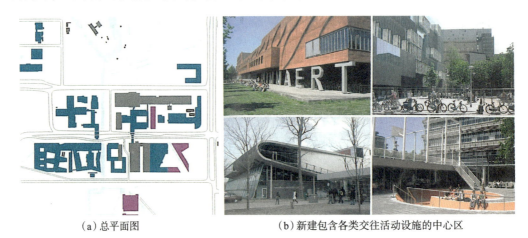

（a）总平面图　　　　　　　　　（b）新建包含各类交往活动设施的中心区

图5-27　乌德勒支大学

来源：HOEGER K. Campus and the city: urban design for the knowledge society[M]. Zurich: GTA Verlag, 2007: 233.

---

① 扬·盖尔.交往空间[M].何人可，译.北京：中国建筑工业出版社，2002：105.

通过建立不同功能的集中布局与网络联系来创造可辨识的邻里感，鼓励人们互相联系、交流思想、分享设施。其中，中心群组强化了混合社交功能，包括图书馆，NL设计的带有滑冰厅、篮球场和书吧的综合设施，OMA设计的包含食堂、咖啡馆、小超市、行政楼、考试和演讲堂的教育中心综合体。

2.有利于创新交流的混合型社区功能策略

实际上主导国内大学校园特别是新校园规划的典型方法，是与混合使用原则背道而驰的功能主义规划。在这种思想主导下的过去十多年中建设了大量明确分区、功能单一的校园空间，已经表现出不少弊端。而混合型社区功能策略所提倡的是在同一区域内多种功能与活动的混合，它是一种有组织的复杂性而不是简单的分区。这种混合的目的并不是单纯地为了制造功能、建筑或空间在形式上的综合，而是为了形成各种人群与活动在小尺度与实质上的混合，并以此增加不同人群之间的接触与交流，提高空间活力。基于这个目的，混合型社区功能策略还应注意以下要点。

（1）混合的程度——几种混合模式。

校园规划中的功能混合，是为了促进各学科之间、教学与科研之间交流与合作，促进教学、研究和生活之间的互惠共生关系，并模糊它们之间的界限。校园的功能混合往往有以下几种组合可能：教学科研区内教研与服务功能的组合，宿舍区内宿舍与服务功能的混合，校园范围的教研与生活功能之间的混合。在以上三种组合方式中，前两者限制条件较少，是比较容易实现的组合，可以增加区域内活动的多样性与空间活力；而对于第三种组合，在增加活动多样性与促进交往的同时，也会带来不同功能间相互干扰及教研设施分散联系距离过远的问题，需要设计师对利弊进行权衡。

另外，从混合的尺度来看，功能混合可分为三种模式（图5-28）：第一种是分区功能混合，每个地块功能相对单一，通过不同功能地块组合形成混合；第二种是地块内建筑功能混合，每个建筑功能相对单一，但在同一地块内组合形成混合；第三种是

（a）分区功能混合　　　　　（b）地块内建筑功能混合　　　　　（c）建筑单体功能复合

图5-28　混合功能的三种模式

建筑单体功能复合，将建筑设计为功能综合体。应该说从增加活动多样性的角度看，以上三种都是可用的模式，其中对于建筑单体功能复合，在首层设置公共性较强的服务功能，有利于形成建筑积极界面，增加周边开放空间的活动多样性。

（2）混合的尺度——功能块尺寸

功能混合存在混合区域的尺度问题，由图5-29可看到，随着取样尺度的变化，规划空间会出现功能混合与明确分区的交替变化。图中案例从校园整体尺度看，显然是一个具有混合功能目标的校园设计，但当取样于一个局部区域时则呈现明确分区特征。这种处理手法需要注意的是，功能混合并非为了追求图面形态上的混合，而是为了实现空间与活动在小尺度层面的融合，应当尽量避免尺度过大的功能地块混合。

（a）复合分区（总体尺度）　　　　　　　　　　　（b）明确分区（局部尺度）

图5-29　混合分区的尺度问题

来源：（a）改绘自 凤凰空间·上海.校园景观设计[M].南京：江苏人民出版社，2011.

（3）混合的实质——活动相邻性

混合功能实质上是不同功能或活动之间的相邻性的实现，它通过学习、工作、生活、休闲功能的相互邻近，带来多样性、便利性、安全性等优点。混合功能的实现，需要使教学、科研、生活之间的活动与空间界限模糊，提高相互之间的易达性，以及社区设施、交往空间的共享度。因此，需要参照社区设计的要求，将教学、科研、居住、服务设施按照适合的社区辐射尺度混合布局，将主要的公共设施选址控制在适宜的步行尺度范围内（图5-30）。

图5-30　混合的实质——活动相邻性

[案例]　　天津大学津南校区：多元空间促进学科交流与创新

天津大学津南校区规划用地面积250hm²，其规划采用了国内大学新校区较少使用的混合功能布局（图5-31）。该设计以"学生为本"作为指导，规划布局以学生活动为校园核心、以学生生活及交流的便捷性为主要出发点。设计包括：公共教室、图书馆及学生活动中心等主要的学生公共活动建筑布置在校园中心，并形成东西向中轴空间序列；外围学院组团与宿舍组团交替布置，以形成生活与学习空间的紧密联系。

方案提出，面对新时代的挑战，以鼓励学科间的交流、促进创新思维为办学关

（a）总平面图

（b）鸟瞰图

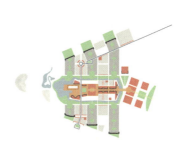

（c）功能布局

（d）规划构想

（e）开放空间

图5-31　南开大学津南校区

来源：天津华汇工程建筑设计有限公司。

键。为达到学科与学科相融合、教学与科研相融合、学生与老师相融合的规划目标，新校园具备多元的公共空间，具体策略包括：①紧凑的城市型校园中轴空间，辅以师生皆宜的休闲设施，是促进人际交流的最佳空间形态；②环绕中心区外围的活水景观园廊，串起各学群组团的前院，成为学院与学院、学生与自然接触的触媒；③各学群内及书院内南北向延展各具特色的胡同，是学群师生间交流碰撞概率最高的空间；④与海河教育园的校际联络线连接的校内环路，串联校际共享的学生服务公共设施、体育设施等资源，是促进校内书院间及校际间人际交流的通道。

[案例]　　　　哈里法科技大学：混合功能促进交流

哈里法科学技术大学（Khalifa University）位于阿联酋阿布扎比城，是一所以国际性、综合性、研究性为目标设计的大学校园，包括学术、教研、居住、文化及娱乐设施等。为了促进教育、研究和发展之间的互惠共生关系，促进各学科之间、教学与科研之间交流和合作，校园规划采用了强化混合功能社区的设计策略（图5-32），并模

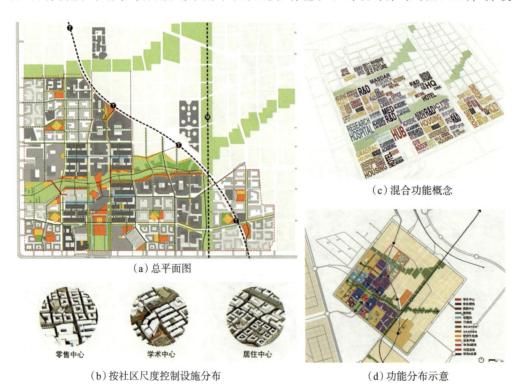

（c）混合功能概念

（a）总平面图

（b）按社区尺度控制设施分布　　　（d）功能分布示意

图5-32　哈里法科技大学

来源：Sasaki事务所官方网站。

糊了社会和学术生活之间的界限。具体策略包括：①将校园学术中心的尺度控制在约10min的步行范围内，采用适度混合的布局，将教学、科研、居住、服务设施按照适合的社区辐射尺度混合布局；②将校园中心设计成包含有图书馆、学生中心、餐厅、礼堂及其他社交和学习场所的混合功能"创新广场"，增加校园空间活力；③采用开放的路网联系城市社区，使城市的混合功能与校园相融合。

5.3.4　控制形成适宜空间密度与人性化尺度

1.创新交往的适宜空间密度与尺度

交往行为研究表明，日常活动中社区成员间随机碰面、自发交往对建立并保持各种社会关系具有重要价值；而增加环境中人与活动的密度，可以促进自发交往行为的发生。这是因为区内人群每天往返途中会不时地碰面，有机会相互打招呼、停下交谈或增加彼此熟悉的程度。一方面这些互动为人群提供了思想、信息交流的机会，也促进了人际关系与非正式创新网络的形成；另一方面，当这些活动和人群集中时，这些交往活动容易相互诱导激发，使空间充满交往的活力。

从环境规划的角度看，增加交往活动密度，在某种程度上可以通过控制适宜的空间密度与尺度来实现。交往需要依赖于一定的物质条件，建筑间分散而远距离的分布、大尺度的空间环境难以形成积极的交往空间；而高密度、小尺度的城镇中心，往往会有更多的交往与户外活动。这是因为相对集约的布局形成尺度适宜的空间，使各种人群的休息、交流等各种活动混合于区内，人群与活动的密度增加又使群体的交往氛围形成自我强化过程，使交往密度增加。

2.有利于增加创新交往的规划密度策略

基于交往活动的特征，采用增加校园密度的策略，其目的并非提高容积率与人口；它是一种交往空间的营造手段，目的是提高交往行为、人群会面的分布密度与发生机会，来营造社区感、归属感和交往氛围。因此，在实际操作中，密度策略与规划区内是否采用高层建筑提高容积率无关，而是要注意空间与联系的距离控制，其措施包括以下方面。

（1）通过集约化布局控制分布范围，避免形成过于分散的布局。将距离控制在步行可达的距离内，提高易达性与缩短相互连接的距离；使师生日常换课、不同学科间的联系都能控制在舒适的距离内，如8～10min的步行半径中。

（2）综合考虑建筑间开放空间及街道空间尺度，将建筑间距控制在宜人范围。建筑相邻布局形成的积极空间，有利于增加建筑间人们相互碰面、自发交往的发生机会，从而营造了校园中师生乐于相互交流思想、信息的空间环境。

[案例]　　　　　　　　**诺华园规划：提高密度促进创新交往**

诺华园（Novatis）是瑞士诺华公司在巴塞尔的总部及研发园区，园区有类似于校园的功能与空间，为我们提供了一个创新科研区域中通过高密度布局促进交流的参考个案（图5-33）。规划的目标是将原厂区和仓库用地改建为创新、知识与人才聚集地——诺华知识园区。经过无数的方案与论证，最终以"促进交流"作为方案的核心理念，促进科研与技术人员之间产生新的交流方式[①]。

（1）提高密度促进交流。规划将人口密度最大化作为核心目标，并不是出于经济

图5-33　诺华园

来源：诺华巴塞尔园区官方网站、arquitecturaviva官方网站。

---

① a+u. Novartis Campus 2010[J]. Architecture and Urbanism，2011（35）.

目的，而是基于高密度人口可以提高会面与交流的机会。因此，园区为了实现促进创新与交流的空间，采用提高建筑与人口密度的策略。

（2）步行网络与交往空间。研究对场地原有工厂式道路与用地肌理进行分析后，得出这种前工业时代高密度、小尺度的城市空间尺度完全以人为本，这种街道与广场构成的交通与空间系统，以及以各种捷径连接的空间节点，都增加了人们会面的概率并促进人际交流的发生。

（3）小尺度地块与混合功能。建筑地块尺度较小，最长不超过60m，最宽为30多m，每栋建筑独立用地，并尽量将不同功能建筑混合布置，避免城市空间纯粹的功能分区。大部分建筑首层要求提供尽量多的公共空间，而园区中心则提供了综合各种社区服务的公共建筑。

3.促进交往的尺度控制

校园空间尺度问题本质上也是校园交往空间质量的问题，校园空间中容易出现的问题是过大的尺度与稀疏的人员、活动分布。这种问题在国外第二次世界大战后基于功能主义规划理念建设的校园中也不鲜见，功能主义规划关注建筑设施本身的设计而忽略了它们之间形成的空间尺度，导致空间的荒芜冷漠（图5-34）。而国内近年来建设的研究型大学校园，动辄100～200hm²的用地面积，加上校方有追求权威感、仪式感的倾向，使得空间尺度过大也成为常见问题。在图5-34所示案例中，校园中心空间宽度超过250m，高宽比超过1:10，是完全没有围合感的消极空间。

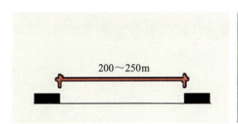 

图5-34　荒凉冷漠的校园空间尺度

来源：（右图）HOEGER K. Campus and the city: urban design for the knowledge society[M]. Zurich: GTA Verlag, 2007.

实际上在一些公认比较成功的校园空间（如弗吉尼亚大学、斯坦福大学等校园中心空间）分析中（图5-35）可以看到，这些优秀的校园空间并没有追求过大尺度。结合教学建筑常见的高度如20～30m，在校园中心追求相对开放宽敞的空间感受时，可将周边界面围合形成1:5～1:4的高宽比，由此可推算，适宜的校园中心空间尺度可控制在150m左右。过大的空间尺度通常会因过于空旷而难以聚集人气，形成积极的交往氛围。校园次级空间应该结合密度控制策略，将建筑围合的空间尺度进一步收小，更宜于交往。

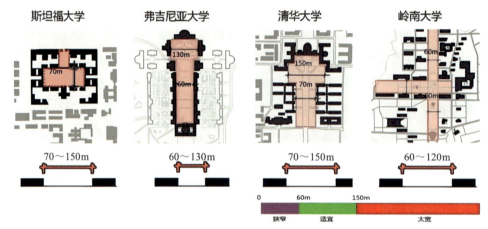

图5-35　几所著名大学校园中心空间尺度对比

5.4　整合开放空间体系的协同网络结构

前面分别从研究型大学正式创新协作与非正式创新网络角度出发进行了校园规划策略的研究，它们分别关注了创新科研两种不同属性的空间与活动，为了将它们整合为校园整体，仍需要建立一个结构性的策略。现代创新的网络特征、优秀城市空间的网络模式及整体化的校园设计理念，为从整体视角整合研究型大学科研设施、社区设施与交往空间提供了理论基础，下面将通过建构整合开放空间的协同网络结构，建立整合建筑与空间、环境与活动、创新与交往的整体设计策略。

5.4.1　网络创新模式与校园整体结构

1.创新、科研的网络化特征需要网络型结构支持

校园中各学科、部门、人员间复杂的相互关系，是校园中各组团、建筑元素布局的结构依据，往往需要在总体规划前对其规律进行分析。在以往的大学校园中，学科、部门间的关系可以用简单的树状分支结构表达；但随着现代科研、创新协作大型化、复杂化的发展，往往需要引入社会学、管理学的关系分析，并引入网络联系的概念以应对这种复杂现状。其原因主要包括两个方面。

一方面，现代科研及学科的发展使各学科间的交叉、渗透趋势愈发明显，以往

院系组织的树形结构、学科间的简单线性联系已经被打破，学科间各种横向联系、跨学科协同合作，使得研究型大学中的科研与学科关系变成一种错综复杂的网络（图5-36）。

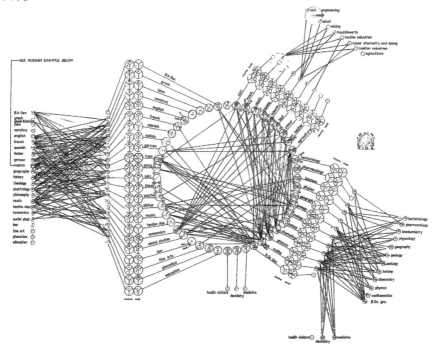

图5-36　利兹大学院系间的关系网络

环内的连线是不同学科间联系，环外的连线是相近学科内的联系

来源：MUTHESIUS S. The post-war university：Utopianist campus and college[M]. London：Paul Mellon Centre BA，2001：92.

　　另一方面，对创新组织的研究也表明，当今的创新活动已突破了线性模式，进入了网络创新模式阶段。对研究型大学来说，各种正式创新协作网络与人员间非正式创新网络的叠加，形成了难以用简单结构描述的复杂网络。其结果如约翰·奈斯比特在《大趋势》中所描述的，社会组织从垂直等级结构向水平式的网络结构转变，形成网络式分布①。

　　因此，对于校园空间规划来说，校园各主体间网络化的关系变化，需要在学科之间、人员之间突破简单线性联系、功能联系的方式，重新建立一种高效的联系和网络化的结构。

―――――――――

① 奈斯比特.大趋势：改变我们生活的十个新方向[M].姚琮，译.北京：中国社会科学出版社，1984：210.

[案例]　　　　　　**大众汽车大学：网络社会中的校园设计**

　　位于沃尔夫斯堡的大众汽车大学，是为奥迪公司培养汽车专业人才的校园（图5-37），Henn事务所规划的校园为我们展示了应对创新与网络化社会知识空间的设计策略[①]。

　　（1）知识与创新的空间。设计师Henn认为创新只能发生在人们拥有知识和得到知识源时——而这正是创新的组织与运作机制。为创造一个创新活动的空间，有必要提高协作的自由度，在提高信息与交流密度的同时应保持对外界的开放。他认为知识社会和网络时代改变了人们的交流联系方式，但建筑仍应该通过空间元素来提供交流节点。

　　（2）网络化校园结构。对知识空间的组织实质是对与交流和互动相关的场所结构

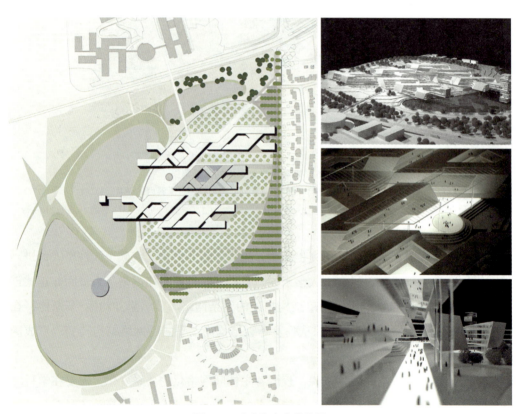

图5-37　大众汽车大学校园
来源：Henn事务所官方网站。

---

①HOEGER K. Campus and the city：urban design for the knowledge society[M]. Zurich：GTA Verlag，2007：145.

形态的组织。这意味着过去通过功能组织空间的法则，将转为通过网络和流线系统组织空间的法则。校园规划通过建筑间庭院和中庭交织，融合了渗透与通透的空间，共同展现出一个复杂的开放网络。这些空间结构使室内外、专注空间与交流空间之间的关系得到平衡，形成了校园网络化的结构。

2.基于网络关系模式的空间结构

现代城市设计理论认为，有活力的城市空间应该是一种复杂的半网络结构（semi lattice），其中的各种元素与系统形成一种交叠状态，表现出空间的多样性和综合性特征。我们往往可以在各国外名校或国内历史悠久的校园中体验到这种空间，在许多老校园中，网络型的路网和空间结构、适度的功能混合、建筑与环境的融合，形成了丰富的空间网络，激发多样的校园生活。与其相反，功能主义规划带来了一种城市空间的树状结构，空间单调而缺乏活力。例如，国内近年来建设的新校园多从功能出发进行分区规划，往往形成树形空间结构（图5-38）。这些校园单一而缺乏混合功能的分区，缺少多样人群与活动交织的机会；集中而缺乏层次的空间结构，降低了空间的活力与体验丰富性；而低密度且单调的步行网络，又形成钟摆式的集中人流。因此，在研究型大学这种大型校园社区中，应反思简单的以功能为依据的校园分区结构，依托现代校园中的网络化关系，采用具有多层次特征的空间网络结构，将功能、流线、空间复合于一体，以满足校园空间的多样性需求。

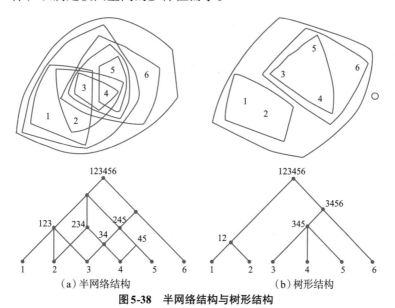

（a）半网络结构　　　　（b）树形结构
图5-38　半网络结构与树形结构
来源：赵和生.城市规划与城市发展[M].南京：东南大学出版社，2011.

[案例]   日本函馆未来大学：适应网络关系的校园结构

由山本理显设计日本函馆未来大学（图5-39），提供了一个通过校园空间结构应对信息时代网络关系和校园社会结构变化的案例。校园两侧是4层高的建筑，容纳了实验室、教室和工作间，并由近200m长的中庭——媒体厅所连通，媒体厅提供了交流、休息、娱乐空间。校园中心是一层抬高的公园平台，它被设计为"校园"与聚会场所，容纳报告厅、会堂、体操房等公共设施。

（1）交流网络与空间结构：建筑师认为，当今教学设施设计的关键是如何将空间转化为透明的说教式网络。校园设计了网状结构，为非正式的交流提供不同的空间。

（2）透明界面与学科融合：建筑屋顶与讲堂被设计为透明的界面，带有天窗采光的报告厅被设计为向论坛广场开放空间；天井中设计了多学科都可共用的护理学科设施。

（3）混合功能与交流互动：增加混合和交流机会是对当今社会特征的反映，这里的学生可以学习与不同个性、背景的人合作；强调互动设计，房间即使是封闭的，也有可视界面能看到室内的活动。

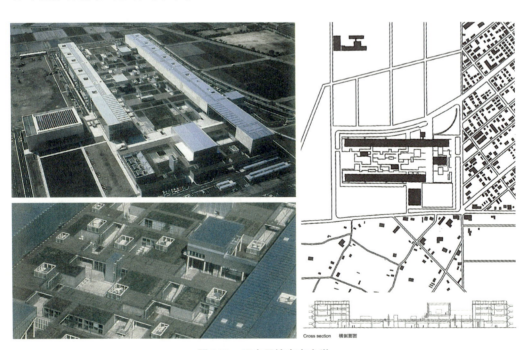

图5-39   日本函馆未来大学

来源：（左图）HOEGER K. Campus and the city: urban design for the knowledge society[M]. Zurich: GTA Verlag, 2007: 95；（右图）哈多·布朗，迪埃特·格鲁明.研究和科技建筑设计手册[M].香港：安基国际印刷出版有限公司，2006：117.

3.协同整体观理念下的空间网络整合

无论是基于创新网络模式、学科网络联系的空间结构，还是人文主义城市设计倡导的具有多元活力的网络空间结构，都为研究型大学规划指明了空间结构的发展方向：应该结合创新科研网络、社会关系结构、交往活动空间，建立具有网络特征的校园空间结构。但校园规划是一个多因素、多层面的综合问题，既涉及实体物质环境又涉及无形的社会结构、学科联系；既与规划专业相关又涉及建筑与景观专业；既要考虑科研设施布局，也需考虑社区设施、交往空间的组织，这需要设计师从整体上把握。因此，建立校园的整体空间结构，需要结合校园整体设计观，将校园各设计要素视为协同联系的系统组成部分，进行多学科分析研究。

建立整体观理念下的研究型大学空间网络结构，其目标是基于创新网络、学科网络、人际关系网络及网络化的城市空间理论，突破功能主义校园基于简单功能联系的树状空间结构，使学系、部门、人员间的联系，特别是非正式创新网络赖以形成的各种人际关系，能在更宽泛的领域内建立。同时，整合规划、建筑、景观等层面，使实体建筑与空间环境融合，最终形成网络化的校园整体。基于此目标，应该进行几个层面的整合设计。

（1）整体化校园设计。建立综合规划、建筑、景观跨学科的整体设计策略，以整体联系的思维进行校园规划，避免因只孤立考虑某专业问题而牺牲了其他方面。典型的问题如在校园规划中只考虑建筑实体的组合与形态，而忽略了建筑间形成的开放空间效果，导致开放空间的尺度失衡、空间消极，解决这个问题则需要在设计时建立整体思维，在规划中适时将图底关系反转（图5-40），考察建筑间形成的开放空间形态与效果。

（2）整体化社区空间设计。建立社区空间与物质空间的统一系统，使物质空间环境适应并协调社会空间结构。社区空间是对社会关系结构的一种反映，并表现出一定的网络特征。在社区空间中，各种联系、路径构成了主要的线性元素，各种联系的交汇点则构成了空间与交往活动的节点。这种点线结构共同组成了网络型的社区空间结构。因为社会关系与空间环境存在联系，经过精心设计的物质空间可增加交往发生的概率并促进人际关系的形成，空间环境与社会关系也得以相互融合（图5-41）。

（3）整体交往空间网络体系。从交往行为及空间的分布规律来看，校园中的开放空间、步行动线、交往设施实质上形成了一种相互交织、彼此不能分离的网络系统：校园中的人群与交往活动通过动线联系，通过空间聚集，并依赖于设施的服务。因此，校园空间网络体系的组织问题，实质上也是空间中人的交往活动组织的问题，应

（a）南佛罗里达大学

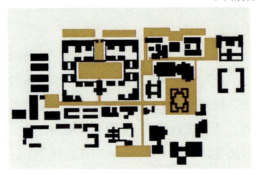

（b）斯坦福大学

图5-40　开放空间形成的校园结构与建筑空间形成图底互补的整体关系

　　　建筑围合的开放步行空间；　　　绿化开放空间

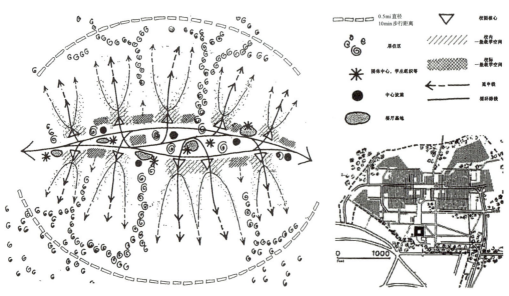

图5-41　校园活动与空间结构的整合

来源：MUTHESIUS S. The post-war university：Utopianist campus and college[M]. London：Paul Mellon Centre BA, 2001：172.

该通过建筑物和各种社区设施的布局，形成整体的公共空间体系和连贯的步行动线，从而将人群与活动汇集起来。

4.校园整体网络结构的设计

基于以上理论与关注的问题，校园整体网络结构的设计重点在于建立以开放空间为结构的整体秩序，整合步行动线、交往空间、社区设施，使其与建筑空间相互融合，成为组织校园的整体空间架构（图5-42），其要点包括以下方面内容。

社区交往设施
步行带与开放空间边界

图5-42　校园网络结构概念

（1）建构网络。将校园主要的步行动线、步行带或步行区域结合校园开放空间进行设计，注意其层次性与复杂性的营造，将其设计为具有多元活力的网络型空间结构，并将其作为校园中各建筑间人群相互联系的纽带。

（2）形成节点。校园中开放空间节点形成的交往场所，以及各类实体建筑如餐饮、聚会、展览、零售等社区交往设施，都为校园提供了信息交换、交往聚集及社会关系形成的空间场所，是校园空间网络中的节点。

（3）空间整合。将网络与交往空间节点整合，动线与交往设施、活动整合，以及物质空间与社会关系、学科结构整合，形成协同整体的开放空间与交往设施体系。还需留意开放空间与实体建筑相融的图底关系分析，将建筑开口与空间结构结合，形成积极的开放空间与整体的建筑界面。

（4）整体设计思维。应摒弃先规划再建筑、先建筑再景观的程序化设计方法，而是采用整体设计方法，在头脑中建立规划—建筑—景观结合、实体与空间融合的整体设计思维，将空间中的各点、线、面元素与各层面问题统筹考虑。

[案例]　苏黎世联邦理工学院：空间与活动交织的整体网络结构

　　校园不同的学系、讲堂、实验室沿着中轴骨架排布，被规划成像一个提供各种设施的集市。校园整体结构策略主要是整合与提高密度，并规划了两条开放空间主轴——一条原有道路和新规划的"集会与聚会大道"轴线。两条轴线垂直相交将校园分为四个街区，形成建筑与开放空间、庭院相互交织的肌理；空间不是互相隔离，而是互相融合并产生一种联系组织整体结构。为了促进知识、思想的交流，规划允许激进的混合功能布局，校园以开放空间与步行路径形成的结构网络，在校园中心与各种学术交流设施如会议中心、图书馆和供会议和展览的多功能空间，以及各种非正式的社交场所如零售商店、剧院、餐厅、咖啡馆、运动等建筑一起，共同交织形成一个充满活力、面向未来的全球化学术区域（图5-43、图5-44）。

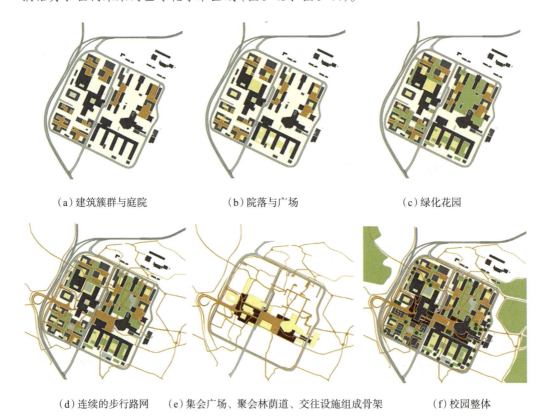

　　（a）建筑簇群与庭院　　　　　　（b）院落与广场　　　　　　　（c）绿化花园

　　（d）连续的步行路网　　（e）集会广场、聚会林荫道、交往设施组成骨架　　　（f）校园整体

图5-43　苏黎世联邦理工学院校园结构概念

来源：KCAP事务所官方网站。

图5-44　苏黎世联邦理工学院及校园中心
来源：KCAP事务所官方网站。

[案例]　　乌德勒支大学：建筑群与开放空间结合的整体结构

乌德勒支大学建于1961年，现代主义的功能分区、分散建筑布局，使校园成为一个消极的区域。OMA设计的校园规划的修改，采用注重联系、交流互动的策略，重新建立校园整体化结构（图5-45）。

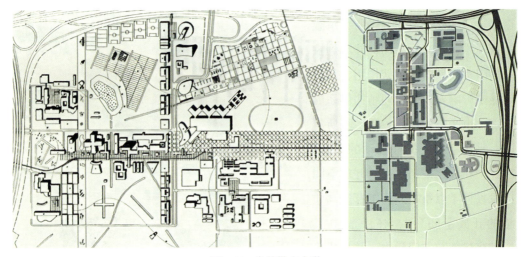

图5-45　乌德勒支大学
来源：大都会建筑事务所官方网站。

（1）联系网络形成互动社区。校园中新建的图书馆形成了一个大型联系网络中的连接点。OMA设计的教育中心包含服务周边学系的餐厅、演讲与考试堂，起到连接两座原有孤立老建筑的作用。一条连廊将这些建筑与图书馆相连，并将餐厅、书店等连入这个网络。这个联系网络产生的协同效应，不但使新建筑更好地发挥作用，而且使老建筑重振活力，使校园从分散孤立建筑集合发展为一个互动的社区①。

（2）建筑组群与开放空间结合的整体结构。新建筑被设计为有明确边界的集中组群，开放空间、绿化景观不只是作为不同组群建筑间的分隔，同时也是将校园连接为整体的元素。新的空间联系的建立，产生了校园各部分的协同关系。

（3）重视开放空间活力。设计者认为，良好的公共空间是优秀规划的骨架，好的公共空间应该是充满生机、可促进人们之间及人与建筑之间互动交流的，并为休闲、活动和交通带来便利。简言之，它应该为所有不可预知的多样的公共生活提供舞台。而且，公共空间并不是简单地止于建筑门前的台阶，诸如图书馆、体育馆、剧院、商店、咖啡厅这类公共建筑，都应设计并成为公共空间的一部分。公共空间应该有一点拥挤而不是过大，空旷会扼杀公共空间。这些周边建筑正好提供了这种填充②。

5.4.2 提升交往活力的开放空间体系

在组成研究型大学校园协同网络结构的要素中，开放空间体系是最关键的一环，它联系各种类型的教学科研设施，衔接了社区交往设施与场所，承载了校园中各种交往活动，并起到控制校园空间秩序的骨架作用，其设计品质影响着校园空间结构体系的形成，也影响着校园景观、场所氛围、社区空间、交往活动的质量。因此，在校园规划中需对开放空间体系设计予以重视。为了营造高质量的开放空间（图5-46），提高其活动多样性与空间活力，并形成可赖以支撑总体布局的结构，其设计应采取一些控制性策略。

图5-46　校园活动与空间体系
来源：筑博设计股份有限公司。

---

① HOEGER K. Campus and the city：urban design for the knowledge society[M]. Zurich：GTA Verlag，2007：68.

② HOEGER K. Campus and the city：urban design for the knowledge society[M]. Zurich：GTA Verlag，2007：69.

1.围合——多样活动与多样场所

校园中每天发生着多种多样的活动，包括礼仪性、学术性、生活性的活动及各种各样的休闲、运动、交往活动，这些活动为学生提供了信息交流、知识传递及社会体验性学习的机会。因而校园开放空间系统的设计应注意提供多样的空间场所，以承载或者激发这些多样活动的发生（图5-47）。但是这些活动的发生需要一定物质空间条件，仅通过提供足够容量的空间场所并不能促进其发生或者满足其需求。这不但需要恰当的容量与形态，更关键的是创造足够的活动与人群密度（图5-48）。

多种活动	多样空间
礼仪活动	草坪空间
学术活动	广场空间
	方院空间
休闲活动 ◀▶	林荫道
生活活动	庭院空间
	园林空间
运动活动	公园
交往活动	街心花园

图5-47　校园中多种活动与场所

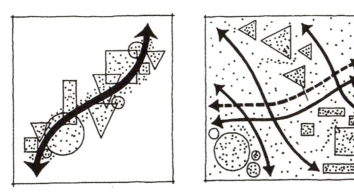

图5-48　交往活动分散与聚集
来源：杨·盖尔.交往与空间[M].何人可，译.北京：中国建筑工业出版社，2002：79.

典型的功能主义校园规划中，分散的建筑与稀疏的布局尽管为充足的绿化与具有雕塑感的建筑造型提供了条件，但也造成了人群密度不高、活动数量较少的情况，街道、广场等聚会空间消失。由于人及其活动在时间上和空间上过于分散，便会产生一种负效应：没有活动发生是由于没有活动发生 [①]。因此，成功的校园开放空间设计，需要将建筑设计为不仅是具有突出外形的现代主义"雕塑"，而且是提供可以界定与围合空间的界面。通过设计适宜的建筑密度，可以避免太过空旷的室外空间。同时，这些通过建筑或其他界面元素适当围合形成的空间，应有适合交往或满足活动需求的空间形式与容量，使其具备活动载体的条件。

[案例]　　　　　　格罗宁根大学：通过围合改造消极空间

在荷兰格罗宁根大学 Zernike 校区（图5-49），原有规划忽略了建筑之间的空间。对校方而言，这些空间相比于院系设施来说显得无关紧要，于是没有任何一方对校园的开放空间负责，也没有任何资金可用来创造一个有价值的公共空间，导致校园空间尺度巨大、缺少人气。而建筑像公园中的陈列品一样被设计为各种自由的形态，每块建筑基地的边界都强化了它与环境的隔离关系，缺少界面的校园空间消极，没有师生愿意逗留。

近年校方制定了一个近10万 m² 的新建设计划，并由 West8 团队负责设计，在校园中增补了新的教学科研设施及外部企业、科研机构，通过增加空间界面与围合感、减小空间尺度，以期能同时改善校园开放空间质量。新建的建筑规模都控制在1万～2万 m² 以营造人性化尺度，避免巨构式结构。学系建筑鼓励个性化的建筑立面，但要求在首层都设有清晰的公共入口，禁止建筑间的内部联系。

图5-49　格罗宁根大学

来源：格罗宁根大学官方网站。

---

① 扬·盖尔.交往空间[M].何人可，译.北京：中国建筑工业出版社，2002：79.

2.连贯——路径与场所组成的空间体系

优秀的校园开放空间设计，往往表现出层次性、连续性与易达性的特征，而不是分散孤立的片段。如美国纽约州立大学制定的《校园环境促进计划》中所述，校园不应只是建筑间的残余空间，它应该是一系列经过设计的场所，这些场所反映了一所学校希望引人瞩目的价值。这是一个充满文化内涵的、复杂的景观环境。校园应该是让人感到安全、鼓励参与的场所，能够在更多层面增强社会互动，增进对学生、教职员工和参观者的吸引力。因此，校园开放空间体系设计，应在营造多样空间场所的基础上，建立它们之间的连贯性。通过把步行交通路径纳入开放空间进行整体设计，使两者重叠并连接各主要空间节点形成网络，保证室外空间系统的易达性与系统性（图5-50），令校园的空间场所不再成为孤立、分散的空间，而是形成整体、连贯的网络体系。

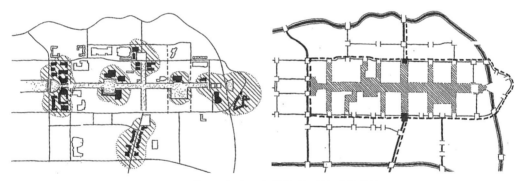

图5-50 英属哥伦比亚大学校园场所与路径设计

来源：EDWARDS B. University architecture[M]. London：Taylor & Francis，2001.

[案例] **兰卡斯特大学：整体连贯的校园场所**

1963年开始建设的兰卡斯特大学是英国排名前十的著名研究型大学，其校园开放空间的设计提供了一个人性化且积极的校园空间的优秀案例（图5-51）。校园以一条步行带为中心联系并组织校园，目的是将校园设计为宜人且具有人性化尺度的场所。校园采用分散混合式的功能布局，沿步行道两侧布置教学、办公及公共的社区服务设施，以此促进校园交流活动的发生。在建筑师Epstein的理念中，校园如同一个有凝聚力的小镇，每个人的住房都和街道亲近；贯穿校园的街道与广场组成曲折、收放自如的开放空间序列，成为人们能相互碰面的地方。他认为大学应由部门间、师生间自发的合作结合在一起；没有任何方式比在途中经常会面、坐下闲谈与喝咖啡更能鼓励成员间的交流。积极的公共空间与丰富的交往场所，使兰卡斯特大学成为自组织的交流社区。

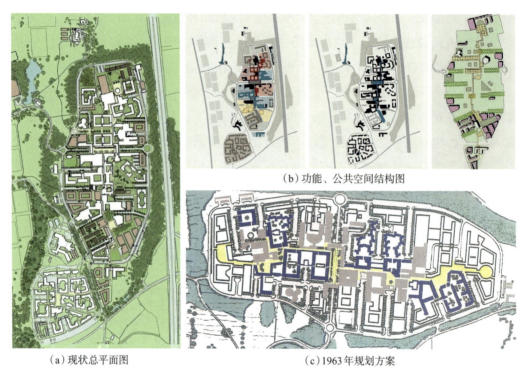

（b）功能、公共空间结构图

（a）现状总平面图   （c）1963年规划方案

图5-51　兰卡斯特大学

来源：（c）MUTHESIUS S. The post-war university: Utopianist campus and college[M]. London: Paul Mellon
        Centre BA, 2001: 163；（a）（b）John McAslan+Partners事务所官方网站。

3.框架——以开放空间组织校园

依据功能主义规划的校园，往往着眼于功能区域的建筑形态，但要获得高质量的校园开放空间设计，实际上还要对建筑之间形成的空间进行周详的考虑。网络化的开放空间体系，是校园中主要交通、空间、公共设施组合而成的系统（图5-52）。在校园总平面设计中，它与教学科研设施、宿舍形成的建筑区域互为图底关系。开放空间体系具有点、线的构图元素特征，动线与带状步行区域成为线性元素，交往设施与聚会场所成为其中的节点；而建筑区域则是填充于其间的面域。一个完整而连贯的开放空间体系，为建筑区域界定了用地的范围、空间界面、出入口位置，甚至决定了建筑的正面、背面，实际上已经成为校园建立空间秩序、统筹建设的脉络。因此，不但要将开放空间与建筑区域同步考虑，更应该将其作为校园规划的整体结构框架来考虑，使建筑的长期发展遵循统一的空间秩序。

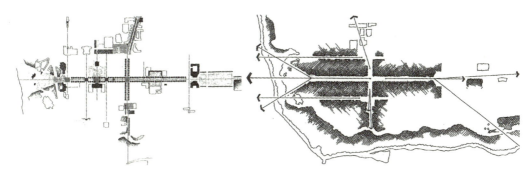

图5-52 英属哥伦比亚大学校园开放空间系统框架与景观组织

来源：EDWARDS B. University architecture[M]. London：Taylor & Francis，2001.

[案例]　　　　　**剑桥大学西校区：创造户外空间框架**

　　1995年剑桥大学开始在西部66hm² 用地上规划新校区（图5-53），以容纳物理科学系、相关的独立研究机构、宿舍、运动与社会设施。为实现鼓励协作精神的目标，建筑师创造了各种有利于活动、交流的户外公共空间元素，以鼓励人们交谈聚会而不是躲到他们自己的角落里。规划在地块东、西两端设计了两个名为"东西论坛"的社区中心，并通过380m长的有运河和湖景的步道连接起来，创造了一个有利于步行和自行车骑行的公共空间轴线。策略重点是避免那种像科技园一样的分散布局，创造一个由路径和场所组成的统一框架，鼓励功能地块间活动与交往的发生，并控制园区的空间结构。

图5-53 剑桥大学西校区

来源：MJP建筑事务所官方网站。

第6章

团队创新组织下
研究型大学建筑设计

我从不教学生，我只不过是向他们提供可在其中学习的环境。

——阿尔伯特·爱因斯坦

创造性研究会引发许多问题，问题的发现并非预先安排好的，它随时可能发生。

——刘易斯·明金

　　研究型大学在知识经济与创新型社会中创新和科研职能的提升，使校园中创新与科研相关的设施如各类科研中心、创新中心成为建设重点。而创新与科研活动大型综合化、强调团队协作特征，创新活动强调知识交流、跨学科合作与协同网络化组织特征，以及研究型教学模式强调自主学习、集体学习与知识建构特征，都需要校园建筑改变以往的设计模式，创造新型的空间。然而，从国内研究型大学的情况来看，老校园中单学科、小体量的院系楼已难以适应现代科研组织的要求；而在近年新校园的建设中，许多教研建筑仍按传统教学模式建设，建成后出现难以满足新型创新与科研活动需要的情况。因此，无论设计师还是决策者，都面对着这样一个问题：研究型大学建筑应具有怎样的空间特征才能满足现代创新与科研活动的需求？

　　从上述问题出发，本章将结合研究型大学中团队式协同创新与科研的活动特征、新知识观与教学理念及当今科研创新建筑设计理念，分别从正式创新科研协作所需的研究教学空间、非正式交流与学习所需的空间环境，以及整合这些空间的空间结构模式几个维度入手，探索研究型大学协同创新空间的建筑设计策略。

6.1 研究型大学团队创新科研活动特征与关注问题

　　面对上述问题，首先，当今行为学、心理学、管理学、科学学、教育学等学科对现代科研、创新、交往等活动相关的研究，为探索创新与科研活动所需空间特征提供了理论依据。其次，近20年欧美各国研究型大学校园中建设了大量科研教学设施，如各种学院组团、科研中心；加上近年来还出现了许多新型教学建筑，如各种学科交叉中心、协同创新中心、媒体资源中心，这些实践提供了可借鉴的案例。上述这些研究结合国内建设中的突出问题，为从校园建筑设计层面探求相应的设计策略提供了理论依据与关注目标。

6.1.1 研究型大学团队式创新与教学新模式活动特征

1.研究型大学创新科研的团队组织与协作网络

　　当今的创新活动基本上已不再是个人行为，重大创新成果越来越依赖于研究团队取得。一方面，团队式的组织是一种具有很强适应力的有机结构，它将具有不同知识背景、能力的人才组织在团队中，对重要复杂的课题进行协作研究。另一方面，团队合作使信息得到有效共享、流动，并促进创新知识的产生。因此，在研究型大学内创新科研活动组织基本采用团队组织模式，其基本单元是各科研团队；在建筑空间内的协同创新活动，表现为团队间通过信息交流、集体协作与设施共享，打破团队、学科边界，整合人才与资源，是对创新科研课题进行协同攻关的一种协作活动（图6-1）。

图6-1　团队协同创新关系

创新知识管理的理论认为，个体知识通过组织学习转移并群化为集体知识，才能真正地成为创新力；这需要团队式组织中具有不同知识与能力的人才间建立各种知识、信息的联系，也就是所谓的创新网络关系。在这些网络关系中，正式的知识流动与创造活动，如科研合作、会议交流、教学学习等构成了正式创新网络，对联合跨学科团队进行攻关起到关键作用，也是国内研究型大学现时创新组织的主要形式。而非正式的交流、社会交往活动则建构了非正式的创新网络，它促进了隐性知识的传播及自发创新思维发生，被认为是使国外研究型大学具有强大创新能力与活力的主要因素。可见，团队创新组织中协同创新活动的形成，关键是将各团队、成员间分散的知识组织协调为整体，在各成员、主体间形成相互联系的网络关系（图6-2）。

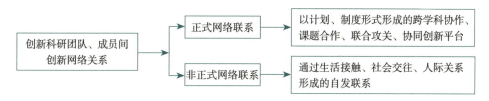

图6-2　创新科研团队、成员间创新网络关系

建筑空间内的创新活动主体，主要由各科研团队、师生学者组成。其活动形式以创新科研建筑中的创新、科研活动为主，也包含了图书信息中心及教室讲堂内发生的知识搜索、传播活动；而从活动特征看，既包括正式化的、通过计划性安排的科研合作、课堂授课，也包括非正式的、自发形成的自主学习、交流学习活动，后者通常发生在实验室、办公室、会议室之外，需要各类交往空间、非正式学习场所的承载（表6-1）。

团队创新相关的知识活动与建筑空间类型　　　　　　　　　　表6-1

性质	知识流动与创造活动	活动组织特征	相关空间
正式	正式科研、创新合作，正式交流，正式教学、学习	有计划、有组织、制度性	实验室、研究室、工作室、教室、办公室、会议室、报告厅、信息中心、图书资料、展示空间
非正式	自主学习、交流学习，非正式交流、社会交往	非计划、自组织、有随意性	开放学习、非正式学习空间，各类社交、休息、交流、餐饮、休闲、运动空间，建筑内促进交往发生的各类不确定功能空间

2.新知识观与研究型大学教学模式转变

现代教育理论发展，改变了以往传统教学理念对知识形成与人才培养问题的思考角度，并形成了新的知识观念与教学方式。新知识观揭示了除了传统课堂讲学形式的显性知识传递方式外，还有更具复杂与隐藏特征的隐性知识传递——它难以被系统的文字语言所表述，需要通过实践、模仿或交流与观察来学习。在这种观念的影响下，发展出多种有别于传统灌输教学的教学方式，如自主学习、合作学习、交流学习、研究型学习等（表6-2）。新知识观与新教学模式的共同特点是，认为教学应该以学生为中心，强调主体的认知作用，为学生提供学习的环境而不是硬性的灌输教学；强调知识的建构性，学生应通过自主与探索性学习获得知识；同时，学生在各种交往、集体合作中不但可获得各种潜移默化的隐性知识，还会因此而获得人格培养、自我实现与全面发展的可能。

新知识观与教学模式转变　　　　　　　　　　表6-2

教学方式	特征
自主学习	学习者为中心，情感与认知双重发展目标，教师退居为指导者，提供自主学习空间
交往学习	通过交流获得不同的知识、经验、思想，甚至产生新的思想；交流促进人的社会性属性发展；提供交流的场所；包括师生交往和学生间交往
集体学习	有共同目标、明确分工的互助性学习；通过合作交流互教互学，提供合作提高交往能力和集体协作能力；异质人员组合带来互相启发的创新
研究型学习	反对被动接受知识，主张通过科研方式组织教学，引导学生主动探索、获得甚至创造知识；强调学习的探究性、自主性、开放性、实践性、协作性与创新性

新的知识观揭示了传统教学方式长期忽略的隐性知识的重要性，以此为基础的新教学方式与传统教学方式有着很大区别。首先体现在教学的建构性、社会性、情境性、探索性、创造性等特征上，将以教学为中心转为以学生为中心。其次，从教学方式与环境上看，新的教学方式更加强调学生与知识内容的互动，以及学习者之间的交

流活动，因而更注重信息资源和协同学习环境的提供。例如，近年来国外的大学也逐渐出现以提供学习资源代替学习环境的现象，新型的学习资源中心空间取代了老式的图书馆、研究室。再次，两种教学方式的区别也体现在教学组织机制与发生特征上，传统教学往往通过有计划、制度性安排在课堂中授课，体现出一种他组织与正式化的组织特征。而新的教学方式体现出一种非预期、自组织的特点，甚至有很大一部分发生在传统课堂之外，被称为非正式学习。

3. 研究型大学创新科研发展与建筑空间特征

创新与科研职能的发展，以及新知识观下新型教学模式的倡导，对研究型大学的创新科研、研究型教学空间提出了新的要求。总体而言，越来越强调团队化、集体化的科研与学习组织形式；越来越重视交流、交往在学习中的作用；重视课堂、实验室外生活对学生知识、能力、人格培养的作用，也开始重视为创新活动所需的平等、开放、网络化的氛围。这些趋势反映在建筑空间中，使其出现以下特征（表6-3）。

（1）整体化、复合化的建筑。大型化、团队化的科研组织需要大型建筑空间，跨学科团队的创新协作，更需要容纳多学科、多团队的环境。同时，创新科研活动除了需要科研实验空间以外，也需要学术交流、信息展示、休闲交往等多种空间，建筑往往成为功能复合的整体教学、科研、创新综合体。

（2）促进交往、信息化的空间。知识与信息的流动、碰撞是创新活动的关键，交流与沟通起到将分散知识黏合与传递的作用。创新与研究型教学空间中，应处处关注促进交往与信息交流的环境营造，提供多种形式、多种渠道的交流场所。

（3）正式与非正式特征结合的空间。新的教学、科研空间，不但关注研究室内的科研、课堂授课等，更把教学、科研活动拓展到更宽泛的环境中，为一些非正式的交流、学习营造开放空间，如各类自主学习、交流学习空间，以促进这些自发活动的形成。

（4）团队协作与独立科研兼顾的环境。创新活动的行为特征与心理需求，既需要团队协作的空间，也需要提供具有私密性的个人研修环境。

（5）平等开放和网络化的空间结构。金字塔型的管理、封闭的组织、垂直的信息传递都难以形成思想的碰撞。创新的交流不但需要水平的架构、开放的氛围、平等的交流，更需要提供多渠道的交流联系，以及有利于形成创新网络的空间结构。

（6）具有发展适应性的灵活空间。科研的发展、学科的变化需要建筑提供具有一定发展适应性的空间；而团队化的学科交叉协作也需要可以灵活调整的空间，以适应不同团队、不同任务的需要。这些需求反映在建筑空间中，就是要求科研建筑设计具有一定弹性和灵活性。

科研教学空间特征变革　　　　　　　　　　　　　表6-3

旧式科研、教学空间	新式科研、教学空间
封闭课堂教学，灌输教学空间	开放学习环境，自主学习、交流学习空间
关注正式交流、学习，固定场所	激发自组织、非正式交流、学习，鼓励随时随地发生的学习
个体科研，单学科研究	团队科研、多学科交叉融合
等级制结构，垂直化沟通	平等、网络化结构，水平化沟通
固定空间	弹性、灵活空间

6.1.2　国内研究型大学创新科研建筑空间发展滞后

　　欧美各国的研究型大学近年来随着科研与创新能力的提升，各类学院与科研中心设施成为建设重心。校方与设计师对这些建筑类型进行了许多积极探索，形成了许多具有先进理念和出色空间的案例。而国内的研究型大学建筑相比之下，无论在设计理念上还是使用空间上都存在着较大差距，主要包括以下方面（表6-4）。

团队创新组织层面科研创新建筑空间发展滞后　　　　　　　　表6-4

层级	问题	相关校园类型		相关职能类型	
		新校园	老校园	研究	创新
建筑设计	校园科研设施分散、规模小，不利于协作	○	○	○	○
	科研设施按照传统教学理念设计，不能满足研究型教学需求	○	○	○	○
	创新科研建筑缺少创新网络形成的非正式交往设施与空间	○	○	○	○
	正式空间与非正式空间没有结合为整体	○	○	○	○

1.建筑空间未体现团队创新协作与研究型教学特点

　　国内研究型大学的科研设施中，从老旧的学院、科研所发展过来的建筑通常是按照传统的教学、实验建筑设计，不但在建筑单体上存在着小型、分散的特点，其内部往往也是单一、封闭的空间；不但体量上难以满足大规模科研、跨学科交叉的使用需求，其空间也难以适应团队式的创新科研组织。尽管最近十多年来新建的新校区中也建设了许多大型的学院科研用房、研究中心设施，足以容纳大量师生与科研人员学习工作，但实际情况是许多建成的科研设施内部空间仍然参照过往实验室、教学楼建筑的空间样式，并没有很好地适应团队协作、交叉创新、研究型教学的需求。不少案例中，其空间与以往单学科的教研设施并无区别，只不过是通过功能重复、体量叠加成为大体量建筑，教师与学生研习空间相互分离，团队之间没有沟通联系的空间，这些都与创新科研的空间要求有较大差距。

2.缺乏创新交往空间与非正式学习场所

新的知识观、教育理念对西方研究型大学教学空间的变革产生重大影响，校园的教学、创新活动不再仅限于传统课堂、实验室中的教研活动，自主学习、交流学习、非正式交流、社会交往被认为是同样重要的教学形式。基于这种理念，校园建筑中为师生提供了形式多样的开放学习环境，如自主学习、交流学习空间，甚至各类社交、休息、交流、餐饮、休闲、运动空间。而这些促进交往发生的各类复合功能或不确定功能的空间，经常会被视为与学术科研无关的"非功能空间"或"无用空间"。再加上校方对高"实用率"的普遍追求，建成的建筑往往只有教室、实验室、办公室等"正式"空间，而普遍缺少"非正式"学习、交流空间（图6-3）。

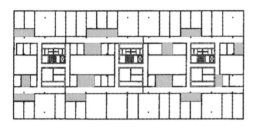
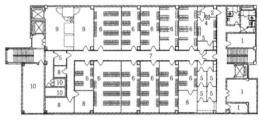

（a）科隆大学医学院科研楼，灰色为交往空间   （b）国内某科研楼

图6-3 国内外学院科研设施空间对比

来源：中国建筑工业出版社，中国建筑学会.建筑设计资料集 第4分册 教科·文化·宗教·博览·观演[M].
3版.北京：中国建筑工业出版社，2017：140-150.

3.未形成创新科研环境所需的复合空间及结构

当今的创新活动和研究型教学建筑，应该是复合多种功能、满足多种活动需求的功能综合体，使创新科研人员能在其中开展教学、科研、工作、交流、生活等多种活动。而从国内现状来看，校园内的建筑被习惯性地以类型命名，如"教学楼""院系楼""实验楼"。但实际上这种类型概念，掩盖了建筑中应有的丰富活动内涵；而建设方与设计师也往往基于对类型名称的理解，认为实验楼就是以实验室为主的建筑，院系楼就是教室与办公室结合，并将其设计为单一功能的建筑，难以提供现代科研创新活动所需的复合空间环境。

另外，复合型的功能空间、团队创新的协作空间及各类非正式交往空间，在建筑内并不是随意分布便可促使其交流协作与活动多样化。这些空间都要通过合理的分布与组织，使其与正式教研空间相互融合，以符合科研团队的行为特征。国内大学中尽管也常有一些建筑案例，提出要扩大走道宽度、增设屋顶平台及架空层活动空间来为师生提供交往空间的设想，但从实际使用效果来看，许多并不符合师生的行为规律，分布上也没有得到合理组织，往往成为建筑中的消极空间和真正意义上的"无用空间"。因此，营造创新科研的建筑环境还需要一种可行的空间分布规律或结构组织，以在设计中将交往空间、复合空间与正式科研空间结合为有机的空间整体。

6.1.3 研究型大学协同创新建筑空间的关注问题与策略目标

在校园创新系统的微观层面考察研究型大学创新科研的空间环境，主要从校园创新科研组织的基本单元——团队与成员及其相互之间形成的正式和非正式网络关系入手，分析正式协作所需的创新科研与研究型教学空间、非正式交流与学习空间，以及整体空间结构。结合前述创新与研究型教学的活动特征，以及国内当前建设的现实问题，可以将实现创新与科研的建筑设计策略目标归纳如下。

（1）团队协作创新空间设计。不同团队和成员间跨学科、团队的协作机制属于校园正式创新网络的组成部分，是实现群体创新科研攻关的主要方式。在建筑设计层面的策略目标，首先是要提供团队协作创新的研究型教学空间，以利于不同团队的集体工作、协作交流，以及提供适应创新与研究型教学活动行为特征的空间环境。

（2）非正式创新网络与空间。建筑空间中学者、导师、学生之间的信息交流与人际交往，不但是新型教学模式中个体知识的重要构建过程，而且是形成具有高度创新活力的非正式创新网络的重要途径。建筑的服务设施、交往空间为以隐性知识交流为特征的非正式交往行为发生提供了承载的环境条件，建筑设计策略目标应该对这些空间予以足够重视。

（3）整合型协同空间结构。网络化的创新模式需要建筑中为创新团队与成员提供多元复合的空间，以及构建有利于交流的网络化联系空间结构。同时，建筑中正式协作空间与非正式交流、学习空间之间的分布应有一定的组织秩序，使它们相互融合成为整体。基于这两方面需求，这个层面的策略目标是建立整合正式与非正式空间、具有网络结构特征的复合空间结构。

总而言之，在团队协同创新组织层面，研究型大学建筑设计策略的本质是营造跨团队科研创新协作与交往的建筑空间。策略目标是提供创新团队与成员间跨组织和学科的创新科研协作空间，为研究型教学、新教学模式提供新型的教学环境，促进建筑内团队和成员间知识与信息流动，以及人际关系与创新网络的形成，提供指导整合这些要素的整体化空间结构设计方法。策略的理论依据主要来自教育学、管理学、创新学、科学学，以及建筑学中的环境行为学、心理学和整体设计理论等。

从研究对象看，此部分主要涉及校园中创新与知识发展相关的建筑类型——以学院、科研中心、创新中心、科技办公为主，并涉及部分学系、教学活动相关的教学实验、信息资源空间（图6-4）。至于分析对象的关注层面，不是各种类型功能分门别类或各学科门类下的研究实验空间的研究，而是将创新与研究型教学的共性空间分为群体合作、个体科研，以及科研工作、正式交流、非正式交流与信息资源空间等进行研究。

图6-4　大学中典型的知识发展联系概念

来源：改绘自 EDWARDS B. University architecture[M]. London：
Taylor & Francis，2001：99.

6.2 基于团队协作组织的创新空间营造

从创新科研活动的组织特征来看，无论是创新科研活动还是研究型教学活动，都具有团队特征并需要建立集体协作关系。而从创新活动本质来看，它是一种知识的流动与创造过程，其过程涉及知识的学习、交流、传播、碰撞、创造。因此，研究型大学协同创新建筑空间需要符合上述特征，提供有利于团队组织与协作的学习、获取、创造知识的新型知识空间。

6.2.1 团队创新组织的开放空间

1.团队创新活动与组织特征

随着现代创新与科研课题复杂程度的提高，以往依赖某个科学天才取得重大突破的时代已经过去，现代创新科研成果往往是由集体通过跨学科、团队的协同创新来取得。关于创新行为的研究表明，组织成员形成和发展了共同的观点与知识库，有助于知识的共享与传递；而位于组织中横向与纵向知识交会点的团队，往往成为高强度学习者和知识创造者，以及成员和组织在创造知识过程中的桥梁，使团队在创新中起到关键作用①。

　　团队式结构是一种具有很强创造力的有机组织模式，这是因为这种结构具有传统
个体科研组织所不具备的特征。首先，团队式的组织具有很强的灵活性，可以根据课
题、项目需要组织具有相关能力的人员，并在课题变化时根据需要及时调整。其次，
团队组织具有多元与协同特征，一个具有创新力的团队通常由不同知识背景的专业人
员组成，这些人员通过合作形成协同效应，从而形成远大于个体能力叠加形成的创新
合力。再次，创新团队采用扁平化的组织结构，从管理角度看这将使得成员间的知识
传递、沟通效率极大提高。因此，现代创新机构的空间往往以团队式的空间为特征，
并以团队为单位组织建筑空间（图6-5）。

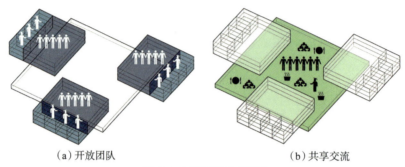

（a）开放团队　　　　　　　　　　（b）共享交流

图6-5　开放团队空间概念

来源：笔者设计项目，陆歆绘制。

2.开放灵活的团队创新空间设计

　　研究型大学中典型的创新与科研活动空间，主要有实验室、工作室、研究室等形
式，这些空间以往常建立在科研个人负责制的基础上，并采用封闭研究空间。在转入
团队化的科研合作组织模式后，这种空间逐渐被开放型的研究、实验空间所代替。这
种团队型的开放空间，通常需要满足在某个主要负责人指导下的几人到几十人的团队
工作需要。相比于传统固定、封闭的科研空间，这种空间通常应具有以下特征。

　　（1）开放透明空间。从创新活动的过程来看，创新需要将参与其中的各个体知识
群化变成集体知识，这个过程需要团队成员在实践中通过互相模仿、交流，以"干中
学、用中学"的形式实现知识的共享。因而，建筑空间应打破成员间的封闭隔墙，提
供开放透明的空间，建立成员之间视觉、空间上的联系，提供可相互交流的环境，从

① 詹·法格博格，戴维·莫利，理查德·R·纳尔逊.牛津创新手册[M].刘忠，译.北京：知识产权出版
社，2009：126-127.

而使成员间可以相互学习、模仿、交流以促进新知识的创造。

（2）平等沟通氛围。在层级化、金字塔型的管理结构中，信息以垂直沟通的形式传递不利于交流创新。创新组织往往采用扁平化的组织结构，通过增加水平沟通的机会来提高沟通效率并建立公平的协作关系。开放透明、非等级化的创新空间环境，有利于团队建立平等的空间氛围、缩短成员联系距离、提高交流效率，这对创新竞争中加速研发进程也起到重要作用。

（3）灵活弹性结构。团队的开放式空间相比于封闭式空间可减少走道与交通空间的面积，具有更高的使用效率。同时，团队开放空间可减少固定设备，在能源、信息、技术支持方面提供统一和模数化的分布点，使空间可按不同课题与不同团队的需求调整分区和家具布局，以应对不断快速变化的科研需求。

（4）协同工作环境。协同创新是当今创新的主要模式，其多学科和协作性的特征，需要在建筑中提供灵活的工作空间以适应来自不同学科成员的工作需要；同时，空间中还应有相邻成员间必要的协作空间，如共同的操作空间及信息共享交流空间等。

[案例]　　**于默奥大学建筑学院：激发创新灵感的开放环境**

由Henn事务所设计的建筑学院（图6-6），其空间设计基于设计师对创新型学习、交流环境特征的理解。设计师认为该建筑设计最重要的目标是创造一个敞亮而开放的

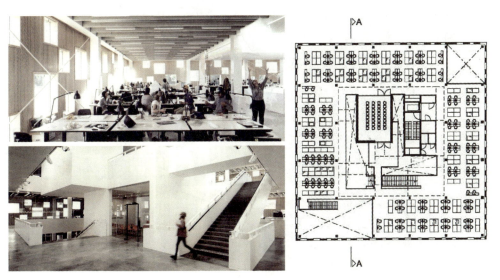

图6-6　于默奥大学建筑学院

来源：EDWARDS B. University architecture[M]. London：Taylor & Francis，2001：302-310.

学习环境，让每个人都成为同一空间的一部分，从而为灵感与创新活动的发生提供空间框架。在建筑中各层空间相互连通、流动，只有不同楼层及教室间用玻璃墙分隔，这样的设计促进了学生间的思想交流及相互启发。

[案例] **斯坦福大学克拉克中心：透明弹性的团队创新空间**

斯坦福大学克拉克中心（图6-7）位于斯坦福大学校园医药、生物学、工程三个学科群中心位置，由学系实验室、教室、会议室、讲堂、咖啡厅、区域共享设施、管理设施组成。克拉克中心是由来自25个系的近600名研究者构成跨学科团队协同工作的科研创新机构，校方的目标是将其建设为鼓励团队式协作与具有一流科研环境的空间。其设计主要特点如下。

（1）弹性配置。与封闭固定的传统实验室建筑不同，该建筑实验室中工作站均可

图6-7 斯坦福大学克拉克中心
来源：Foster+Partners事务所官方网站。

接入资源与信息网络；所有的座椅都装有轮子，可以按团队整体布局移动。这些设计可按不同团队的需求调整布局，以应对快速变化的科研需求。

（2）透明开放。为适应团队式的科研协作，建筑采用开放透明的空间设计，既激发学生的兴趣，也使学者们可轻松地看到同事的工作。开放而具有邀请性的空间特质，有利于在不同背景与兴趣的成员间培育合作机会，师生们在上课、科研或者就餐的过程中都容易聚在一起交流心得，为跨学科协作提供了友好环境。

（3）共享合作。建筑的几个部分通过天桥连接，庭院中心的平台可作为讲座的讲台，成为不同工作空间成员联系聚会的平台。许多设施如视听室、讨论室、激光与超级计算机空间都可供成员共享；大楼内布置有几十个黄色工作台，为研究者交流、工作提供了可共享的临时空间。这些都建立了团队成员间无间的合作关系。

（4）多元混合。该中心的空间追求多元氛围，将许多不同学科成员及不同研究室混杂在一起相互影响，以便于催生新的研究课题。基于许多科学发现与对话都发生在实验室外的观点，建筑采用社交空间与教学空间混合布置的布局。

3.兼顾开放与私密的空间布局

与创新科研相关的活动空间，采用以团队组织为特征的开放空间布局，是因为其具有开放灵活、有利于创新协作与信息共享的优点。但是创新科研活动中也存在着一部分问题，需要科研人员集中精力，通过独立深入的思考与实验等自主型活动来完成。这种活动无论从成员自主工作的使用功能出发还是从科研人员的心理与行为需求考虑，都需要在创新科研建筑中提供开放程度不同的空间类型，如独立工作室、办公室等相对私密的空间形式，以满足相对安静的思考、个人研修等学习活动的需要（图6-8）。

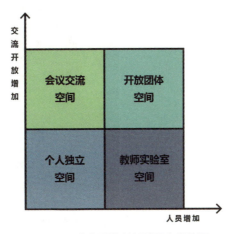

图6-8　几种典型的创新科研空间特征

　　在对现代办公建筑环境的研究中，一直都存在着工作环境应采用大型开放空间还是小型封闭空间的争论。开放的工作空间有提高沟通效率的优点，但不可避免地会带来成员间的噪声互扰、社会关系冷漠，或者缺乏个性的环境对成员工作积极性降低的影响。而相对私密的封闭工作环境则被认为更能体现独立、关怀的特性，满足相对独立的工作需要及追求私密的心理需求。如何在团队创新组织结构下对开放与封闭工作空间进行取舍，是设计中面临的一个现实问题。

　　笔者所在工作室曾在设计中处理过类似矛盾。笔者所在的华南理工大学建筑设计院何镜堂院士工作室，是研究型大学中一个典型的产学研结合，以创新为目标、以团队为组织特征的机构。其办公环境由校园中几栋原教师住宅改造而来，在改造中曾分别设计成开放与封闭的工作环境（图6-9）。笔者曾就团队成员对其位置选择意愿与理由进行过一些访谈与统计。图6-9中的A、B、C、D、E、F分别为员工对其工作位置选择的优先次序，可看到，在开放与封闭办公环境的选择比较上，团队成员普遍倾向于选择封闭工作空间；而在同一个空间中则优先考虑边角等较私密的位置。对于开放空间方案中靠近会议区的公共位置，则受到普遍抵制。但是在后来的使用过程中，笔

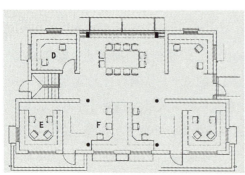

（a）开放布局

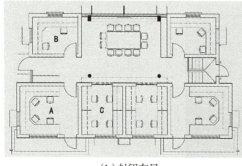

（b）封闭布局

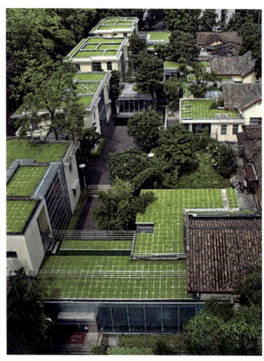

（c）鸟瞰图

图6-9　何镜堂院士工作室团队创新空间开放与封闭布局比较

来源：（c）华南理工大学建筑设计研究院有限公司。

者观察到开放办公环境中的成员会有相对较多的交流活动，而且随着成员彼此间协作与熟悉的增加，也开始逐渐适应开放型的工作环境，并没有发现有明显的干扰或矛盾产生。由此可知团队式空间的三个问题：第一是团队成员从心理上对私密、封闭空间的需求，第二是开放空间中有较高的交流频率，第三是社会关系与领域建立对成员融入开放空间起到重要作用。

综上所述，在团队式创新空间的组织中，可根据工作特性采用封闭与开放、个人与团队空间结合的布局，既满足团队协作交流的需要，也要提供独立自主型工作环境。例如，形成导师关门做研究、开门指导学生的团组式布局，通过开放空间与封闭空间的紧密布局，满足多样的功能与心理需求。同时，在开放空间中，通过精心设计与丰富的布局，在满足团队协作的同时保证个人工作空间少受干扰、个人隐私不受侵犯。这方面可以借鉴办公环境设计中工作组或单元式设计方法，营造空间与心理的领域感，形成具有合作亲密感的社会关系。

6.2.2 跨学科团队的协作联系

1.创新的跨学科团队的协作特征

从创新活动发展趋势看，当今创新问题的广度与深度往往决定了仅通过团队分头独立工作难以完成这类任务，需要跨团队、跨学科的人员进行协同创新。创新实践也证明，创新团队中的学习与知识创造行为，通常发生在来自不同组织的成员组成的专业团队中[1]。这些都决定了研究型大学中的创新活动，需要将不同学科、团队的人员组织在一起，通过协作与交流来形成创新合力。

从现代科研发展的趋势来看，创新往往出现在学科边缘交叉点上。因此，各研究型大学都非常注重学科交叉研究，如麻省理工学院近年新建的媒体实验中心便是集合了设计、计算机、传媒等多个学科与团队的机构；斯坦福大学的克拉克中心，则在其中融合了数十个学系的交叉课题与专业人才。这种跨学科团队间的合作过程，可以理解为将多团队、多学科的知识整合为符合创新要求的特定知识的过程，其关键是建立成员间信息、知识的联系，同时也为协作型工作创造条件。因此，协同创新空间环境的设计，需要结合跨学科团队的协作特征，提供相应的空间环境支持，建立有利于团队间人员、信息、知识联系与交流的空间。

---

① 詹·法格博格，戴维·莫利，理查德·R·纳尔逊.牛津创新手册[M].刘忠，译.北京：知识产权出版社，2009：129.

2.建立跨学科和团队协作策略

研究型大学中协同创新空间的营造，应该在团队式空间组织的基础上，建立跨学科团队协作型空间布局。协作型空间布局的设计目标是通过不同专业、不同团队相邻或混合布置，提供团队间便捷的联系、共享的资源及共同活动的空间，建立协同工作环境（图6-10）。其主要的设计策略包括以下方面。

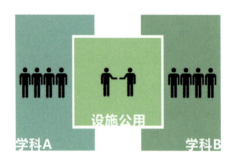

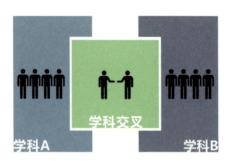

图6-10　团队协作与资源共享

（1）学科团队的交叉组合。

相比于在单学科研究设施之间建立联系的布局，在同一建筑内不同楼层间甚至同一楼层中将跨学科团队混合布置的布局，会建立更多的跨学科团队间的协作与联系。因此，近年来欧美各国的研究型大学创新型设施中，更多地采用通用型科研、实验空间布局，以在同一座建筑中容纳并适应不同学科团队进行创新活动；而且这种团队交叉组合的布局，在学科发展及课题变化的情况下，可以根据新课题团队成员组合的变化需要随时对空间布局进行重新调整（图6-11）。

（2）建立交通联系。

同一建筑内学科或团队间的协作，需要在相互之间建立横向、竖向的交通联系，使空间距离控制在几分钟便捷步行范围内。水平方向的联系方式主要有各类通廊、过厅；垂直方向的联系不是仅靠封闭楼梯间或电梯建立，可通过舒适的开放楼梯使不同

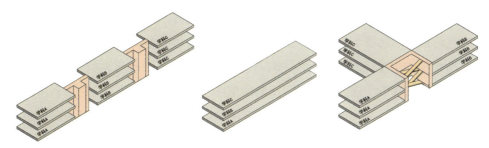

图6-11 跨学科协作型空间组合方式

楼层团队建立联系。比较成熟的模式是通过中庭、过厅的方式形成综合的水平与竖向的交通联系空间。

例如，在牛津大学新的生化系大楼（图6-12）设计中，为了营造跨学科团队的工作环境，建筑中既提供了科研人员可专注于高强度工作的实验空间，也注重促进思想交流的具有集体与联系特征的环境。建筑内部空间围绕400m²的中庭非正式空间，搭建纵横交错且具有雕塑感的楼梯联系各楼层空间，鼓励科研人员的不期而遇。而非正式的聚会空间则散布在中庭周边，并连接开放的报告撰写区。

图6-12 牛津大学生化系大楼

来源：EDWARDS B. University architecture[M]. London：Taylor & Francis，2001：113-115.

（3）空间视觉联通。

建筑内不同团队甚至不同楼层间建立视觉与空间的联系，有利于团队间形成一种具有邀请性、参与性的开放氛围，促进团队间的协作关系形成。打破封闭的空间隔离，建立透明的界面，可使不同团队的成员间相互观察模仿，引起协作的兴趣，建立无形的信息交流联系。因而当今的跨学科科研建筑，都越来越趋向采用开放、透明的空间界面，甚至向外部展示正在开展的科研活动。同时，建筑通过公共空间或中庭等空间建立跨楼层的视线与空间联系，促进相互间的模仿学习与信息联系。

以斯坦福大学Y2E2大楼为例（图6-13），为了满足团队跨学科创新的环境需求，在团队式空间的基础上建立了跨学科团队的空间视线联系。设计首先注重创造团队式可调适的灵活空间，在大楼内提供很少甚至不设固定设施，团队根据其科研课题的需要分配空间。其次，为了避免这些科研领域相互孤立，在建筑内建立若干个跨学科的垂直共享空间，并称之为协作核心。这些核心空间设有密集协作实验室、共享社交空间、楼梯、走道、教室，并在多楼层之间建立空间与视线上的联系。

图6-13　斯坦福大学Y2E2大楼
来源：Boora建筑事务所官方网站。

（4）核心资源共享。

创新科研建筑中有部分核心资源，对建筑内各团队的工作都起到至关重要的支持作用，包括信息资源中心或资料室，投资巨大的核心设备（如超级计算机等试验设备），还有部分服务资源（如打印、餐饮等）。这些资源空间可供不同专业、团队共用，在过程中建立协作联系。这些设施应布置于有利于各团队共享的中心位置。

赫尔辛基大学物理、数学、统计、计算机学科组团（图6-14）提供了一个科研设施资源共享的案例。建筑包括各学院的教学、实验、科研功能，形成多学科的综合科研环境。各学院具有各自的入口门厅与立面风格，同时，通过在几个学院中心建立共享的功能空间，将图书馆、书店、学生俱乐部、休闲交往区、公共庭院布置其中，使其成为学科间共享、联系的区域，从而建立跨学科的共享联系。

1. 数学、统计、
   计算机科学楼
2. 物理楼
3. 图书馆
4. 入口大厅
5. 服务庭院
6. 停车场

图6-14　赫尔辛基大学物理、数学、统计、计算机学科组团

来源：EDWARDS B. University architecture[M]. London：Taylor & Francis，2001：182-186.

（5）正式交流空间。

团队间的信息共享对协同创新起到关键作用，交流讨论是创新协作活动的重要组成部分。而这种有组织、编码化的知识传递活动需要正式的交流空间，如会议室、报告厅、教室空间。因此，在建筑设计中应在各团队方便到达的位置，结合不同类型的交流活动与规模，布置会堂、报告厅、课室、会议室等不同大小的正式交流空间，满足团队间学术、工作上的交流需要。

3.跨学科团队协作综合布局

上述建立跨学科团队协作空间的设计方法，在实践中往往并不是相互独立使用的，而是要根据实际需要综合运用。以下提供了这些方法综合运用的示例。

[案例]　麻省理工学院媒体实验室：跨学科团队创新空间

桢文彦设计的麻省理工学院媒体实验室，是以技术、艺术、设计专业的跨学科创新为目标建设的研究中心，设有研究室、工作室、会议室，涵盖了从量子计算机到戏剧的广泛课题。该设计结合创新活动的特征，通过营造人员流动通道和流动公共空间，促进团队、成员间的互动并建立联系（图6-15）。

其设计主要策略包括①团队式的空间组织：研究室布局以学科团队和跨学科协作

为目的分为7组，在每个群组内办公室环绕两层高的公共研究空间布局，促进师生间
的互动交流；②透明空间促进跨学科交流：各研究室与工作室采用通透的墙面设计，

（a）团队式科研空间实景

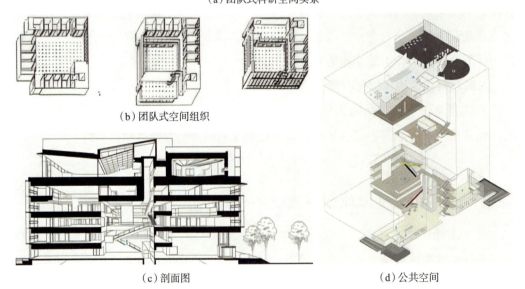

（b）团队式空间组织

（c）剖面图　　　　　　　　　　　　（d）公共空间

图6-15　麻省理工学院媒体实验室

来源：（a）麻省理工学院媒体实验室官方网站；（b）MITCHELL W J. Imagining MIT: designing a campus for
the twenty-first century[M]. Cambridge: MIT Press, 2011；（c）（d）桢文彦事务所官方网站。

结合跃层的工作空间，在适应多种研究需要的同时增加了不同团队间相互观摩学习的机会；③共享设施与公共空间联系：建筑中咖啡厅、展厅、画廊、演讲厅提供了正式与非正式的交流场所，中庭结合各层周边的公共空间与设施，营造了连续而具有交往活力的空间体系；④人性化工作环境：丰富的采光与通风方式，优化了对景观视野与空间品质的控制。

[案例]　威斯康星大学微生化科学楼：以团队为单元的协作环境

　　威斯康星大学原有的微生物学科，其师生和科研项目分散在校园的不同建筑中。学校计划将细胞生物学、微生物医学、免疫学整合在新的学科大楼中，以形成完整的跨学科的科研机构。微生化科学楼（图6-16）是以团队式空间与协作科研环境为目标设计的建筑，设计关注跨学科团队合作与学术互动，其主要特点如下。

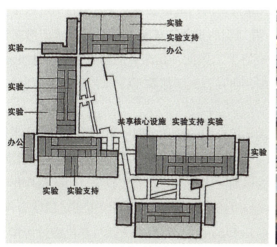

(a) 平面图

(b) 中庭及咖啡座

(c) 团队式科研空间

(d) 具有透明界面的团队式科研空间

图6-16　威斯康星大学微生化科学楼

来源：(a)(c)(d)CO建筑事务所官方网站；(b)NEUMAN D J. Building type basics for college and university facilities[M]. 2nd ed. Hoboken: John Wiley & Sons, 2013.

（1）跨学科团队布局。跨学科研究社区应鼓励不同领域科学家的互动与思想交流。基于这个出发点，研究楼层中不同学系的研究人员被混在一起。每层被组织为五个自给自足的实验团队邻里单位，每个团队邻里单位包含一个大型的开放实验室及相邻的服务设施和学生工作站。

（2）科研协作环境。建筑内整体的正式教学空间组织，主要通过各类科研与教学环境的结合实现，其中包括450座的学术讲堂。中庭与咖啡座被作为这个科研社区的社交中枢，为讲堂的讲座提供了休息空间。各层设有布置了宽松座位与可移动写字板的休息空间，有利于鼓励非正式的学术交谈和头脑风暴活动。

6.2.3　研究型教学活动的环境支持

1.研究型教学特征变化与环境需求

创新活动具有很高的时效性，能否在最短时间内取得创新成果对创新的成败至关重要。而在信息化背景下，创新对参与者知识的更新速度提出了很高要求，对新信息、知识的学习与补充是其工作中的重要环节。因此，无论从创新活动的特点出发，还是从研究型大学的教学、科研职能考虑，研究型大学都需要将创新科研空间与学习教育功能整合到一起。

同时，随着现代教学理念的发展，大学校园中的教学空间已不能完全以教室来概括，越来越多的教学活动发生在传统的课堂以外。特别是研究型大学中的教学活动，更多地采用研究型教学的模式，并表现为以问题为导向的研究型教学、团队型合作学习、互动学习等形式。其中，以问题为导向的研究型教学，需要学生通过团队合作、互动，将跨学科的知识整合建构为自己的知识，并得出解决的方法。学生通过协作与讨论的形式学习，提高学生交流与解决问题的能力，以及团队协作的精神。

以上这些学习需求与教学特征的变化，都需要在创新科研空间中提供相应的空间支持。美国高等教育信息化协会（EDUCAUSE）对研究型教学环境的调查，显示了信息资源、团队合作与互动空间的重要性。该组织下属应用研究中心（ECAR），对新的科研建筑需要怎样的设计方案来支持新的学习范式的问题，在100所大学的3万名学生中展开调查，结果显示，学生关注对数据的即时获取需求，并希望将信息技术整合进学习的所有过程中。他们需要为各种信息技术工具留有足够的桌面空间，并优先选择整体化的实验设施。学生认为在教学过程中与教职员工和专家的接触非常重要。而且，学生对小团队工作空间、带分享屏幕的交流空间，以及团队式的设施有很高的需求①。

2.研究型教学的支持环境

从科研人员的活动构成（图6-17）来看，传统的实验室工作时间占所有工作时间的三分之一左右，而与计算机和网络信息有关的活动则占近四分之一，还有近五分之一的时间花在各类协作与交流中，从中可以看到信息、网络资源与协作环境对科研工作的重要性。而从当今研究型教学建筑的发展来看，越来越趋向于不再按简单的类型化方法设计教学楼、实验楼、图书馆，而是从研究型教学的行为特征、资源需求和教学目标出发，关注知识搜索、传播、流动与建构的全过程，提供所需的资源与支持环境。结合近年来国外著名大学新建的一些科研教学设施，可以看到几种典型的变化，如新建的媒体、学习资源中心逐渐取代传统的图书馆，通过学习中心而不是传统的教室来提供教学环境，通过各类共享、开放型空间的营造来提供科研协作与合作学习空间。其具体方式主要包括以下方面。

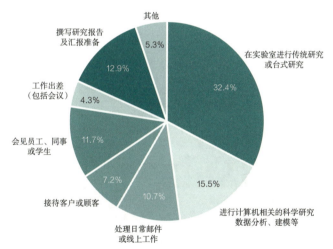

图6-17　研究者一天工作活动时间分配调查

来源：WATCH D D. Building type basics for research laboratories[M]. Hoboken：John Wiley & Sons，2008：72.

（1）学习中心或学习资源中心。

研究型教学更注重培养学生或创新组织成员的自主学习能力，并通过自主学习、交往学习、集体学习等多种方式来培养综合能力。近年的国外研究型大学开始探索学习或学习资源中心的空间，提供学习过程必要的资源与环境——包括图书、信息等

①NEUMAN D J. Building type basics for college and university facilities[M]. 2nd ed. Hoboken：John
　Wiley & Sons，2013：214.

资源，以及可适应多种教学方式的灵活空间布局。这种类型的空间综合了传统教学楼、图书馆、社交中心等建筑空间的特点，提供了传统教学楼所不具备的、可支持多种教学活动的学习资源和交流空间。

［案例］　格拉斯哥卡利多尼亚大学学习中心：学习资源与交流空间

　　格拉斯哥卡利多尼亚大学是苏格兰最大的综合性大学，校园学习中心建筑位于商业法律、健康生命科学、工程环境三大学科群中心，并与三个学科群连接。该中心内设有商场式的服务中心、共享座谈区、咖啡厅、图书馆等，设想建造成具有开放弹性空间并为学习活动提供支持的创新设施。它将图书馆与其他学习支持设施结合起来，以应对多种学习模式和培育师生间的互动交流。

　　建筑首层的服务中心是其中最具活力的区域，布置了成组的学习桌，且可获得所有的大学服务资源；周边有工作咖啡座、各种形状的座椅及小型学术交流会议室。整体空间呈现一种有利于形成团队与聚会交流活动的氛围。这种空间支持学习研究活动的过程，它将图书馆与学习资源中心结合起来成为学习中心（图6-18）。

图6-18　格拉斯哥卡利多尼亚大学学习中心
来源：BDP建筑事务所官方网站。

　　（2）媒体或信息资源中心。

　　传统图书馆主要着眼于文献资料的储存与读者的搜索、阅览需求。而在现代科研创新活动中需要的是对信息、数据资源的即时获得，要求将研究、教学活动与信息资源支持紧密结合。这意味着应该突破传统图书馆的模式，提供一种结合科研与新型学习模式的信息资源空间。近年来国外研究型大学中已可见到新建图书馆类项目转向采用新型媒体中心或信息资源中心的模式，以适应现代创新科研与新型教学活动讲求团队化、协作化与灵活性的特征。这种空间内往往提供了多功能的混合设施，将信息空间与各类合作学习、协作科研的使用空间结合，学生在其中不但可进行阅读、资料信息搜索，还可以进行集体学习和科研相关的展示、讨论、交流，甚至部分的协作科研与聚会活动，从而形成一种以信息资源为基础、复合多种功能活动的信息化、协作化空间。

[案例]　　北卡罗来纳州立大学亨特图书馆：协作科研与信息空间

亨特图书馆（图6-19）的设计基于对现代创新科研活动与学习模式团队化、协作化与灵活性特征的理解之上。整个建筑空间结合科研与新型学习模式的特征，突破传统图书馆的模式以寻求最佳的学习与协作空间。首先，建筑内提供了多功能的混合设施，包括员工共享科研区、沉浸式影院、创新工场、可视化教学实验室、媒体工作室、团队学习空间、小吃吧、会堂等设施，以及展厅、论坛会议空间等。同时，建筑内提供了各类合作学习、协作科研的使用空间，包括阅览、聚会、协作区域及创新工场。这些空间配有可移动家具、平板显示器，可按要求定制布局。学生、教师、科研人员可在其中完成科研活动中的信息搜索、交流、讨论、展示甚至部分试验的科研协作活动。亨特图书馆被认为定义了未来科研图书馆，成为新信息技术的孵化器。

图6-19　北卡罗来纳州立大学亨特图书馆
来源：Snøhetta建筑事务所官方网站。

（3）研究共享空间。

现代教学与科研都注重集体协作所起的重要作用，国外研究型大学逐渐提供越来越多的团队协作使用的共享空间，称为学习共享空间或研究共享空间等。以研究共享空间（图6-20）为例，它是一种供各学科师生使用，可用于发展学术、科研甚至社会能力的协作型空间。这种空间往往设在科研中心或图书馆中，通过提供科研所需的过程资源，如信息设备、多媒体技术甚至专家咨询服务，以及各类团队学习、讨论、交流的空间，以对建构式的学习与创新科研活动提供支持。师生在各类协作活动中，通过便捷的信息搜索、多媒体展示、专家咨询，大大加速了科研过程的推进。

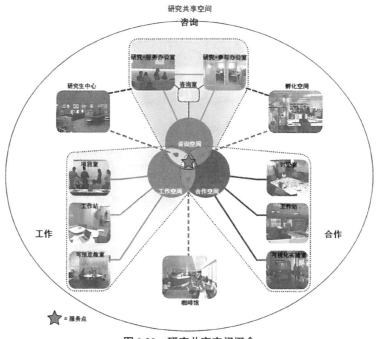

图6-20　研究共享空间概念

来源：WATCH D D. Building type basics for research laboratories[M]. Hoboken：John Wiley & Sons，2008.

［案例］　华盛顿大学科研共享区：研究型教学的技术与空间支持

华盛顿大学科研共享区位于图书馆内，是为新型研究型教学活动提供技术与空间支持的场所（图6-21）。其主要目标是满足师生在数据驱动型科研活动、数字化学术研究和交叉学科学习方面的新需求，以及提供咨询、研讨会、学术沙龙和演示的相关服务。空间内设计了协作型环境，包括各类团队合作科研空间、讨论会议区、搜索与信息服务区域，在这里，学生与员工可一起对研究进行分享和讨论，并得到研究过程有关所有步骤的支持，包括搜索、协作、出版甚至资金赞助。科研共享区的设置提供了研究型教学的过程支持，可以在科研项目中与学生或老师进行合作、联系，可以看到同行或同事正在进行什么研究，也可以在其中进行工作与展示。

图6-21　华盛顿大学科研共享区
来源：华盛顿大学图书馆官方网站。

综上可以看出，当今研究型教学空间已改变了在传统教室内灌输型教学方式，更加注重自主学习、集体学习的学习环境与条件的营造。无论是学习中心、信息资源中心还是各类共享空间，它们的共性都是结合科研与研究型教学过程的活动特征和需求，提供复合型的建筑空间，对教学与科研全过程、各环节进行全面支持，包括从相关的信息资源到学习环境、协作空间。

6.3　形成创新网络的非正式空间设计

无论是创新理论还是现代教育理论，都指出了非正式的交流、学习具有重要意义：对创新而言，创新主体间网络关系的组成，除了前面所述通过创新协作组成的正式网络，还有通过各种非正式自发交往形成的非正式创新网络。而新知识观也指出，校园的学习、探索与创造知识的活动不再仅限于传统教室、实验室中，各种非正式的自学与交流活动同样是重要的教学形式。以上这些非正式的活动，需要研究型大学在建筑层面提供宜于各类非正式活动的空间，并为非正式网络的形成提供相应的空间设计策略。

6.3.1 新知识空间的非正式特征

1.创新网络形成所需的非正式空间

信息共享与交流是协同创新的关键，创新研究揭示了大多数的创新思想都在各种形式的交流中产生。拥有不同学科背景的成员通过不同知识与经验的碰撞产生新知识，信息交流与沟通在整合知识的过程中起到连接黏合的作用。从这个意义上来说，创新科研空间不应该是纯粹以实验室作为类型化空间，而应该是通过设施、空间布置使知识随处可得的信息化空间，是通过精心设计以鼓励科研、探索、创新、交流的环境。

然而，不同的交流方式在创新过程中起到不同的作用。一方面，从信息传递的方向来看，交流可分为垂直式、水平式、分布式交流方式。其中，垂直式交流只有灌输而缺乏思想的碰撞；而水平式与分布式的交流，在创新中主要以学术讨论的形式出现，这种形式不但使知识得以传递，而且通过不同思维碰撞形成新的知识。另一方面，从交流的性质看，创新交流分为通过制度性组织、有计划安排的正式交流，如垂直式交流及各种会议、授课活动；另外还有自发、非计划安排的非正式交流，如发生在各类餐饮、聚会、休息空间中，因科研人员偶遇或者休息时发生的各种交流。后者具有水平式、分布式交流的特征，同时这种基于社会关系的交流行为，形成了创新空间的非正式创新网络，有利于隐性知识的传递，被认为对创新的产生起到极为重要的作用。

基于以上理解，创新建筑空间中不但要为正式交流协作网络的形成提供教室、会议室、讲堂等正式交流场所，还要重视非正式网络的形成，提供有利于社会交往、非正式交流行为发生的非正式交往空间（图6-22）。正如近年来西方科研建筑设计理论所主张的，社会互动是实验室设计的关键要素，建筑的结构应该鼓励偶遇的发生，不应该因过度追求封闭与安全性而妨碍这种互动的发生[1]。

2.创新机构的非正式环境特征

进入信息时代以来涌现了一大批具有强大创新能力的创新企业，它们在区域协同创新体系中也扮演着重要的主体角色。创新企业与研究型大学在创新活动的组织上有相似特征，也被认为是一种以创新为核心竞争力的团队协作机构与学习型组织。创新企业往往具有与传统机构不同的组织特征、文化氛围、交流特征与环境特征，它们注重为员工营造有别于传统研发空间的工作环境，而这些创新企业的空间对研究型大学的创新空间设计也具有很大借鉴意义（图6-23）。基于相关案例，可以将这些创新机

---

① EDWARDS B. University architecture[M]. London：Taylor & Francis，2001：100.

图6-22　正式与非正式环境结合的现代科研空间

图6-23　谷歌公司创新环境的非正式氛围

来源：谷歌公司官方网站。

构的空间特征归纳为以下几点。

（1）自组织空间环境。创新企业机构重视通过各类交流空间、设施，提供鼓励与激发自组织交往的空间环境。成员或团队间自发形成的各种创新交流、协作，具有比通过计划、制度性安排自上而下组织的协作具有更强的活力与创新力，形成了非正式的创新网络。例如，在工作外的交往活动中，一位计算机学科的科学家与一位生物学家发生的交流激发了他们创新想法与合作意愿，从而形成他们自发的合作。

（2）平等开放氛围。创新文化是一种挑战传统与权威的文化，创新组织通常倡导一种开放、平等、自由的文化氛围。以谷歌公司为例，它强调开放自由的工作氛围，并为员工提供20%的自由工作时间。与传统机构金字塔型的管理结构不同，创新组织往往采用扁平化、网络化的组织结构，广泛采用小团队管理的方式以实现民主与分权。因而，与传统研究机构采用封闭工作环境不同，创新组织工作环境采用开放布局，使研究者更容易接触交流、学习、展示空间，在解决问题时会有更多的机会借助信息搜索、交流启发，快速学习别人的经验以迅速解决自己面对的问题。同时，开放透明、具有邀请性的设计，鼓励各种随意谈话、偶遇交流或吸引路过的成员加入到谈话的行列中，通过经验与新想法的分享激发新的创意。

（3）多重沟通渠道。创新组织间的激烈竞争，使得创新具有很高的时效性要求，一个新的创意如果得不到及时转化，很可能难以成为成功的创新成果。创新型企业组织都对速度、效率具有很高的要求，要为信息传递、知识共享提供高效的联系与开放平台。基于这些要求，创新空间中不但需要缩短成员间联系的距离，更需要提供多渠道的交流、信息共享平台，以及信息化空间氛围，这也是创新组织中有大量交往性空间的原因之一。

（4）人性情感关怀。对创新人员的行为学研究揭示，创新人员在感觉舒适、安全的状态下，更容易打开思路，产生一些意想不到的创造性思维。因此，创新空间往往需要体现一种安全、温暖的氛围，而不是缺乏人情味、机械的功能空间。创新企业注重在工作空间中提供多样的活动与设施，如餐饮、健身、聚会，甚至各种游戏、娱乐、休闲空间，设计人性化、生活化的空间，满足创新人员多种活动需求。如谷歌公司各地办公机构中有不少将交流空间、社交空间、服务设施的面积比例设置到50%以上。

从上面这些特征可以看到，创新空间应具有传统的实验、科研建筑所没有的非正式空间氛围，更注重交往、启发性环境设计。

3.新知识观下的非正式学习环境

新知识观揭示了隐性知识的重要性，以及知识的情景性、建构性与社会性，这颠覆了传统知识观指导下形成的灌输型教学方式，更注重学习环境的营造和资源的提供，鼓励学生的主动学习、合作与交流学习，通过隐性知识吸收的非正式学习方式来建构知识体系，培养全面人才。因此，在现代教育理念之下，学习不但发生在讲堂、教室之中，通过老师讲课来传递知识；而且应该是通过交流、实践活动来建构知识，特别是同伴的协作参与、自发的聚会、偶遇的交谈等非正式的交往活动，通过社会性的经历来实现知识的交流与建构。美国管理研究组织（Capital works）的研究也指出，人一生中学得的知识有80%甚至更多来自非正式学习，而知识工作者在工作中学得的知识也只有20%来自正式的学习。

这种理念给学习环境设计带来了重要影响，大学建筑通过提供一系列不同的空间来支持教学活动，将传统的课堂授课与自发性、参与性、交往性的学习环境结合起来，通过传统与现代教育空间的结合、正式与非正式环境的结合，形成整体的学习环境（图6-24），同时，建筑空间也讲求灵活性，以容纳不同的教学模式，支持学习的全过程。

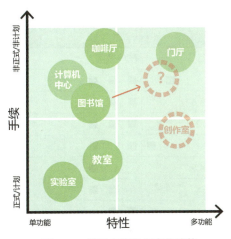

图6-24 学习空间特征变化趋势

来源：改绘自 NEUMAN D J. Building type basics for college and university facilities[M]. 2nd ed. Hoboken：John Wiley & Sons，2013.

6.3.2 非正式交流空间与服务设施

1.促进创新交流空间与服务设施

正式研究空间外的非正式交流，也是一种拓展信息交流渠道的重要途径。许多案例证明了不同思想的碰撞使创新思维得到更快发展，创新科研的灵感可能出现在研究室外的咖啡间中，而不是科研室、办公室内。创新人员紧张而高强度的工作，使得他们工作之余有交流、休息、娱乐的需求，如各类聚餐、打球、游戏活动等。国外学者关于"硅谷"的创新网络研究也发现，这种办公空间外的休闲、社交活动拉近了跨组织成员间的心理与社会距离，甚至建立了他们共同的爱好，在创新人员间建立的社会关系形成了非正式的创新网络，反过来又促进更多创新发生。因此，国外的研究型大学中的各类学院、科研、创新建筑中，都注重提供一系列交往设施与空间，包括餐厅、咖啡座、休息室、中庭、休闲座位区，以满足非正式交往的需求。

国内大学各类学院与科研建筑中交往设施与空间严重缺失。表6-5所示院系与科研设施案例表明了近年来国内外研究型大学设施建设的水平，通过列表对比，可见国内外案例对正式的学术交流空间都非常重视，如各类教室、会议室、报告厅都有较全面的配置；而在非正式交流空间的配置方面，国内案例与国外案例有较大差异，主要体现在以下方面。

研究型大学创新科研建筑中交流服务设施建设情况　　　　表6-5

建筑名称	面积（万m²）	正式交流及学术交流设施					非正式交流及社区服务型设施										
		图书馆	会堂	报告厅	会议室	教室	餐厅	咖啡厅	小卖部	展览馆	活动室	聚会厅	健身房	休息室	交往空间	中庭	服务间
国内案例																	
北京大学法学院	1	■		■	■	■								■		■	
上海大学东区二期学院组团	3.6			■	■	■				■				■	■		
清华大学环境节能楼	2			■	■	■								■			
山东医科大学科研综合楼	1		■	■		■								■			
苏州大学生农化实验楼	4.9					■								■	□	□	
吉林大学理科综合实验楼	8				■	■								□			
吉林大学无机超分子实验室	3			■	■									■		■	
同济大学嘉定校区传播艺术学院	1.1	■	■	■		■								■	□		
同济大学嘉定校区机械工程学院	2			■	■	■								□	□	■	
同济大学汽车学院教学科研楼	9.6			■		■								■		■	
同济大学中德学院	1.2			■	■									■	■		
浙江大学紫金港校区实验中心	4.9			■		■								■	□		
浙江大学医药学院组团	11.8	■	■	■		■		■		■				□			
华南理工大学南校区学院组团	5.8			■	■	■					■	■					
北京航空航天大学教学科研楼	22.6		■	■		■		■						■			■
清华大学美术学院	6	■		■		■				■	■	■		■	■	■	
西安交通大学利物浦大学科研楼	4.5			■	■							■			□	□	
国外案例																	
麻省理工学院媒体实验中心	1.6		■	■	■	■	■			■	■	■		■	■	■	■
哥本哈根IT大学大楼	1.9	■	■	■	■	■		■		■	■	■	■	■	■	■	■
密歇根大学罗斯商学院	2.6		■	■	■	■	■	■			■	■		■	■	■	■
麻省理工学院斯塔特中心	6.7		■	■	■	■	■				■	■	■	■	■	■	■
牛津大学生化系楼	1.2			■	■			■			■			■	■	■	■

续表

建筑名称	面积（万m²）	正式交流及学术交流设施					非正式交流及社区服务型设施										
		图书馆	会堂	报告厅	会议室	教室	餐厅	咖啡厅	小卖部	展览馆	活动室	聚会厅	健身房	休息室	交往空间	中庭	服务间
丹麦VIA大学奥胡斯学院	2.9		■	■	■		■		■		■		■	■	■	■	■
加利福尼亚大学管理研究生学院	0.8			■	■			■			■			■	■	■	
科罗拉多大学医学学科交叉大楼	0.7			■				■			■			■	■		
比利时根特国立高等学院	3.2	■	■	■			■				■				■	■	
爱丁堡大学保特罗大楼	1.6			■				■			■				■	■	
阿伯丁大学医学卫生楼	0.7	■		■				■			■				■		
亚利桑那州立大学新闻传播学院	2.3	■		■	■			■			■				■		■
新南威尔士大学化学楼	1			■				■						■			
亚利桑那州立大学跨学科科技楼	1.6			■				■			■					■	
霍普金斯大学眼科学院楼	1.9			■				■			■				■		
南丹麦大学阿尔申大厦	2.9	■	■	■	■	■					■		■	■	■	■	■
赫尔辛基大学数理计算机科学楼	3.5	■	■	■	■	■		■							■	■	
伦敦大学皇后学院	0.9		■	■	■		■				■			■	■	■	■

注：服务类包括复印、幼儿园等各类社区服务功能。

　　在国外案例中，科研建筑中的服务性设施得到较多重视，各类餐饮、咖啡、零售都有很高的配置率，部分建筑甚至配置了健身、聚会、活动设施，以及复印、幼儿看护等社区服务设施；同时，在交往空间方面，也提供了不同尺度、形式的多层次交往空间，如各类中庭，以及交往、休息、展示区域。相比之下，在国内的案例中，各类服务设施与交往空间无论在数量上还是类型上都要少得多。在服务设施方面，国内案例普遍忽视服务性设施的配置，几乎都没有设计餐饮、零售等服务空间，仅有的几个配有这类设施的案例，如西安交通大学利物浦大学科研楼、北京航空航天大学教学科研楼与清华大学美术学院建筑，都是由境外设计机构所设计的。而在交往空间配置方面，国内一些案例也配有小规模的休息区或所谓的交往空间，但从实际效果来看，无非是一些拓宽的走道、交通厅旁的类似过厅的放大空间，往往没有配置可供停留、坐下交谈的家具与设施，难以激发与满足自发性的交往活动需求。

　　这种对交往空间与服务设施不同的配置结果，反映出国外大学对非正式交往、合作社会关系建立很重视，而国内在这方面有认识上的不足。因此，国内研究型大学创新建筑空间的设计，亟待加强相关服务设施和交流空间的设计。

2. 科研建筑的服务设施与交流空间设计

基于以上对非正式交往与非正式创新网络机制的理解，研究型大学在创新科研建筑空间中不仅要关注正式学术交流设施，如报告厅、讲堂、教室、会议室的设置，也要重视各类服务型设施的配置。将服务型设施引入创新科研建筑，其目标是增加建筑内的活动多样性，形成复合化的建筑功能与交往活力。这些服务设施在建筑中起到社交黏合剂的作用，将来自不同团队的成员吸引到一起，在进行共同的活动中偶遇碰面、相互认识、交谈探讨，乃至发现共同的爱好、学术兴趣点、知识互补面，直至科研合作的机会。这些设施包括容纳餐饮、咖啡、零售、聚会活动（如俱乐部、学会）、健身休闲与其他一些活动的社区服务型设施。在这些设施中，售卖咖啡冷饮的茶座与小型零售店是最常见的设施，而其他餐饮及休闲聚会设施可根据实际需要与校园内总体的配置情况合理取舍。

在交流空间方面，创新科研建筑除了结合上述服务设施进行交流活动外，还应该提供正式科研空间外的各类非正式交流空间，包括常见的结合采光中庭的交谈区、科研区外的休息区、结合交通厅设置的休息座，以及各类满足团队式交流的非正式会议空间。非正式交往空间的设计，应注重提供人性化、具有多样性特征的环境与设施，如各种形状的座椅、桌面、写字板，以满足自发的聚集与交谈、讨论的需要。这类空间分布要注重易达性的实现。从分布位置和空间规模来看，通常可形成以下几种分布模式（表6-6）。

交往空间分布模式　　　　　　　　　　　　　　表6-6

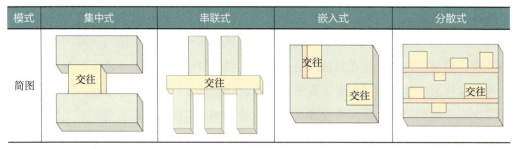

模式	集中式	串联式	嵌入式	分散式
简图	交往	交往	交往 交往	交往

（1）集中式。主要指结合中庭设计的多功能交流空间，通常尺度规模较大，是建筑中公共性最强的交往区域，也具有较大程度的活动多样性。不但可在中庭周边形成多片的交流区域，有时还可满足各类展览与集会等大型活动的需要。

（2）串联式。这种模式往往通过线性交通将各类型的交往空间、设施结合在一起，形成交通与交往结合的区域。

（3）嵌入式。通常是建筑中结合主要景观面、重要交通节点或者重要共享设施布置的交往空间，以起到利用景观资源、交通节点或共享设施聚集人流、促进跨团队交流的作用。

（4）分散式。紧邻主要工作区域分散布置，使科研团队、成员可以就近找到可供休息、交谈的空间。

[案例]　　**哥本哈根IT大学大楼：交往空间与设施创造交流机会**

由Henn事务所设计的哥本哈根IT大学大楼（图6-25），其科研教学以团队式组织完成课题，这种教学需要在学生之间或师生之间创造高度互动交流的机会。设计的目标是创造一种能够鼓励与支持各种社会性活动的空间。建筑以中庭为中心组织空间，加上穿插于其间的会议室，使中庭充满各种丰富的视觉联系和社会交流。建筑中除提供了正式的学术设施（如图书馆、讲堂、会议室、研究室、硬件与虚拟现实实验室）外，还提供了非正式的服务性设施（如餐厅、小卖部等）。为了提供充满交往活力的学习科研环境，大楼内设计了多处开放式学习空间，并提供无线网络等资源。这些设施与空间不但使建筑内任何地方都可以成为工作场所，而且大大增加了自组织的非正式交流发生的机会。

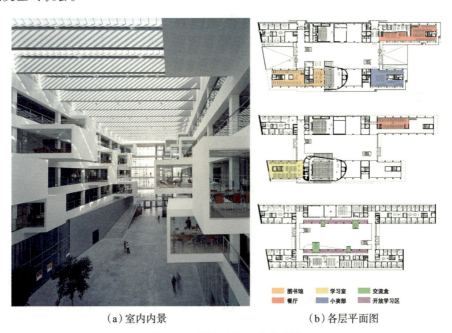

（a）室内内景　　　　　　　（b）各层平面图

图6-25　哥本哈根IT大学大楼

来源：（a）Henn事务所官方网站。

[案例] 密歇根大学罗斯商学院：通过交往空间与设施营造社区氛围

密歇根大学委托KPF公司设计了罗斯商学院大楼，目的是为学院的学术与社会活动创造一个中心，推动学院的师生之间甚至大学与外部社区之间各类正式与非正式的互动。新大楼成功设计的关键是将传统教室空间与团队学习空间相连。例如，装备有先进设备的讲堂、教室和团队式学习空间直接开向中庭花园，并利用中心大厅和咖啡座。建筑注重社区感的营造，通过公共空间、交往设施的设计，为师生提供非正式的交往场所。除了正式的教学研究空间，如礼堂、阶梯教室、普通教室和公共研究空间外，还有面向中庭开放的休息区、咖啡厅等非正式空间（图6-26）。建筑内的服务性设

（b）建筑中庭

（a）发生在餐厅、健身房、建筑公共空间的交流活动　　（c）外观

图6-26　密歇根大学罗斯商学院交往空间与设施

来源：EDWARDS B. University architecture[M]. London: Taylor & Francis, 2001: 52-59.

施包括健身房和餐厅，师生可在锻炼聚餐过程中进行各种学术交流活动。这些不同类型的设施与交往空间创造了商学院中的社区氛围，也满足了不同使用者的需求（图6-27）。

图6-27 密歇根大学罗斯商学院首层空间

来源：EDWARDS B. University architecture[M]. London：Taylor & Francis，2001：52-59.

6.3.3 非正式学习空间与实用率

1.非正式学习空间设计

进入信息时代以来，每个学习者的学习活动都由广泛的学习经历组成，从正式学习到非正式学习，从现实学习到虚拟的网络学习，从单一课程学习到综合素质培养。对于研究型大学来说，大量学生由高素质人才与研究生组成，课堂外自主学习能力的培养、通过交流进行知识获得更显得重要。因而，校园中应该提供多层次的教学环境，支持学生、教师、学者之间的学习、探索、发现、争论甚至碰撞产生灵感火花的活动，而这些活动大部分发生在非课堂教学中。从这个意义上来说，应该将教室外非正式教学空间功能的认识提升到交流与创造知识的高度，而传统的教室往往仅是学生被动接受知识的空间（图6-28）。

非正式学习空间相对于传统的、通过教学计划组织的正式课堂教学而言，其教学环境有以下特点。①时间非计划性。不同于课堂授课通过计划安排在特定时间发生，非正式学习可以不经过计划甚至具有一定的随意、偶发特征。②活动的自组织性。非正式学习由学习者自发组织，通过交流、实践活动来建构知识，特别是同伴的协作参与、自发的聚会、偶遇的交谈等非正式的交往活动。③发生环境的开放性。不同于课

堂授课在封闭教室内发生，只要是能提供各类自主学习、交流学习、集体协作的空间
都可以成为非正式学习空间，甚至可以发生在餐厅、休闲空间中，具有"泛教室"的
特点（图6-29）。

图6-28　非正式学习交流空间

来源：改绘自 NEUMAN D J. Building type basics for college and university facilities[M]. 2nd ed.
Hoboken：John Wiley & Sons，2013.

图6-29　各类自主学习、交往学习、集体学习的空间

来源：Boora建筑事务所官方网站。

非正式的学习环境可激发自组织的学习活动，这些学习活动类型主要包括自主学习、交流学习与集体学习。其中，自主学习是以学习者为中心并通过以阅读、查询或问题为导向的探索独自完成知识的建构与学习，需要相对安静的环境。交流学习主要是学生间、师生间通过不同知识、经验、思想的面对面交流来完成，这种学习行为发生的场所比较广泛，既可以在一些休息空间中，也可以发生在各种社交、餐饮、休闲活动中。集体学习则需要足以容纳小团队聚集的空间，让团队可以通过交流、协作完成学习任务。以上几种学习活动中，学生成为学习的中心，强调交流、模仿、协作行为对知识传递的重要性，甚至通过互相启发创造新的知识（表6-7）。

几种非正式学习活动　　　　　　　　　　　表6-7

类型	特征	空间环境
自主学习	情感与认知双重发展目标；学习者为中心，教师退居为指导者	自主学习空间
交流学习	通过交流获得不同的知识、经验、思想，甚至产生新的思想；交流促进人的社会性属性发展	面对面交流的环境与设施
集体学习	有共同目标、分工的互助性学习，通过合作交流互教互学、相互启发，提供合作，提高交往能力和集体协作能力	小团队可围坐、协作、交流、召开会议的空间

非正式学习空间的设计应注意以下几个方面。

（1）空间规模。从现有建成案例来看，非正式学习空间的面积没有固定标准。其空间大小可根据建筑空间公共性与人流聚集分布可能性，按大、小区域布置。结合中庭、景观、服务设施等公共性较强、具有较高吸引力的位置，考虑相对集中地布置规模较大的空间。此外，非正式区域还应大小不一，以满足多种学习活动需求。

（2）空间分布。从位置分布上看，非正式学习空间不应全部聚集到一起，要根据人流、空间属性、活动规律，组织成规模不同的空间，分布到建筑的各区域。优先考虑结合公共空间、交通空间、交往空间、社交及服务设施布置，除有利于结合公共区域形成较强的交往氛围外，还有利于提高空间使用率，减少教学设施内交通面积的比例。例如，结合中庭与周边走道，设计为多样的开放或半开放空间，或结合餐饮店、咖啡厅布置，可为新型的交流学习创造出丰富的社交与自组织学习空间。

（3）空间营造。非正式学习空间具有一定的社会交往属性，通常是开放与半开放空间；其布局灵活、尺度多样，并具有非设定目的与多功能的特点。但是这并不意味着非正式学习空间是不经设计随意摆放的模糊区域，那种仅把走道或交通厅扩宽或者提供大面积架空层却连基本的座椅设施都没有的做法，很难促进自组织的交往行为发生。相反，非正式学习空间应该通过精心设计，根据不同的活动特征组织，提供不同大小与围合程度、不同活跃与安静程度的空间。其空间应该具有人性化的尺度与亲切宜人的氛围。为避免设计为模糊区域，很多案例还配以教学辅助设施如投影、白板以适应各类自发教学活动的需求。

[案例]　格拉斯哥都市学院教学中心：多种形式教学空间的结合

该案例（图6-30）的建筑设计有两个核心问题：第一是对当今信息传递方式变革导致教育理念变革的理解，即传统课堂黑板授课这种单向教学方式所传递的知识随处可见，且容易通过互联网获得；而新型的"组团学习"或"对话学习"方式可更合理地利用信息，更具优势；第二是开放式教学空间带来的灵活性、开放性，不但可满足多种教学需求，而且更加符合当今强调交流的教学方式，具有比封闭课堂更高的使用率。

基于这些出发点，设计通过"教学街"或"教学邻里"的概念，将各种具有开放性、交流性和非正式特征的学习空间与建筑内的流动空间进行组合，以促进交往与群体自发学习的发生。这些空间被精心设计为大小和私密程度都不相同的空间，并配以教学辅助设施以适应各类自发教学活动的需求。最后，通过这种设计提高空间使用率并节约传统教学空间。

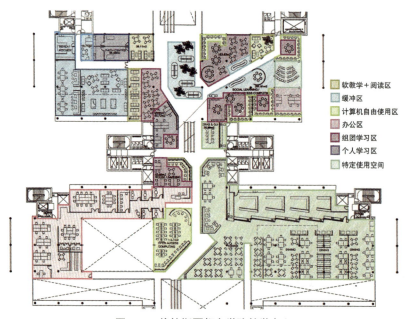

图6-30　格拉斯哥都市学院教学中心

来源：休·安德森.教育革命带来的英国教育建筑设计转变[J].建筑学报，2011(6)：105-109.

[案例]　　　　　**西敏斯特学院：非正式学习环境的营造**

在英国，传统教学建筑常被设计为走道连接教室，教室被视为有用空间，而走道被视为无用空间。由HLS事务所设计的西敏斯特学院（图6-31）所关注的主要是，适应信息时代教育理念的改变及提高教学空间的使用效率。设计师认为应结合计算机与信息革命带来的教学理念改变，重新审视教室外的教学活动，将以往教室外的走道变为具有多样形式与用途的开放或半开放空间。因此，其在建筑中部设计了采光中庭，各层平面结合中庭设计了平台及各种不同程度的开放空间；将首层的报告厅、咖啡厅、展厅以及各层的学习中心、餐厅等各种交流空间结合中庭布置，从而为新型的交流学习创造出丰富的社交与自组织学习空间。在建筑中心部位，不同楼层的师生可以

（a）学院室内外环境

（b）二层平图　　　　　　　　　　　　（c）三层平图

图6-31　西敏斯特学院

来源：（a）Henning Larsen建筑事务所官方网站；（b）（c）休·安德森.教育革命带来的英国教育建筑设计转变[J].建筑学报，2011(6): 105-109.

互相沟通、观察，结合交通空间设计的餐厅与学习中心则起到聚集社交活动的作用。建筑外围提供了相对封闭的小型研修空间与教室，保证了开放性与私密性的均衡关系。这种设计将传统理念中的无用空间变为可供开放学习、交流学习的自组织学习空间，同时在近100m长的建筑中将走道面积压缩到最长处不超过10m的尺度。

2. "无用空间"的实用性

大学校园建筑应为学习、思考、交流提供空间，并为学习的过程提供支持，然而这些理念在国内的校园建筑中往往难以体现。我们在设计实践中经常遇到的情况是，校园建筑设计标准、学校管理方都过度关注传统的教室、办公室等"功能性"空间，认为这些空间才是实用空间，并追求高"实用率"；其忽视了非正式学习、创新人员非正式交往活动的需求，认为这种走道、公共厅之中的放大区域是浪费面积的"无用空间"。再加上基于传统教学理念形成的学科院系小而全的封闭空间结构，使教室与实验室的实用率不高；缺少公共空间，使各学科割裂与孤立，造成学科团队间缺少联系与交流，这些都不利于现代大学强调社会交往、学科交流的教学模式的发展。

而实际上，校园建筑内的这种"无用空间"，并没有降低建筑的使用率，而是提供了更具灵活性与更高使用率的多样教学空间。非正式环境的"无用性"，只是基于传统教学理念对新型教学环境多功能性、灵活性、模糊性特征的局限理解。国外研究表明，封闭的教室相比于开放的非正式学习空间并不具有更高的使用率，英国教学建筑中传统教室由于灵活性差，使用率经常在30%左右，而非正式的学习空间反而提高了教学设施的使用效率[①]。更重要的是，知识文化是一种交流文化，当大学校园中的建筑能够鼓励师生间的非正式交流活动时，才能最大限度地发挥其教育、创新的职能。非正式区域往往促发了交流、创造知识的活动，因而无论对于教学还是科研创新空间而言，都需要注意其鼓励交往、社会化的"非正式"的一面。

因此，应重视传统教室空间外非正式学习空间的设计，重新审视"实用率"的内涵与非传统教学方式的重要性。应该从科研学习环境的目标出发组织学习环境，使正式与非正式的教学环境结合、特定目的与多功能空间结合，形成整体连贯的学习空间体验和灵活多样的教学空间。

---

① 休·安德森，高强.教育革命带来的英国教育建筑设计转变[J].建筑学报.2011(6)：105-109.

[案例] 科罗拉多大学跨学科医学楼：正式与非正式学习空间的结合

在科罗拉多大学跨学科医学楼案例中（图6-32），各种医学分支学科及研究生课程被整合到一起，并采用团队式问题导向的科研方式，以实现大学的跨学科教学目标。该建筑展示了正式与非正式教学结合的方法和空间布局：一方面，包括大讲堂与团队教室等各种尺寸与配置的空间提高了教学传递的能力；另一方面，大讲堂朝向大型公共交往区以促进交流；弹性化团组区域分散在5层的建筑中，为促进自发讨论与团队学习提供机会；建筑的东面还面对一处公园般的教学共享区。这些包括个人休息学习、非正式的小组学习及课堂相关的非正式学习区域在内的多种形式，提高了学生吸收课程内容的能力。

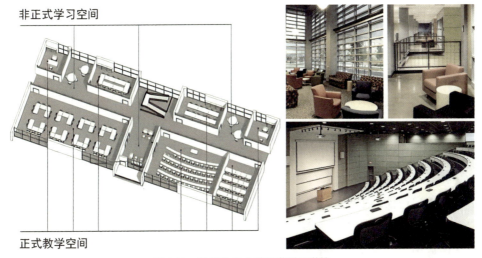

图6-32　科罗拉多大学跨学科医学楼

来源：EDWARDS B. University architecture[M]. London：Taylor & Francis，2001：186-190.

6.4 整合正式与非正式空间的协同结构

创新科研建筑的空间结构，深刻影响着内部使用人群的科研活动、学习行为、创新交往与社区结构。然而，在知识创新时代的空间结构需要考虑比功能分区、流线组织更多层面的问题，包括学科与团队间的交叉联系、正式与非正式环境的结合、交往与社会结构的融合、创新网络的形成等。因此，有必要寻求一种新型的创新空间结构，不但能建立各空间之间的功能分布、交通联系，还将建立一种人员或空间之间的信息、知识、活动、社区结构联系的网络化、协同化的整体结构。

6.4.1 创新建筑空间的协同结构

1.基于知识组织的网络空间结构

创新是以知识为导向的活动,创新文化是一种交流的文化。创新活动的时效性使得创新团队需要在最短时间内获取信息、掌握最新的技术与方法,在最短时间内联系相关的协作团队、快速交流信息解决问题,这些都需要大量的信息交流和尽可能顺畅的沟通渠道。从创新知识产生的角度来看,研究型大学的创新科研建筑空间是承担信息与知识创造、传播、转化职能的空间,是一个有关信息与知识活动的空间系统。建筑空间结构不但为这种自组织的信息交流活动提供空间,而且还应通过适当的空间结构引导与鼓励这种活动的发生。基于以上思考,创新建筑空间需要突破以往单纯以功能分区原则来进行建筑布局的方法,采用基于信息流动与交往的网络来组织空间的策略。在此背景下,创新科研建筑将成为信息交流与创新协作的催化剂,建筑空间结构是成员或团队之间信息与交往的黏合剂。

创新科研建筑设计关键是认识知识传递与流动的规律,并以此为基础为创造知识构建的空间场所,其中最主要的就是与交流和互动活动相关的环境组织。结合知识交流特征与空间形态分类,可将创新空间网络抽象为点、线、面结合的结构。①点元素:各类型交往空间是网络中的节点,起到信息交换的作用,表现为各种非正式交流场所、休息区域;②线元素:人员和信息流动的渠道,包括各种协作联系、人员流动、信息传递途径,主要体现为建筑空间中的水平、竖向动线空间及流动空间;③面元素:信息与交往行为大量聚集的空间,体现为建筑中的信息中心、集体交流场所,如媒体信息中心、展厅、中庭。

基于对知识流动与组织规律的认识,创新建筑空间应该通过这种点、线、面元素的关系,结合创新活动组织特征,建构一种网络化的空间结构。其目的是通过这种非正式、自组织的交往网络,提高信息交流的密集度与频率并鼓励自发的交流行为,以使其成为创新空间中知识创造与传播的主要驱动器,创造一种信息与知识化的建筑空间。

[案例]　　　**大众汽车大学:知识创新的网络空间结构**

由Henn事务所设计的大众汽车大学(图6-33),其设计关注点是信息时代知识型空间及跨学科创新空间的营造。在信息时代中创新文化就是交流的文化;科研建筑是信息系统的一部分,它的空间环境应该与信息交流结构整合在一起,以促进交流。建筑师认为科研设施设计的挑战在于为知识型组织确定适当的空间布局，以及为交流与互动场所提供形态结构；这意味着应摒弃以功能组织空间的法则，而转向以网络与流动系统组织空间的法则，使建筑成为协作的驱动器[①]。

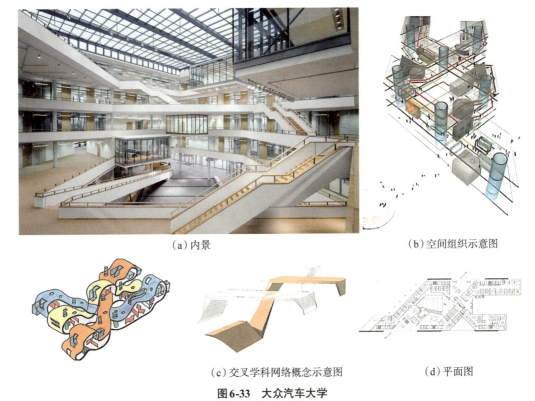

（a）内景　　　　　　　　　　　　　　（b）空间组织示意图

（c）交叉学科网络概念示意图　　　　　　（d）平面图

图6-33　大众汽车大学

来源：（a）（d）Henn事务所官方网站；（b）（c）HOEGER K. Campus and the city: urban design for the knowledge society[M]. Zurich: GTA Verlag, 2007: 149.

（1）跨学科的空间交织。基于创新的特征，该建筑设计为基础科研与应用开发相交织的空间。建筑中不同学科、团队的空间通过延伸、折叠、交织形成相互交叠融合的空间结构。这种簇群与条带交织成节点的理念及折叠扭转的空间与结构，象征并促进了学科领域间的互相融合。

（2）基于信息流动法则的组织。创新往往处在激烈的速度竞争中，科研需要在最短时间内进行信息交流。采光中庭包含会堂、餐厅和交通空间，成为建筑功能与空间的核心；公共空间提供了各种交流空间和室内外活动场所，周边还有供团队协作使用

---

① HOEGER K. Campus and the city: urban design for the knowledge society[M]. Zurich: GTA Verlag, 2007: 149.

的会议室；开放楼梯建立了直接的联系并强调了开放性。这些都增强了中庭的动感并促进知识交流的发生。

（3）网络化与平等的空间结构。网络是更少层级却更多分形特征的结构。大众汽车大学设计采用了大尺度形态服从小尺度形态的分形秩序，具有更少的层级特征，从而形成了具有网络特征的建筑。

总体而言，设计师认为开放交流与可变性空间对知识创造具有重要作用，而自组织、非正式的网络是创新组织中知识创造的驱动力。空间结构暗含了集中的街道与市场的法则，为促进知识产生的交流型校园空间奠定了第四维度即信息维度的基础。

2.基于协作领域的社区结构

在创新科研建筑中学习、工作的师生与学者拥有共同的目标、价值观与领域感，组成一种研究型社区（research community）。在这样的社区内，学者们为了共同的创新科研目标，产生各种各样的交流活动，也形成了各种团队组织结构与跨团队的协作联系。一个团队的社会结构能够对团队的创造性和热情起到激发或妨碍的作用；而一座科研建筑空间的组织方式则会产生一种潜在的作用，推动这一目标实现[①]。因此，科研建筑空间应该推动形成交往协作、多元融合的社区结构，并通过促进这种社区氛围的形成，进一步支持成员的协作与创新活动。

从空间的社会性质角度看，创新科研建筑中的空间按照公共性与交往性可分为私密、半私密—半公共、公共几个层级（图6-34）：封闭的个人办公室、研究室属于

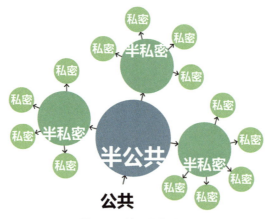

图6-34　社区结构关系

---

① 哈多·布朗，迪埃特·格鲁明.研究和科技建筑设计手册[M].于晓言，译.香港：安基国际印刷出版有限公司，2006：15.

私密空间；开放性团队创新空间、会议空间属于半私密—半公共空间；中庭、讲堂、餐厅、聚会空间等属于公共空间。按照行为心理学的分类，这些空间中私密性的办公室、研究室属于社会离心空间；而促进成员交往的场所如公共交往空间与设施，则是其中的社会向心空间。创新空间应该重视其中的向心空间设计，营造有利于社区成员交往、融合的空间氛围。

从空间领域角度看，按照社会组织结构可分为领域单元—团队成员、领域组团—团队、领域群—建筑内的创新集体三个层次（图6-35）。创新空间的结构组织，既要照顾个体成员归属感、团队内的邻里效应，又要突破领域界限，形成互相包容的社会结构关系，形成跨学科团队的协作关系。这需要建筑中建立各种竖向与水平的空间联系，通过跨学科团队的联系，改变科研团队间的协作性社会结构。

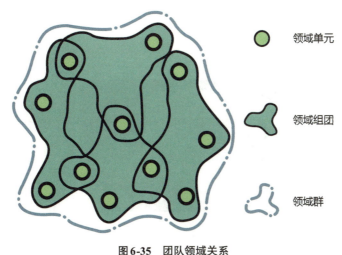

领域单元

领域组团

领域群

图6-35　团队领域关系

[案例]　　**麻省理工学院斯塔特中心：跨学科创新社区空间**

斯塔特中心（图6-36）是麻省理工学院探索21世纪信息时代校园空间建设计划的一部分，它被定位为麻省理工学院创新科研的社区中心，并由弗兰克·盖里完成建筑设计。斯塔特中心的目标是将不同学科背景的科研人员聚集在一起，通过跨学科协作和人才融合，培育创新和构建知识社区。抛开稍带夸张与怪异的建筑外形不谈，弗兰克·盖里在该建筑设计中对创新协作与知识社区所需的空间结构进行了反复比选与推敲，最终形成的空间充分表现了信息时代新型创新科研空间的组织特征，其策略包括以下方面。

（a）首层平面图

（c）学生街

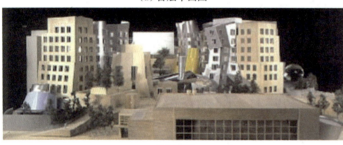

（b）模型

（d）实验室公共空间

图6-36　斯塔特中心

来源：MITCHELL W J. Imagining MIT：designing a campus for the twenty-first century[M]. Cambridge：
MIT Press，2011.

（1）灵活多功能布局与非正式空间。为了促进更多的社会交往，斯塔特中心内除了会堂、教室、实验室、办公室等学术空间外，还提供了健身中心、餐厅、咖啡厅、幼托中心，以及一些不规则空间组成的功能不确定的空间。师生、学者既能在讲堂中演讲、小会议室中进行团队合作，又能在非正式空间中进行自发交流。

（2）以"学生街"串联的社区空间结构。通过对建筑内社区邻里关系的分析，设计师将建筑中心设计为聚集各种社交活动的"学生街"，"学生街"连接了餐厅、咖啡厅、讲堂及一些研究室，并在局部营造停留、休闲角落，成为贯穿整座建筑的非正式公共社交空间。同时，建筑在每两层间设计竖向交通与跃层空间联系，避免不同团队间的空间隔离。

（3）创造学科交叉与激发创造力的空间。弗兰克·盖里为了创造打开思维的空间，将研究空间设计为可通过墙体移动来调整的灵活空间，强调交叉学科的融合与自由交流，并以灵活空间适应未来需求。

3.基于复合特征的整合结构

当今的创新科研活动并不仅限于研究室、实验室内的单一活动，它包含了知识从学习、传播、探索、创造到转化的全过程；它不但是一种个体专注的活动，更是一种集体的协作、社会化的活动；既包括正式的学习、交流场所，也融合了非正式的空间（图6-37）。在这些创新科研空间中，整合了传统意义上的教学、实验、办公、展示、会议、交流、聚会等多种功能，甚至还有休闲、娱乐的空间。它们服务于知识创造的全过程需求，并体现出对创新人员生活需求的人性化关怀。因而，创新科研建筑越来越呈现出一种开放化、复合化与整体化的趋势。

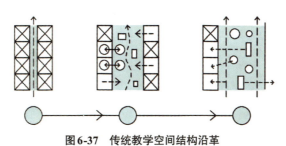

图6-37　传统教学空间结构沿革
从封闭的教室到封闭与半封闭结合的学习空间

创新空间可结合线性空间创造复合的功能结构，将多样教学空间与复合功能沿交通骨架布置，形成交通与交往结合的公共空间结构（图6-38）。这种整体化的结构，

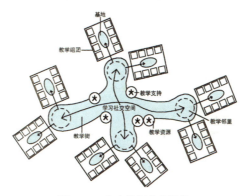

图6-38　未来校园空间结构
教学组团通过教学邻里与教学街相连，教学支持系统存在于本地、邻里和中央等不同等级区域中
来源：休·安德森.教育革命带来的英国教育建筑设计转变[J].建筑学报，2011(6)：105-109.

将多种功能空间如教学、科研、交流、服务融合为整体，同时平衡与黏合两种科研空间，即正式的、封闭的、专注的科研空间与非正式的、开放的、交流的空间。这种空间还应将交往服务型设施作为建筑中人群与活动的黏合元素，将不同空间人群吸引到一起聚集、交流。

[案例]　　　　巴黎第二大学学习中心：复合型教学综合体

巴黎第二大学教学综合体始建于1960年，原建筑由一系列教室、长条形的交通空间及中央大厅组成，其空间组织反映了当年灌输型的教学理念。Haa设计公司的改建方案（图6-39）基于现代教学理念对信息交流与学习方式多样性的重视，将学习中心改造为具有复合功能与多种交往设施的教学环境。其主要策略包括：①以交往设施作为"社交黏合剂"，利用餐饮店、咖啡吧鼓励师生停留交流，设置交流学习区；②关注个人与小型团队的教学空间，设置半封闭带有电子显示设备的组团式学习区；③兼顾社交学习与自主学习的空间结合，除了开放活跃的社交学习空间，还有安静并处在多数人视线外的空间，如私密的工作区和实验室，满足不同的教学需要；④结合流线形成复合功能结构，即多样教学空间、多种复合功能沿交通骨架布置，形成交通与交往结合的公共空间结构。

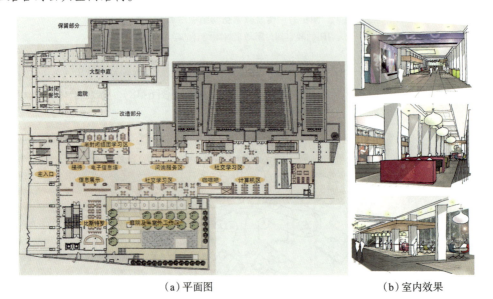

（a）平面图　　　　　　　　　　　　（b）室内效果

图6-39　巴黎第二大学学习中心改造

来源：（a）休·安德森.教育革命带来的英国教育建筑设计转变[J].建筑学报，2011(6)：105-109；
　　　（b）Haa设计公司官方网站。

［案例］ 阿伯丁大学班夫巴肯学院：交通流线结合非正式学习空间的结构

班夫巴肯学院原有教学设施采用传统教室结合走廊的布局，随着学院的扩展，走廊越来越长而教室越来越孤立。Haa设计公司的改造设计（图6-40）将传统教室之间的公共空间加以利用，改造为非正式的学习场所。不再通过黑暗狭长的走道进入教室，而是通过共享的交往学习空间进入；原有的交通空间也变为建筑中的交往型学习、非正式学习空间，传统的教室与新型的教学空间相互结合，最终形成了一种交流学习、非正式学习与交通流线结合的总体结构。

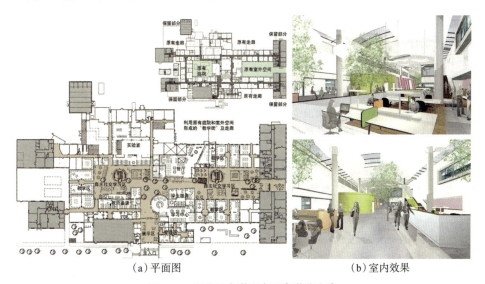

(a) 平面图   (b) 室内效果

图6-40   阿伯丁大学班夫巴肯学院改造

来源：（a）休·安德森.教育革命带来的英国教育建筑设计转变[J].建筑学报，2011(6)：105-109；
（b）Haa设计公司官方网站。

6.4.2 协同结构的空间组织模式

1.创新空间的整体协同结构

研究型大学的创新科研空间，是知识传递、探索、创造活动的空间；同时，它既是跨学科团队协作的空间，也是科研活动与社会交往融合的空间，还是创新活动与创新网络形成的空间。其空间结构需要突破功能分区、流线层面的组织，形成更加复杂的整体空间结构：不但是为各科研团队提供活动的空间，还应该鼓励其跨学科联系；不但有正式的传统教学科研空间，还要将非正式的交流、学习空间紧密结合、融为一体，成为符合现代创新与教学理念的整体知识空间（图6-41）；不但关注物质空间的分布，还应该与交往、社会结构吻合，促进社会关系网络形成和创新网络建立。

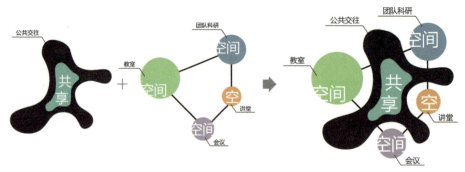

图6-41　正式空间与非正式空间结合的整体结构

　　基于以上考虑，研究型大学中的协同创新空间是一种功能复合的综合性空间，其空间结构不但是建立各空间之间的功能分布、交通联系，还应该建立成员、团队、空间之间的信息、知识、活动、社区结构联系，从而形成一种网络化、协同化的整体结构（图6-42）。结合前面介绍的几种结构特征，可以将创新科研空间中的元素分为结构性元素、结构附加元素与正式空间元素。其中，结构性元素是建筑空间构图中的线、面元素——包括开放空间（如中庭）和融合人流、信息流的流线，结构附加元素指具有一定空间开放性质的非正式交流、学习空间与共享服务设施，而正式空间元素主要指具有明确空间界限的教室、实验室、研究室、团队科研空间等。

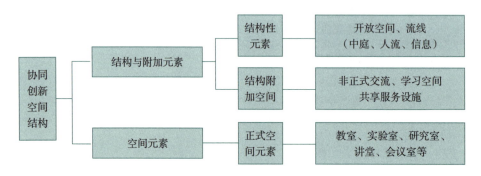

图6-42　协同空间结构模式示意

　　在以上三种元素中，结构性元素与具有开放性的非正式空间，组成了建筑中公共开放空间体系，形成了组织正式与封闭空间元素的脉络，它们形成了创新空间的整体协同结构。设计整体创新空间的关键是突破仅考虑正式空间组织布局的设计思路，将非正式空间与结构性元素作为重要的结构脉络进行创新建筑的布局。

2.整体结构组织模式

创新科研建筑的整体结构，其实质是关注建筑内信息流动、公共交往、协作联系的网络，根据建筑内开放空间、组织流线、非正式交往学习空间与正式空间的分布规律，可以将常见的创新科研建筑整体空间结构归纳为以下组织模式（表6-8）。

结构组织模式　　　　　　　　　　　　　　　　表6-8

模式	核心式	一字形	放射形
简图			
建筑形态	内聚的点式平面	功能空间线形排布	各学系、团队以共享空间为核心的放射形布局
交通流线	以中庭作为联系核心	以中庭为中心往两侧延伸	以中庭为中心放射延伸
公共空间组织	小型竖向中庭连接各团队	交往空间与共享设施布置在团队中心位置形成共享联系	交往空间与共享设施布置在放射中心位置形成共享联系
模式	U形	口字形	梳形
简图			
建筑形态	围绕庭院形成的半围合形态	围绕庭院形成的围合形态	不同学系、团队沿门厅公共空间单侧排布
交通流线	以门厅、中庭为核心向两侧延伸	回字形路线在门厅形成核心	以公共带为核心向单侧建筑延伸
公共空间组织	主要交往空间与共享设施结合入口门厅布置	主要交往空间与共享设施结合入口门厅布置	交往空间结合共享设施沿入口交通轴布置形成交往带
模式	鱼骨形	院落式	立体式
简图			
建筑形态	不同学系、团队沿主轴两侧排布	不同学系、团队围绕各自的院落布局形成整体	不同学系、团队沿竖向叠加，围绕空中庭院布置
交通流线	以公共交通轴线为核心向两侧建筑延伸	首层形成整体的交通网络，楼上各院落形成环形流线	整体竖向流线，空中庭院有各自的步行垂直联系
公共空间组织	主要交往空间结合共享设施沿交通轴线布置，形成交往带	主要交往空间与共享设施布置在低层靠中心部位	自下而上形成几个交往空间，穿插分布共享设施

（1）核心式。

核心式建筑平面占地较小，以相对内聚的点式平面环绕小尺度中庭布置。以牛津大学生化系大楼为例（图6-43），这种模式中以中庭为核心的公共空间，起到横向与竖向交叉联系各学科团队的作用，同时在中庭中聚集各类休息区、交流区、咖啡座等交往空间，成为非正式的学术交流场所。

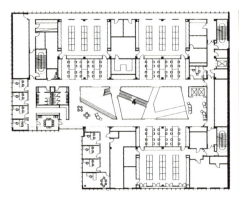

图6-43　牛津大学生化系

来源：（左图）EDWARDS B. University architecture[M]. London：Taylor & Francis，2001：113-115；
（右图）牛津生化中心官方网站。

（2）一字形。

一字形建筑平面呈线性进行功能排布，通过线性的交通流线组织主要的实验、科研空间。以马克斯-普朗克研究所分子生物与基因研究所为例（图6-44），建筑在中心部位设有竖向的中庭，通过天桥连接两个不同的学科团队；中庭竖向的电梯与步梯提供了跨楼层的联系。建筑中庭首层有咖啡座、餐厅及开放式的可供学术讲座的交流空

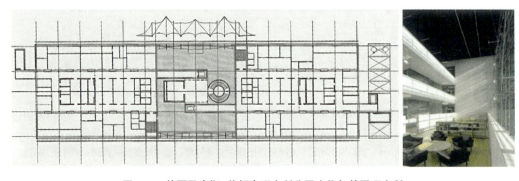

图6-44　德国马克斯-普朗克研究所分子生物与基因研究所

来源：BRAUN H. Research and technology buildings（design manuals）[M]. Basel：Birkhäuser Architecture，
2001：172.

间，成为学者各类交往活动发生的场所。中庭中可举行相关的交流活动，而且在举办学术讲座时通过广播系统可让信息转达到每个楼层，吸引感兴趣的学者参加。

（3）放射形。

各学系、团队以共享空间为中心呈放射状布局，中庭成为整个建筑交通、活动与交流的中心。以丹麦VIA大学学院建筑为例（图6-45），中庭空间环绕着可跨楼层联系的步行楼梯，便于不同楼层、团队的成员联系；周边的挑台结合采光空间，成为人流聚集交流的非正式场所；建筑在靠近中心部分布置有餐饮、图书及相关公共设施，成为建筑中的社交黏结剂。

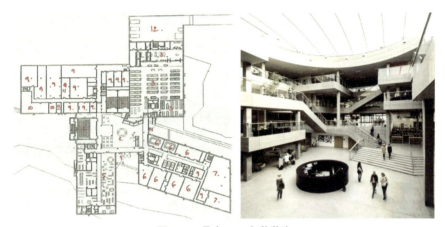

图6-45　丹麦VIA大学学院

来源：EDWARDS B. University architecture[M]. London：Taylor & Francis，2001：155–156.

（4）U形。

建筑围绕庭院形成半围合布局，交通流线以门厅为中心向两翼延伸。以马普协会创新研究院为例（图6-46），这种布局将主要交往空间与共享设施结合，布置在靠近

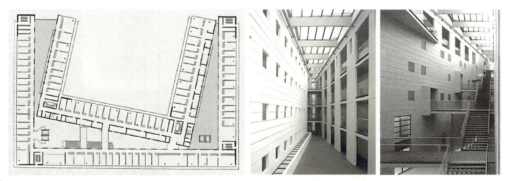

图6-46　德国马克斯-普朗克研究所协会创新研究院

来源：BRAUN H. Building for science：Max-Planck-Institute [M]. Basel：Birkhäuser，1999.

门厅位置而有利于两翼建筑共享使用。

（5）口字形。

口字形是最常见的布局，建筑围绕庭院呈围合形态，交通流线以门厅部位的中庭为中心，向两侧延伸并在主要楼层呈闭合环形。以德国马普协会人类进化研究所为例（图6-47），建筑主要的共享设施、交往空间以中庭的形式结合主要门厅布局，方便各楼层、各学科的联系使用。中庭中可举办各类聚会、学术讲座及非正式的休闲交流会，成为建筑中主要的交往核心。

图6-47　德国马克斯-普朗克研究所协会人类进化研究所

来源：BRAUN H. Research and technology buildings（design manuals）[M]. Basel: Birkhäuser
Architecture, 2001：172.

（6）梳形。

主要的建筑科研教学空间呈群组排列形态，在一侧通过公共门廊空间建立公共联系。以中欧工商学院为例（图6-48），门廊空间兼顾了入口门厅与向各建筑分流联系的功能，门廊空间还分布有各类休息、交流空间，以及共享的正式、非正式交流空间，成为整个建筑群组的公共空间骨架。

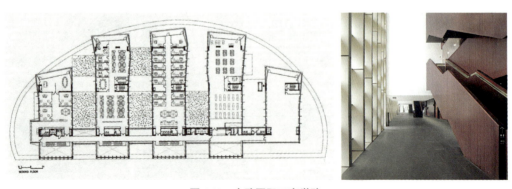

图6-48　中欧国际工商学院

来源：EDWARDS B. University architecture[M]. London：Taylor & Francis, 2001：340-341.

（7）鱼骨形。

建筑中不同学系、团队沿中心主轴两侧排布，成为鱼骨状的建筑群体。以慕尼黑工业大学机械系为例（图6-49），这种建筑群体依靠公共轴线作为主要的交通骨架，并通过连廊步道向两侧延伸。主轴空间成为整个建筑的交往街道，联系各种公共设施（如图书馆、讲堂、零售店、餐饮设施），并结合各类空中连廊、挑台、楼梯元素，形成具有城市活动空间氛围的交往地带。

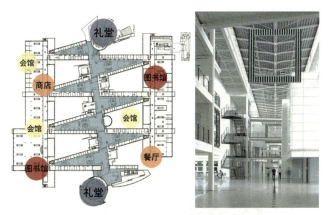

图6-49 慕尼黑工业大学加兴校区机械工程系

来源：BRAUN H. Research and technology buildings（design manuals）[M].
Basel: Birkhäuser Architecture, 2001: 194.

（8）院落式。

建筑呈几个院落组合的群体形态，不同学系、团队围绕各自院落布局形成整体。以柏林洪堡大学物理研究院为例（图6-50），建筑在首层形成整体的交通网络，而楼上各层则围绕庭院形成环形的流线。主要的交往空间及各类共享设施（如会堂等）布

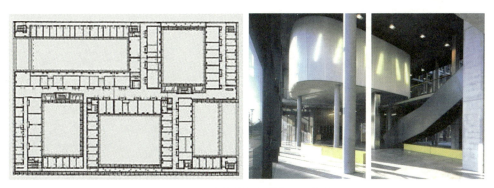

图6-50 柏林洪堡大学物理研究院

来源：BRAUN H. Research and technology buildings（design manuals）[M]. Basel: Birkhäuser
Architecture, 2001: 74.

置在底层靠近中心及门厅部位，方便建筑各部分使用。

（9）立体式。

立体式属于高密度、竖向发展的高层模式，不同学系、团队沿建筑竖向叠加。以中国香港理工大学西九龙校区综合楼为例（图6-51），建筑依靠竖向的流线解决交通问题，建筑在空中设有几个空中花园，空中花园结合有几个楼层竖向联系的扶梯，形成几组以空中花园为中心的竖向联系群组。空中花园周边还设有各类共享设施，成为立体的交往空间与垂直联系空间。

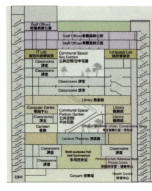

图6-51　中国香港理工大学西九龙校区

来源：香港理工大学专业及持续教育学院官方网站。

第7章 研究型大学协同创新空间设计策略综合运用

我们的大学是这样一个场所——在这里传统的学科边界被打破；在这里数学家、工程师与神经学家、微生物技术员聚集一起创造改善未来生活的新技术；公众被邀请到这里，以传递服务于社会进步的科研工作信息。

——帕特里克

随着我国进入创新型社会，研究型大学将在区域创新系统中发挥强大的创新与研究职能，而这个目标的实现需要校园在物质空间环境上提供相应的支持。前面3章内容分别从城市区位、校园规划、建筑空间三个层级入手，对研究型大学参与协同创新的空间设计策略进行了探索。但是作为一个整体的设计策略体系，除了分层面的分析研究外，还需要从整体的视角进行考察与整合。因此，本章将从系统整体层面梳理本策略体系的主要立场与主要原则，结合几个案例实践阐述设计策略的综合运用，并总结未来的发展趋势。

7.1 研究型大学协同创新空间设计的策略综合

整体设计是一种系统的哲学思维，它将城市与建筑各设计要素视为互相联系的系统组成部分，围绕设计目标和主题对各要素进行全面、多层次的分析、综合，并作为整体来设计。协同创新系统是一个多层级主体的复杂系统，研究型大学作为其中的子系统，也具有系统的开放性、复杂性、整体性特征。因此，系统各层级之间不是独立隔离的关系，而是相互联系的整体。在前面对研究型大学创新科研空间进行分层面剖析后，还应该从整体上把握其空间环境的特征，以整体的视角建立一个整合的策略体系。

7.1.1 构建层级网络关系

1.跨层级的整体创新网络关系

从协同创新系统的视角看，区域创新系统是一个多层级、多主体的协作体系，它既包括政府、研究型大学、企业组织、科研机构之间的创新协作，也包括大学内跨学科、专业、团队的协作。这些层级关系的分类，依据的是组织的结构与空间规模的大小，但这并不意味着创新主体之间只能在同一个层级形成创新联系。从创新网络的角度看，这些不同层级的创新主体，形成以网络关系为特征的联系，如个人、团队也可以与校园外部企业、科研机构形成创新协作关系。这些创新网络既包括正式的制度性协作，也包括非正式的社会联系。

2.建立整体的协作、交流视角

基于创新主体间网络化的创新联系，以及正式与非正式结合的网络特征，研究型大学校园空间设计应该建立整体的协作、交流视角。而整体的视角建立，除了可从整体上为建立这种广泛、网络化的联系创造条件外，还使设计者在设计过程中可根据实际条件选择有利于操作的实施层面，不用拘泥于在每个层级都采用相同的策略。以利于非正式交流与创新网络形成的设计策略为例，在整体视角建立后，设计师将会以整体的眼光考虑校园空间中交往设施、空间的分布。再者，在校园设计的每个层面均全面考虑往往难以实现，也很可能会造成资源浪费，而整体视角的建立有利于突破规划、建筑等层级的限制，可根据实际条件灵活选择：或在总体区位层面利用校外社会资源来满足校内需求；或根据校内规划与建筑空间的条件，选择在规划层面或建筑层面实施（图7-1）。

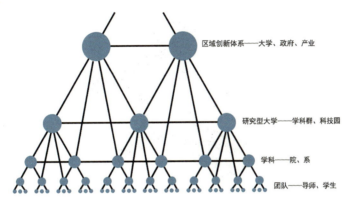

图7-1   创新主体层级网络关系

7.1.2 建立整体复合空间

1.校园空间要素的复杂性

研究型大学是现代大学中最复杂的类型，也被认为是最复杂的社会机构之一。大学校园空间的设计涉及众多学科、层面的要素——既包括规划、建筑、室内、景观设计的各专业，又涉及城市、校园、建筑空间多个层面。而且，校园空间的设计还需要以不同视角处理好众多貌似不相关甚至对立的问题，如物质空间形态设计与社会结构的关系、建筑形态与开放空间之间的关系，以及正式创新网络与非正式创新网络、正式教学环境与非正式学习环境、教学科研设施与社区服务设施之间的关系等。

从国内大学校园建设现状和使用中出现的各种问题来看，这往往是由于孤立地考虑某个层面、基于某个视角的问题而缺少从整体进行全面考虑造成的。例如，校园设计只考虑建筑造型而忽略了它们之间的开放空间，造成了开放空间尺度失衡；只考虑物质空间形态而忽略了从社会、心理角度构建应有的社区氛围、空间场所；只考虑校园内科研设施、正式教学空间的建设，而忽略了非正式交流、创新网络形成与非正式教学活动所需的各类社区服务设施、交流空间的建设。

2.建立整体协同的设计视角

整体设计观是一种交叉学科理论，也是一种整体创作的方法论，它不仅要求设计师在设计过程中综合考虑涉及的多个学科问题，如社会学、规划学、建筑学、心理学、行为学等学科理论，还要求以联系的眼光综合考虑各种环境因素，特别是各种不同类型空间之间的关联、整合关系。结合前面所述内容，研究型大学协同创新空间设计策略应该以整体视角处理好几对不同类型空间之间的整体关系（图7-2），包括以下方面。

图7-2　整体空间概念

（1）空间规划的图底关系。规划中的建筑实体空间与开放空间，以及建筑中封闭空间与公共开放空间、半开放空间，它们是设计中的两对图底互补的空间关系。良好的校园空间与建筑空间，往往既能考虑到规划实体空间与建筑封闭空间的布局，又能照顾到各种开放空间、公共交往空间的形态、结构。因此，设计师在校园设计中应该建立整体的视角，处理好这两对图底空间关系。

（2）正式与非正式环境关系。创新活动的组织，既需要通过制度性的协作形成正式创新网络，又需要通过社会交往形成非正式的创新网络。而新的教学理念，既需要通过正式组织的课堂教学传递知识，又需要通过非正式的自主学习、交流学习、集体学习来交流、探索甚至创造新知识。这些创新与研究型教学的活动特征表明，在校园环境中，既需要传统的教室、实验室、研究室、会议室等正式空间，又需要适宜具有自组织、非正式特征的聚会、交流活动发生的社区设施、交流空间、公共空间等非正式的空间环境。这需要设计师从整体上建立正式活动与非正式活动互相融合的空间观念，将非正式的交流、学习活动与校园内发生的其他教研活动整合在一起。

（3）物质空间与社会、心理空间关系。物质空间既能促进和谐的社会关系形成，也能破坏应有的社区结构。在一些现代功能主义理念影响下的校园案例中，校园规划中校园空间与社区结构脱节或者建筑空间未能符合使用者的社会组织、心理需求，都导致使用者在教学生活中的不安感，甚至进一步破坏校园中应有的社会关系和社区感。这需要设计者整合功能主义与人文主义的立场，建立物质空间与社会、心理空间结合的整体设计观念。

（4）功能空间、交通空间与知识传递、人员交往的关系——以往的教学、科研建筑往往只考虑通过功能、流线来组织空间。而随着信息时代、知识社会的到来，作为社会知识创造空间的大学校园与建筑环境，应该充分考虑空间内知识传递、交流、探索、创造等活动的特征，而不是仅基于功能组织、交通流线来进行建筑设计。这需要设计者引入信息与知识空间组织的视角，重视空间中各类交流空间，进行知识流线的设计，创造知识与信息化的空间。

7.2　研究型大学协同创新空间设计的综合实践

前面的论述建构了研究型大学整体设计目标与相应的策略体系，但每个校园有各自的特点与条件，因此，策略的综合运用需结合具体案例具体分析，其运用过程与结果也将呈现多样、复杂的特点。在设计实践中，需要设计者在各种复杂因素的影响下，既要抓住主要矛盾，也要在各种现实限制条件中平衡得失，在大的目标、原则指导下制定具有灵活性与适应性的具体策略，从而在实践中形成各具特色与个性的校园空间。以下将结合笔者的实践案例，探讨策略在实际案例中的综合运用。

7.2.1　中山大学深圳校区

1.项目概况

深圳市为实现创新型城市的目标，与中山大学合作按世界一流大学标准建设深圳校区。新校区选址于光明新区，以医科和工科为主容纳2万名学生，一期用地面积约145hm²（一、二期用地面积共321hm²），建筑面积135万m²。规划用地呈不规则形状，用地中间高、四周低、一山矗立、七丘拱卫，新陂头河东西向横贯其中，形成山水相融的自然格局。深圳市建筑工务署在2016年组织国际竞赛，吸引了全球顶尖的近100家单位参加，笔者所在团队有幸中标并负责校园总体规划与包括核心区图书馆、公共教学楼、医学组团在内的I标段建筑设计（图7-3）。

2.规划设计的目标与布局

（1）中山大学深圳校区规划设计的目标愿景。

　　深圳引进中山大学是为了实现城市的创新驱动发展，在校园设计中如何强化创新
职能，引入更多的创新理念，打造校园的时代特征与个性，成为重点关注的问题，而
校方在新校区建设中也将传承中山大学文化作为重要目标，因此传承与创新成为新校
区的主要设计目标（图7-4）。

图7-3　中山大学深圳校区整体鸟瞰
来源：华南理工大学建筑设计研究院有限公司。

图7-4　中山大学深圳校区规划总平面图
来源：华南理工大学建筑设计研究院有限公司。

（2）中山大学深圳校区规划设计的结构。

基于以上定位，设计团队提出了"山·水·礼·学"的规划结构（图7-5）。

山——中心山体：中心山体作为生态绿核，同时打造指状的生态廊道，建筑镶嵌在这些绿带之间。其中，大尺度的高层组团布置在外围，沿山一侧布置小尺度的建筑，形成建筑与生态共融的格局。

水——滨水景观带：沿河道布置体育馆、活动中心、礼堂等，形成一条风景优美、充满活力的滨河活力带，同时滨河湿地也成为海绵校园的主要骨架。

礼——南北向礼仪轴：沿轴布置牌坊、中山像、主楼、惺亭等景观节点，既传承了中山大学的历史文脉，又打造出深圳校区特有的景观序列。

学——东西向学术轴：将相邻布置的学科组团、公共教学实验设施串联起来，形成一条有利于学术交流的步行脉络。

图7-5 "山·水·礼·学"规划结构图

来源：华南理工大学建筑设计研究院有限公司。

（3）中山大学深圳校区规划设计的总体布局。

在功能布局上，校区级共享设施，如图书馆、行政楼、会堂、体育馆等则布置在校园中轴附近，东、西两区均可便捷到达。由于校园被中央山体分隔，如何避免师生每天翻山越岭、长途往返，是功能布局中考虑的重点问题。规划在山体东、西两翼各布置两个学科群，并将与其学生人数对应的宿舍、公共教学实验建筑、服务设施邻近布置，避免学生钟摆式长途往返。

在交通组织上，设计团队注重创造安静的学习和生活环境，以人车分流为基础规划设计了六个校园出入口与五级车行道；并结合校园用地的功能布局，设计线路连续、师生使用便利的校园公交系统；此外，构建三条主要的步行流线架构，支撑起了整个中山大学校园的步行系统，同时，再配以步行广场、组团步道、景观小路等次要人行道路，共同组织起遍布全校的步行网络，实现学院与宿舍间500m半径的通勤出行，并与周边湖滨绿化带建立便捷的步行联系。

3.文脉延续，山水自然——中山大学校园规划的传承与创新

（1）传承历史文脉的校园中轴。

设计传承了中山大学的传统空间特质，结合钟塔、榕树、草坪等元素，创造具有集体记忆与情感的场所。校园中轴将中山像、牌坊、图书馆、惺亭等校园节点串联起来，形成具有礼仪、象征意义的传统空间序列。校园建筑尽管以高层为主，但群体组织依然保留了院落组合的中山大学传统，裙楼采用了骑楼柱廊等岭南建筑元素，立面精致的红砖组合和局部拱券的点缀，传承了中山大学的文脉特征（图7-6）。

图7-6　联系东、西教学区的校园学术轴

来源：华南理工大学建筑设计研究院有限公司。

（2）聚焦协作创新的校园设施。

研究型大学最重要的特点是由传统的教授型教育转向创新型教育，以交流、协作作为基本手段，促使学生主动探索和发现。基于这个需求，设计团队在深圳校区设计中采取了以下措施。

首先，采用适度复合的功能分区，将公共教学、学院科研适度混合，在人流汇集的位置布置公共建筑和展览、餐饮、社团活动设施，为不同学院的师生提供更多空间上的交集，激发交流、合作与创意。其次，组织适应现代科研协作的群体，使化学与医科、生命相邻，工商管理与工科相邻，有利于学科交叉创新；学科内空间紧密联系，通过信息中心、报告厅等共享平台，促进交流联系。再次，在外围预留产学研用地与交流中心，鼓励校园创新输出，带动校内产业发展。另外，也致力于打造体现深圳活力的创新建筑风格，体现校园活力并与深圳城市气质相吻合。在建筑设计中引入被动式节能技术与新材料，实现校园建筑的创新（图7-7）。

图7-7 校园公共设施分布图
来源：华南理工大学建筑设计研究院有限公司。

（3）适应地域气候的绿色校园。

为打造绿色的校园环境，在交通方面倡导绿色出行，将对外联络较多、车流量较大的功能布置在外围，结合地下停车场，避免大量车流进入校园核心区。教学科研区域通过管制、减速带、较小断面宽度等措施减少车流影响。提供完善的电能公交站点

和覆盖整个校园的自行车道路系统；而遮阳顶棚、风雨廊、骑楼空间和依山架空步道
为步行者提供了风雨无阻的连贯步行空间；从教学楼到山顶图书馆的自动扶梯、服务
设施化解了山地高差问题，方便了师生（图7-8、图7-9）。

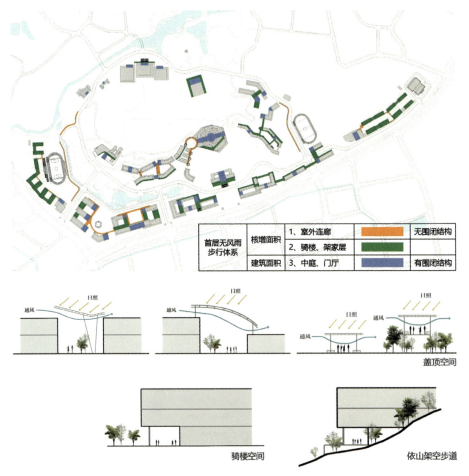

图7-8　适应地域气候的全天候步行空间系统
来源：华南理工大学建筑设计研究院有限公司。

　　生态修复是中山大学深圳校区一大重点。在校园内，最引人注目的建筑当属图书
馆，作为学术殿堂屹立于山林之中。图书馆选址处原为山腰采石矿而形成的深坑，山
林已被破坏，设计师巧妙地利用这一特殊的地形地貌，顺应地形，从山顶到山底依次
布置图书馆、公共教学楼、报告厅、服务中心，形成顺山而生的山地建筑群，拾级而
上的台阶结合景观设计，营造出多层次的空间场所。原有已破坏的山体已被修复，山
林郁郁葱葱，山体与建筑和谐地融合在一起，造就了一所风貌独特、融于自然的生态
校园（图7-10）。

图7-9　建筑群内的风雨连廊与架空骑楼

来源：华南理工大学建筑设计研究院有限公司。

图7-10　利用采石矿坑建设的图书馆

来源：华南理工大学建筑设计研究院有限公司。

4.活力多样，学科交叉——中山大学建筑设计的传承与创新

（1）和而不同的校园空间。

中山大学深圳校区注重空间的多样性与校园活力。结合基地山水环境，通过不同尺度、地形、围合度的开放空间的推敲，师生可以在滨河运动公园散步慢跑，在书山径的树荫下看书，在湿地公园亲近自然，同时，建筑内部通过架空、平台、廊道等创造室内外结合的交流平台，形成丰富的校园生活图景，激发校园活力。

然而，成功的校园空间在注重多样性的同时，也要避免校园建筑由不同建筑师设计、"各自为政"带来的散乱。为平衡秩序与变化，设计团队提出了一套整体控制导则，主要包括：通过不同空间界面控制，使校园外围建筑融入城市，校内形成街道和围合公共空间；在师生日常往返的路径上统一控制连贯的遮阴步行廊道，适应炎热多雨的气候。通过高度、天际轮廓和建筑肌理的统一控制，建立校园整体形象。最终形成了中山大学深圳校区和而不同的校园整体（图7-11）。

图7-11　依山就势的教学楼

来源：华南理工大学建筑设计研究院有限公司。

（2）集约布置的建筑组群。

中山大学深圳校区虽然有160hm²规划用地，但校区中心主要为山体与树林。为了最大限度地保护生态，规划将中心近1/3的用地划为生态保护用地，校区外围较为平坦的用地作为可建设用地，校园中心仅在原山体采石挖矿形成的山坳中建设图书馆，从而形成了以中央山体为核心、建筑环绕的大疏大密的集约布局。因建筑实际建设用地仅占校园用地的1/3，建筑用地的容积率超过2.0，基本上与外围光明新区的城市用地密度相近，形成了校区高密度、高层建筑为主的形态，群体组织依然保留了院落组合的中山大学传统特色，造型宏伟大气，沿用中山大学老校区传统建筑"三段式"构图，裙楼部分采用了骑楼柱廊等岭南建筑元素，立面形成精致的红砖组合、有韵律的墙面开窗，局部拱券点缀，外观选用富有中山大学特点的红砖材料，基座采用稳重厚实的石材，屋顶采用中山大学经典的绿色琉璃瓦（图7-12）。

图7-12 传承老校区文脉的中山大学元素空间
来源：华南理工大学建筑设计研究院有限公司。

（3）跨学科交流的"大学科"综合体。

随着现代科研活动发展进步，学科间的交叉、渗透、综合日渐加强。科研已经从过往的分散、小团队特征发展为集中化、大团队、跨学科的特征。国外很多著名高校新建的医科、工科研究设施体量都非常大，呈现出集中化、巨构化趋势。中山大学深圳校区主要发展新工科与医科学科，校方希望能在新校区的科研设施中引入"大学科"的概念，避免小体量研究设施带来联系分散，以及学科、团队调整受限制等弊端。在设计团队做了小尺度院落式与大尺度集中式方案比选之后，使用方在新校区建筑上最终选择了集中大平层的巨构模式，引入"大学科"平台理念，打破了传统的院系分散格局，一方面可以打破学科间、团队间的边界，便于交流协作；另一方面也可适应未来学科的变化，做出灵活的划分调整（图7-13、图7-14）。

5.结语

中山大学具有深厚的历史传统，尤其是老校园中民国时期红墙绿瓦的岭南庭院建筑，被学校视为不可改变的传统。新校园设计若不顾文脉传统，只追求创新与个性，建成的建筑往往难以得到师生认同。但是，深圳是一座土地资源紧张的城市，校园建筑往往也呈现高层化、集约化特征，加上学科交叉、大团队合作与创新交流等现代研

图7-13　医科学科"大学科"综合体

来源：华南理工大学建筑设计研究院有限公司。

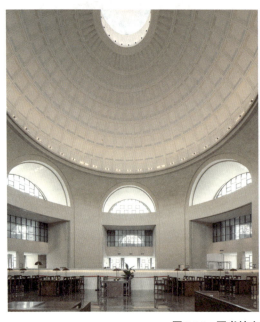

图7-14　图书馆室内交往空间

来源：华南理工大学建筑设计研究院有限公司。

究型大学的理念和需求，决定了新校园不可能复制老校园的尺度与布局。因此，设计需要将老校园的空间文脉、场所记忆、建筑片段等特征融入新型教学科研综合体的建筑中，并坚持与现代技术、材料、手法相结合的原则，让新的建设体现出新的学科和教学理念，融入地域特征与基地环境，处理好传承与创新的关系。

7.2.2　中山大学珠海校区

1.项目概况

1999年，选址珠海唐家湾兴建珠海大学，用地面积175hm^2，东临南海、西拥凤凰山。该项目组织了国际设计竞赛，并按学生人数5500、建筑面积31万 m² 的规模设计。中标的法国公司在用地内引入两条轴线，南北轴线上布置图书馆、行政楼及长近600m的巨构式教学楼，而将东西轴线引向海边，其余体育、住宅区分散在轴线两旁。规划强调山、海、湖之间的和谐，保持宁静的自然环境，而建筑外形则采用简洁、天然的纪念碑式风格（图7-15）。

现状建筑功能分析

图7-15　现状建筑功能分析
来源：华南理工大学建筑设计研究院有限公司。

2.现状问题

该校园后来成为中山大学珠海校区，校内的自然生态空间及教学楼、图书馆等建筑获得师生的肯定，但也在使用中发现一些问题：在功能方面，校园基于本科型教学进行建设，难以适应研究型大学对科研设施的使用要求；在交通方面，宿舍与教学功能分布在东、西两端，上下课钟摆式人流使逸仙大道不堪重负；在空间氛围方面，缺乏围合感且过于空旷的空间难以适应亚热带地区校园对更多遮阳活动空间的需求；在校园建筑方面，色彩和风格样式较多且缺乏统一的校园形象。而更重要的是，这里的师生普遍认为找不到中山大学老校园的文化特征，对校园缺乏认同感与归属感。

3.设计目标与总体布局

中山大学于2016年组织国际竞标，对校园规划进行调整优化，将用地扩大至350hm²，为建设国际一流大学校园奠定基础。校方希望借助这次规划，在下一阶段的建设中既传承中山大学的文脉，增加师生的认同感，又根据新的理念和需求，提出创新的解决策略。笔者团队方案有幸在国际竞赛中中标，方案基于现状问题与未来发展需求，提出了以下设计目标：①倚山临海——充分利用场地现有自然景观；②文脉传承——弘扬中山大学历史文化精神；③修补校园——建构学宿对应的书院布局；④复合创新——营造创新交流校园平台；⑤理性浪漫——整体统一又独具特色。

新的规划方案采用"两轴、一带、四区"的规划结构：保留原有南北轴线，在翰林山加建贮存图书馆，强化南北轴的学术氛围。原东西轴线融入广州康乐园校区特征，形成背山面海的礼仪主轴线，从东往西串联起滨海区、一号学院区、二号学院区、天琴计划及预留发展区，形成四区各具特色又紧密联系的空间氛围。在东西轴线一侧，形成以现有水系为主体的生态带，在山海之间形成绿带及视线通廊，将校园景观与山海景观紧密相连（图7-16、图7-17）。

图7-16　中山大学珠海校区规划总平面图
来源：华南理工大学建筑设计研究院有限公司。

4.设计策略

（1）倚山临海——利用周边场地的自然景观。

设计方案立足于珠海城市特色与校园的现状特征，与校区自然景观相和谐，营造倚山临海、与城市紧密相融的校园环境，将自然山体与建筑组团相渗透，临海界面打通山海视线通廊，营造显山露水、朝海开放的生态格局。校园部分公共设施沿海开放，加强社会交流与资源共享，形成"山、海、城"的校园格局。

日景鸟瞰图

图7-17   中山大学珠海校区鸟瞰图
来源：华南理工大学建筑设计研究院有限公司。

（2）文脉传承——弘扬中山大学历史的文化精神。

传承中山大学的历史文化特色，新校区规划在校园环境布局上致力于与老校区相呼应，借鉴中山大学广州校园的长轴线，将珠海校区原东西向轴线改造为1.8km长的轴线空间序列，并在其中点缀具有校园记忆的景点，彰显中山大学特征，丰富校园人文气息。

（3）修补校园——构建学宿对应的书院布局。

分析原有校园功能布局的不合理之处，通过修补校园肌理，形成学院区与生活区一一对应的书院式布局，构建5分钟步行生活圈，解决原来校园师生钟摆式往返的弊端，适应研究型高校的学习生活模式（图7-18）。

（4）复合创新——营造创新交流的校园平台。

着力打造创新型校园，注重学科交叉、功能复合，支撑珠海校区重大科研平台倍增计划，为建设世界一流大学提供有力的设施保障。各学科群内布置有利于促进学科交叉的共享平台，公共建筑如图书馆、博物馆、会堂等散布其间，这种适度复合的功能布局将形成校园活力空间与创新网络（图7-19、图7-20）。

图7-18　学宿对应的书院布局

来源：华南理工大学建筑设计研究院有限公司。

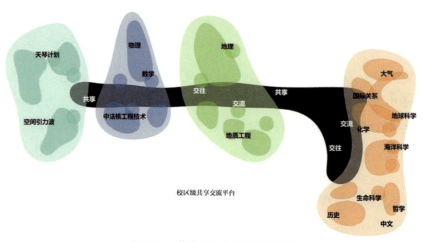

图7-19　学科交叉共享的校园结构

来源：华南理工大学建筑设计研究院有限公司。

（5）理性浪漫——注重儒雅灵动的人文氛围。

突出校园人文气息，在建筑和空间设计上，满足师生生活、学习需求的同时，塑造出经典的、多样化的校园空间和建筑形式，激发校园活力。校园中围合的庭院、廊道与开放的园林、草坪相结合，理性严谨的学院空间与自由浪漫的山水环境相融合。这些充满场所感的空间承载了多样的非正式学习活动，也将为校园师生留下难忘的场所记忆（图7-21）。

图 7-20　功能复合的校园空间

来源：华南理工大学建筑设计研究院有限公司。

图 7-21　儒雅灵动的人文氛围

来源：华南理工大学建筑设计研究院有限公司。

5. 小结

中山大学珠海校区是基于教学型大学建设起来的校园，在面向研究型、创新型大学发展目标时，设计团队通过结合创新型、复合型大学教育的新理念，在规划中建立新的校园骨架，融入新的功能结构，使得原有建筑群融入新校园体系。同时，结合校园师生的行为习惯，将校园共享设施资源打散分布在校园的步行交往网络中，激发师生学术交流的可能性，促进学科交叉发展的可行性，打造研究型高校的公共开放空间模式。

7.2.3　山东大学龙山校区

1.项目概况

山东大学龙山校区（创新港）位于济南市章丘区，在齐鲁科创走廊与智能智造走廊的交会区域。其西侧及北侧为产业园区，东侧为绣源河景观带，南侧为三齐山风景区。校园总用地面积547hm²，规划总建筑面积500万 m²，学生总规模约42000人，其中本科生20000人、硕士研究生14000人、博士研究生8000人，为国内建设规模最大的高校校园之一。同时，该校区定位为创新型校区，期望通过新校区建设加强创新智能，为地区创新系统发展提供驱动力。再加上山东大学植根齐鲁之地，如何在新校区建设中解决好超大校园、创新校园、地域特色的问题，成为规划阶段的三大主要课题。该校区设计项目组织了高水平的国际竞赛，笔者团队有幸在方案竞赛中中标，并有机会参与到这个超大创新型校园的设计课题中（图7-22、图7-23）。

图7-22　规划总平面图
来源：华南理工大学建筑设计研究院有限公司。

图7-23 规划鸟瞰图
来源：华南理工大学建筑设计研究院有限公司。

2. 规划策略

本规划总结归纳出九条设计策略，针对解决超大校园（策略一、二、三）、创新校园（策略四、五）、文化校园（策略六、七）、未来校园（策略八、策略九）的设计问题。

（1）策略一：构筑理性与浪漫结合的规划架构。

基于场地条件与城市关系，借鉴中国传统空间布局，山东大学龙山校区（创新港）形成"一心、两轴、一环"的主体空间架构（图7-24）。

（2）策略二：以人为本、圈层复合的功能布局。

为打造符合现代教育理念的整体化校园环境，优化学生的生活质量，满足其学习、交流、休闲等需求，打造圈层复合的功能布局。圈层结构设计包括核心、学生社区、教学科研、产教融合等多个层级。通过微办学系统使各圈层规划功能融合，将圈层规划理念贯彻到公共教育、学生社区、学科群、科研平台等功能建筑中，形成完善的、自上而下的圈层规划。同时打造10min内生活需求保障系统，规划500m步行距离的生活圈，使各功能片区在步行范围内，确保学生便捷地到达各功能区。同时，注重多层级共享设施的建设，包括校级共享设施、微办学系统共享设施、学科群与学宿群共享设施，提高各功能设施可达性（图7-25、图7-26）。

（3）策略三：兼具科学性与前瞻性的交通组织。

在合理的规划架构及功能布局基础上，打造兼具科学性与前瞻性的交通组织，包

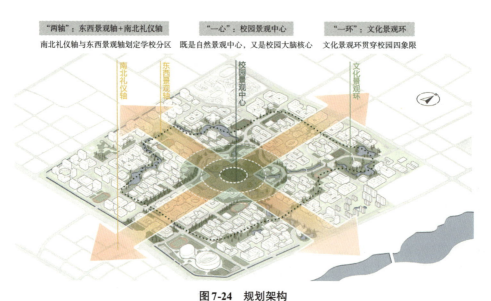

"两轴"：东西景观轴+南北礼仪轴
南北礼仪轴与东西景观轴划定学校分区

"一心"：校园景观中心
既是自然景观中心，又是校园大脑核心

"一环"：文化景观环
文化景观环贯穿校园四象限

图7-24　规划架构
来源：华南理工大学建筑设计研究院有限公司。

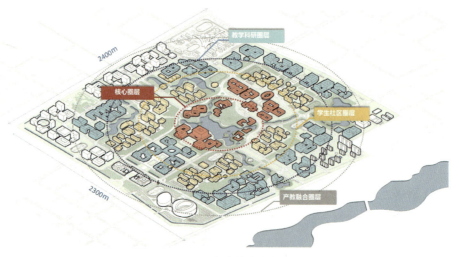

图7-25　圈层复合的功能布局
来源：华南理工大学建筑设计研究院有限公司。

含出入口布置、三层循环路网结构、路网密度、圈层截流、生活圈理论、车行系统、步行系统、云轨系统、地面公交系统、机动车停车与非机动车停车和地面快递物流等诸多方面。

考虑到校园各方向的出行密度，设计了不同层级的出入口。主要道路形成三层循环路网结构，包含中央共享小循环、学科群循环和校园大循环，三层道路逐层截流，车流量在外围第一圈层截流50%左右，车流量在中间第二圈层截流40%左右，最内

图7-26 多层级共享设施

来源：华南理工大学建筑设计研究院有限公司。

部第三圈层车流量约为10%，形成了高效安全的校园车行系统。在路网密度方面，采用外密内疏的策略，形成街区开放式大学和园林式校园。采用"生活圈"理念，以步行距离为分级依据，打造500m—10min生活圈，引导配套设施的合理布局，也适于各微办学系统之间的联系，并形成步行系统，倡导绿色安全出行。

车行系统路网共分为四个层级，分别为城市道路、校园主干道、校园次干道和校园组团支路。云轨系统则通过智慧交通体系，统筹各微办学系统之间的联系。公交站点服务半径为300m，满足5min生活圈的步行距离要求，便捷高效（图7-27～图7-29）。

图7-27 人车分流系统　　　　图7-28 校园路网规划　　　　图7-29 云轨智能交通体系

来源：华南理工大学建筑设计研究院有限公司。

（4）策略四：交叉融合、加强造峰的学科体系。

校园将大公共核心区、八个微办学系统作为校园主要功能组成部分。在大公共核心区、微办学系统以外，设置校前区、综合体育区、教工生活区、科研区等区域，完善超大校园整体功能布局体系。

大公共核心区布局考虑充分实现"校园大脑"的复合功能，大公共核心区布置图书馆、行政办公大楼、通识教育中心、未来信息技术大楼、艺术中心、公共教学实验中心、会堂、公共技术平台等功能建筑，服务超大校园核心功能需求。大公共核心区重点布局在中心湖的周边，控制边界长度，实现共享，满足各区相对于大公共核心区的均好性和易达性要求。在超大校园的尺度下，考虑增设礼仪、餐饮、活动等服务设施，为大公共核心区提供保障性功能。

每个微办学系统由相关学科集群教学科研板块或专业大平台板块、基本教学科研公共服务条件保障板块、生活公共服务条件保障板块组成。八个微办学系统分布在大公共核心区周边，共同围合形成超大校园的基本功能布局形式，同时和大公共核心区紧密联系，构成可分可合、互相补充的总体布局。微办学系统是一个自成体系、功能完备的"生命体"，充分体现了以学生为中心的理念，是有效解决超大校园尺度问题的创新型办学系统（图7-30、图7-31）。

图7-30　东南片区鸟瞰图
来源：华南理工大学建筑设计研究院有限公司。

（5）策略五：校城链接、开放创新的空间格局。

促进校城融合与社会共享共荣。将综合体育馆、学者中心及教工、专家公寓布置

图 7-31　混合功能分区

来源：华南理工大学建筑设计研究院有限公司。

于靠近绣源河景观带的校区东侧。校区南侧为齐鲁科创走廊，在南侧外围布置预留科技大平台；校区北侧为章丘区智能制造大道，且校园西北角将建设大学科技园与齐鲁医院，故在校区北侧预留医科学科群与工科学科群。

建立面向未来的开放型大学校园，模糊校园与城市的边界，校园道路与城市道路积极衔接，可满足未来校园对外灵活开放、资源共享。校园外围保持高密度街区式布局，校园内平衡绿地景观与社区式学院，提供更多非正式交往空间。校园内的开放空间与学生社区中的社区空间将会为非正式交流提供丰富的场所，极大地促进人与人之间的交往几率，从而激发更多创新可能（图 7-32）。

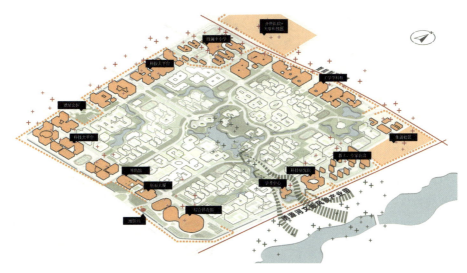

图 7-32　校城融合发展

来源：华南理工大学建筑设计研究院有限公司。

（6）策略六：构建具有中国文化韵味的空间结构。

山东大学龙山校区传承了中国传统规划强调礼仪中轴线、前府后苑、中城外坊的结构特征，在校园中心打造南北向的核心教学区与礼仪轴线。同时，校园也融入了中国传统营城注重融合山水园林的空间特征，在校内规划了中心园林水景与环状园林带，除为每个片区引入园林景观与交往空间外，还营造了每个片区独有的场所特征，内有园林、外有街巷，中西融合、兼收并蓄，构建了具有中国文化韵味的校园空间。

（7）策略七：营造人文底蕴、山东大学特色的文化景观。

结合景观带构建文化景观环线，融合智慧交通环线与健身休闲步道，串联起各象限中心与不同尺度的文化景观广场和礼仪、交流空间，使得校园更具有游园观赏性，将山东大学文化内核与章丘龙山文化底蕴融入整个校园。在景观环的内环、学生宿舍与核心区之间设立了森林环。该圈层场地宽度以25～45m为主，结合周边空间需求设计多种树阵开放空间，传承山东大学"文渊林"休憩空间（图7-33）。

图7-33　文化景观环
来源：华南理工大学建筑设计研究院有限公司。

（8）策略八：未来可持续发展的分期规划。

校园总用地面积547hm²，总体建设规模为500万m²，一期建设结合采空区集中预留西南片区，完成校园中轴线，建成公共教学核心区，第三象限框架基本建成。二期建设目标为逐渐完备主要学科群，校园主体建设饱满，各学科群仍有向外发展空间。远期加强建设新兴学科集群、各类国际国内重大科研技术平台、重点实验室和科研机构。建筑高度与容积率控制根据不同区域的功能和位置进行调整，以实现最佳效益（图7-34）。

图7-34　分期建设
来源：华南理工大学建筑设计研究院有限公司。

（9）策略九：全面打造智能化、绿色生态校园。

在打造智慧校园方面，规划了校园智能化系统，包括智能卡应用平台、公共安全平台、信息共享及互动平台、无线校园体系、统一身份认证平台、云计算中心、一站式平台服务和绿色环保措施等。同时，在打造绿色校园方面，除了规划40%以上的绿地率外，构建湖水调蓄主骨架，设置集中绿地和密林，交通系统也采用低碳优先的云轨、公交和步行系统，使低碳交通方式占比达到70%。

3.小结

基于山东大学龙山校区的超大尺度，规划融入了"科教城"的概念，通过破除传统校园简单平移和物理空间简单放大的模式，搭建了统筹性的规划架构、圈层复合的功能布局，并设置了科学的交通系统。这些举措旨在打造以学生为中心、尺度宜人的整体化校园，解决尺度问题。同时，通过构建新型微办学系统，推进学科融合交叉，使教学、科研和生活一体化。创造多层次的非正式交往空间，激发创新，建立开放创新的空间格局，加强校城链接，搭建科创大动脉，构建一个融合、开放、共享的创新型校园。

7.2.4　上海大学东区

1.项目概况

上海大学本部建于1997年，用地面积约100hm²。为达成建设研究型大学的目标，选址在校本部东面建设研究生教学区，占地面积约33.3hm²，建筑面积近30万m²，容纳约5000名研究生。校方提出研究型教学区的设想，希望在总体布局、建筑空间、教学模式上都有所创新，跟本科生教学区有别并满足研究生教学研究、创新、交流等活动的需要。笔者团队的规划方案在全国竞赛中中标，并结合几期建设开展设计（图7-35）。

图7-35　上海大学东区建筑效果图
来源：华南理工大学建筑设计研究院有限公司。

2. 规划设计——园林式大学研究型社区

结合用地特点与任务要求，设计团队将如何创造适应研究生教学的校园空间，如何将东区研究生区与本部本科教学区整合为整体，如何在狭长、高密度的用地中规划宜人而有特色的建筑布局及空间环境这几个问题，作为校园规划设计的切入点。

首先，规划方案提出中心园林—共享平台—研究社区的模式，采用有利于资源共享、学科交叉融合的学科组团式布局，将相近学科的学院以共享园林为中心相邻布置，并按学科群由南至北形成人文社会学科、技术学科、生命环境学科三个主要群组。在共享空间中设计交往园林和公共资料中心、学科图书馆等公共平台，实现资源共享，同时通过适当混合的功能促进研究社区氛围的形成（图7-36）。其次，规划以中心园林步行带为骨架，结合多层次园林、学科共享平台、信息点、景观步行带等场

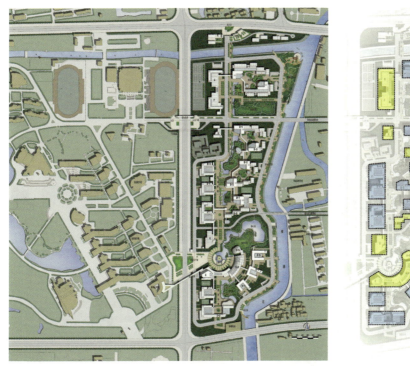

研究社区概念图

图7-36　上海大学东区规划
来源：华南理工大学建筑设计研究院有限公司。

所，创造有利于学科交流行为发生的空间，促进学科交叉和创新。同时，结合高密度
的用地特征，提出高层集约化布局策略。将公共人流量较小的学院科研办公空间布置
在高层研究楼，同时通过城市设计的手法对高低层建筑体量的组合、分布及高度进行
控制，使东区形成错落有致、变化丰富的校园天际轮廓（图7-37）。

3.建筑设计——有利于学科融合和研究型教学的创新空间

建筑设计结合研究型教学的特点，通过复合的功能、联系的空间、多层次交往空
间来营造有利于学科交叉融合、资源共享与创新的建筑空间，具体特点如下。

（1）团队组织的研究型空间。

研究型教学建筑中研究型空间多于教室空间，人流密度也远低于本科教学建筑，
有可能向高层发展。采用高低结合的建筑形式，将公共性的教室与实验室布置在低层
群楼，而将人流较小的研究生与教师研修办公空间叠合成高层塔楼形式。在建筑空间
的设计中，充分考虑研究生教学团队性、自主性、开放性特点，重点考虑研究生研
修、导师办公、学术交流、实验实践几种空间之间的关系。建筑平面以学科团队为
单位组织架构，每个团队都有自己的实验空间，并与团队的研究空间邻近（图7-38）。

图7-37　上海大学东区二期建筑空间
来源：华南理工大学建筑设计研究院有限公司。

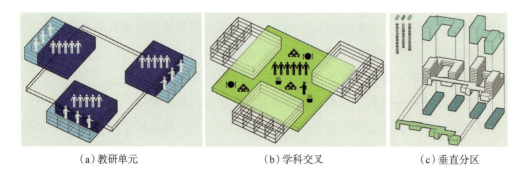

（a）教研单元　　　　　　　（b）学科交叉　　　　　　　（c）垂直分区

图7-38　团队空间与符合研究型教学特征的功能的竖向分布
来源：华南理工大学建筑设计研究院有限公司。

而每个团队的研究空间包含开放型的研究生研修空间、与其联系紧密但又相对私密的导师办公室，以及相应的交流空间，形成一种导师关门做研究、开门指导学生的布局。

（2）有利于学科交叉融合的复合型布局。

几个主要的建筑组团将图书馆、博物馆、报告厅、架空门廊等具有共享、交往特征的空间作为学科群的中心，形成复合的功能分布与校园的公共界面。以人文社科组团为例，学院群体以图书馆、博物馆为中心，四周为文学、社科、商管等学院，图书馆作为开放共享型研究平台，使各学院联通渗透成为有机联系、资源共享的区域。这种复合型的建筑空间既有利于资源共享，又增加了学科间的交流联系，使学科交叉成为可能；分布合理并具有易达性的交流空间，为创新交流的发生创造了空间条件（图7-39）。

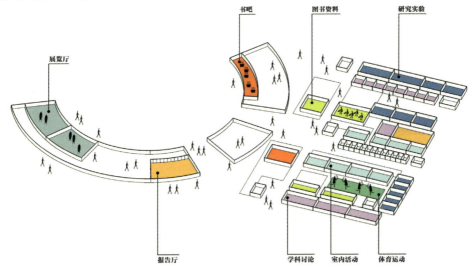

图7-39   有利于学科交叉融合的复合型布局
来源：华南理工大学建筑设计研究院有限公司。

（3）多层次交往空间与场所氛围。

设计致力于营造多层次的交流空间，首层各类共享设施、研究室外的空中花园、灰空间和庭院，为教学之余的自由交流提供了舒适的空间，在缓解创造性工作压力之余使知识与智慧在师生之间的思辨交锋中得到升华，空间的体验与情感结合形成学院特有的场所氛围（图7-40）。

二期学院群联系各学院的门廊灰空间的设计借鉴了园林设计手法，连廊空间结合报告厅体块形成空间曲折、收放有致的空间序列，给往返其间的师生带来步移景异的园林空间体验，既方便学院间的联系交流，又提供了与自然景观的联系（图7-41）。

（4）具有灵活适应力的模数结构。

学院建筑采用具有通用性与灵活性的结构模数，可实现教学、实验、科研办公等不同使用需求带来的平面布局调整。立面模块化的单元设计可同时满足各种类型与规格的空调设置要求（图7-42）。

图7-40　各种交往空间与场所营造

来源：华南理工大学建筑设计研究院有限公司。

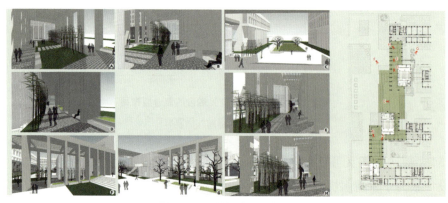

图7-41　园林化的空间体验

来源：华南理工大学建筑设计研究院有限公司。

图7-42　模数化的建筑立面与结构

来源：华南理工大学建筑设计研究院有限公司。

4.小结

此方案在全国竞赛中中标后，在历时多年的设计与建设过程中，与校方的探讨和使用者的反馈使得设计者有机会不断探索与改进，设计也因此越趋于成熟合理。同时，实施过程中也发现不少值得反思的问题，主要包括以下方面。

（1）东区没有设置学生宿舍，缺少生活功能，造成区内空间活力与社区氛围相对较弱，并带来学生每日往返距离较长的问题。

（2）校方在建筑设计中始终追求高"实用率"，力求获得尽可能多的传统封闭型教学、实验、办公空间，经过多年的努力沟通，虽然校方逐渐接受交往创新的理念，但从总体上也仅能形成一些小型交往空间。

（3）各院系研究团队仍固守于传统的封闭界限，不愿为开放、融合、交叉联系的科研空间作出让步，以至于一期建筑内设计的开放型研修空间及学院间建立联系的空间，在实际使用中被认为难以保证管理安全，而在二期实施中取消。这进一步说明，开放融合、学科交叉联系的科研环境的实现，首先要从管理、制度上突破壁垒，为空间的设计创造条件。

7.2.5 北京工业大学

1.项目概况

北京工业大学占地面积超80hm^2，现状建筑面积约65万m^2，校园包含了被城市道路分隔的新旧校园多块用地。随着现代教学理念的快速发展，教学模式的不断更新，校方将校园未来发展定位为面向世界、学科融合与研究创新的大学，期望校园未来服务于北京、为城市提供产学研一体化人才，通过不同学科碰撞培养综合人才，并为师生创业提供孵化基地。北京工业大学校园需要为满足向高水平的研究型大学转型要求而进行系统且具有前瞻性的规划。笔者团队承担了总体规划及图书馆建筑的设计（图7-43）。

2.规划策略

老校园建于各不同时期的分区使得校园在功能组织、交通路网、学科分布、空间结构上都缺乏整体性。基于学校发展的定位与现状，结合现代研究型大学发展趋势与设计理念，设计团队制定规划的目标框架，并提出了"城市校园、研究校园、整体校园、人文校园、活力校园、景观校园"这几个主要设计策略。

在周边城市关系上，研究型大学需要建立与外部创新主体的各种协作联系，以及与周边社区的融合。在校园东北角规划科技研发园区，西北角布置国际文化交流区，

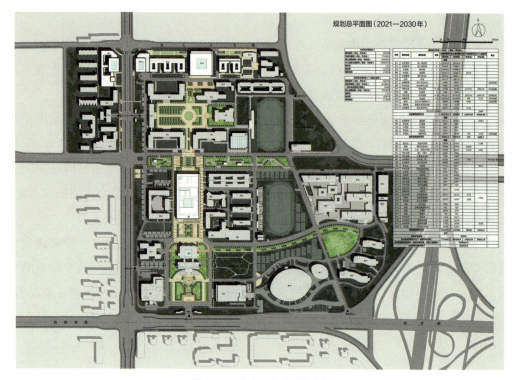

图 7-43　北京工业大学规划

来源：华南理工大学建筑设计研究院有限公司。

加强校园对外的创新联系。对南图书馆西侧用地进行重新规划，设计成形象统一的学院教研区域，打造沿街错落有致的研究型校园形象（图7-44）。

　　在功能规划上，结合未来学科发展目标及现状设施使用情况，将校园的学科设施进行重组，使相近学科可以邻近形成学科交叉融合的格局。同时，新规划的科研设施

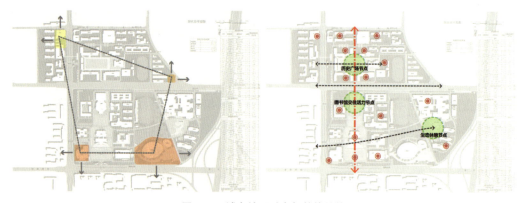

图 7-44　城市社区融合与整体结构

来源：华南理工大学建筑设计研究院有限公司。

和老旧的科研建筑按照集约建设原则，提高土地与建筑空间的使用率，并满足现代科研创新的大型团队协作要求。

在规划结构上，设计打造"四轴、三节点、多中心"的结构整合各区域。对原有棋盘状的车行路网进行调整，梳理出复合环状的主要路网。北区与南区的核心开放空间设计为步行区，以连续闭合的步行带串联起校区各节点空间，加强可达性与通畅性。通过对步行开放空间的调整优化及空间界面的修补，形成校园整体化的空间效果。

新的规划保持现有校园混合型功能分区的空间活力，通过开放空间的重塑进一步提升交往氛围。其中，南区结合图书馆改造形成整体空间，把"广场—建筑—广场"的关系改造成"广场/建筑混合"的关系，"唤醒"校园中心区的活力，营造可供师生停留的舒适空间。而将东区与南区之间的非建设区域打造为活力绿带，师生可在此举办社团活动、交往休憩、开展课外课堂活动，"缝合"起南、北二区，提高校园活力（图7-45）。规划也注重保持历史校园小尺度人性化空间及历史建筑形成的人文氛围，北区在保留原有风格的基础上改造入口空间立面，保留东1、2、3号楼并改建原有的礼堂。

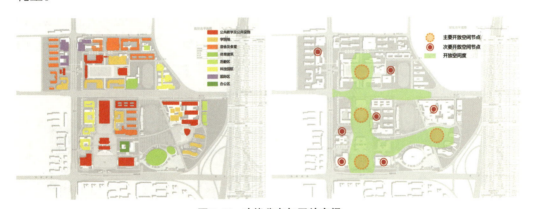

图7-45　功能分布与开放空间
来源：华南理工大学建筑设计研究院有限公司。

3.北京工业大学图书馆建筑改扩建

北京工业大学原图书馆的功能与规模无法满足"双一流"研究型大学发展的需求，使用矛盾日趋突出，校方希望通过扩建到 4 万 m^2 的规模。设计团队尝试融合研究型、创新型校园的理念，从校园整体规划出发，优化建筑周边界面，在图书馆中植入非正式学习、交流功能与空间，使其成为校园的交往场所和活力中心。

首先，在外部空间改造策略上，图书馆东、西两侧原为车行道，狭窄而景观单调。基于新总体规划定位，设计团队将图书馆两侧道路改造为步行空间，同时结合图书馆东、西立面"简牍"的造型，采用波浪状的曲面塑造手法，塑造了柔和、富于节奏感的界面，通过收放有序的街道空间提供了适合师生停留交往的积极场所（图7-46）。

图7-46　图书馆设计及周边空间重塑

来源：华南理工大学建筑设计研究院有限公司。

另外，在内部扩建策略上，将原图书馆北侧约4500m²的条状既有建筑分别在北侧、南侧加建约23000m²与13000m²。新旧建筑以大厅、中庭、廊道等方式连接，在图书馆中心形成由北入口大厅、北侧共享庭院、中心长廊、南侧阅读中庭、南入口门厅组成且收放有致的空间序列，使校园空间轴线在建筑中贯穿延续，既提升了图书馆的公共空间品质，又丰富了建筑使用者的空间体验（图7-47、图7-48）。

图7-47　图书馆主入口

来源：华南理工大学建筑设计研究院有限公司。

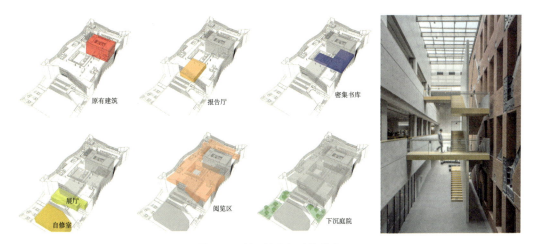

图7-48　新旧结合与功能分布
来源：华南理工大学建筑设计研究院有限公司。

在功能设置方面，设计团队致力于将改扩建后的图书馆打造为功能复合的学习中心和校园内充满交往活力的社交空间。除传统藏阅功能外，增加了学术会议中心及24小时开放的自习室、展览厅，以及小交流室、咖啡厅等非正式交往空间，成为集学习、交流于一体的综合性图书馆。其中，多功能共享功能如图书馆首层和地下一层在报告厅周围设置小型会议室和展厅，下沉庭院附近设置全天候咖啡店和自修教室，均设置单独出入口以方便闭馆时段开放，这种多时段运行机制和更人性化的服务使其成为校园的交往场所和活力中心（图7-49）。

图7-49　复合功能布局
来源：华南理工大学建筑设计研究院有限公司。

图书馆内部交往空间设计也注重提供各种适合自主学习、交流活动的空间环境。其中，图书馆中庭成为活力核心，借助顶面天窗营造明亮通透的通高空间，为师生构建了安静、轻松、温馨的文化场域。休闲大台阶结合可移动式家具，成为可以举办小型讲座、展览等多种校园活动的场所。而外围阅读空间自内而外依次被设计为贴近中

庭界面长桌区、中间书架区穿插的小圆桌、集中的书桌阅读区、较为自由的临窗独立
座位等，提供了从公共到私密不同尺度、不同氛围的学习场所（图7-50～图7-52）。

图7-50　图书馆中庭
来源：华南理工大学建筑设计研究院有限公司。

图7-51　各类自主学习与交流学习空间
来源：华南理工大学建筑设计研究院有限公司。

图7-52　各类交流学习空间分布
来源：华南理工大学建筑设计研究院有限公司。

4.小结

北京工业大学校园规划以其在城区内的历史校园为基础进行更新改造，是历史校园更新规划的典型案例。在促进"双一流"建设发展、提升学校创新活力的大目标下，项目从规划层面出发，强化校园轴线，加强校园各区域联系，尝试激发校园活力。在建筑层面依托保留部分提供的契机，适当嵌入公共使用空间，利用层高差提升空间丰富度。在空间营造上利用材料和家具布置等方式完成了一个宜人的文化场所设计。新图书馆在建成后获得了师生的普遍好评，基本实现了建筑师在设计之初的愿景。设计团队通过本次项目实践，探索了一种校园从宏观到微观的既有建筑更新策略。

7.2.6 广东金融学院清远校区

1.项目概况

广东金融学院是华南地区唯一的金融类高校，由中国人民银行创办于1950年。为将广东金融学院建设为"广东金融强省建设的支撑者、区域金融事业发展的引领者和国家金融高端教育的示范者"，选址于清远市江北组团建设新校区，项目用地面积约1385亩，规划总建筑面积约45万 m²，学生规模约1.3万人。该校区所在地山清水秀，具有优良的景观条件，笔者有幸带领团队负责该校园的整体规划与建筑设计（图7-53）。

2.校园规划

规划突出用地山水环境和金融学科的特色。结合"融山聚水、汇贤聚才"的规划理念，以原有的自然水体作为校园中心，环绕布局各功能区域，各区都可以共享到山水相融的优美景观。同时，在校园多个重要节点引入金融元素，如海纳百川的云合广

图7-53　广东金融学院清远校区规划

来源：华南理工大学建筑设计研究院有限公司。

场、形如刀币的学子之路、明堂辟雍的环形水系、圆融叠合的图书馆等，凸显校园的
学科文化特色。

　　设计注重校园交往氛围的营造，提倡开放、创新的教育理念，营造多样化、灵活
化、功能复合的学习交流空间。控制人性尺度与空间密度，形成丰富的校园学习图
景，激发学生开放及创新思维。同时，将图书馆、会堂、活动中心、食堂、展厅、服
务中心等共享资源分散布置在校园步行网络体系中，结合师生的行为习惯设计这些建
筑的内外空间，构建多处师生休闲交流的开放空间，促进师生的课外学术交流可能
性，提升校园活力。

　　校园总体布局与建筑空间注重适应岭南独特的地理环境和气候特色。设计借鉴岭
南传统园林借景对景、步移景异的造园手法，将西侧湖景和北侧山景引入校园内部，
形成一条南北贯通的景观园林带，为师生营造一个山水环绕的岭南校园，提升校园
空间品质。同时，规划应对岭南气候引入主动式与被动式绿建措施，包括设置风雨连
廊、景观庭院、骑楼空间等舒适的交通与交流空间，还在建筑立面上植入遮阳构件、
通风廊道等被动节能技术，大大提升了建筑的遮阳与通风效果，降低校园能耗，减少
污染排放，打造可持续发展的绿色校园（图7-54）。

图7-54 广东金融学院清远校区教学楼
来源：华南理工大学建筑设计研究院有限公司。

3.图书馆设计

广东金融学院清远校区图书馆面积约2.7万㎡，以圆形母体形成融通的体量，结合地景手法组织道路和景观要素，以环抱开放姿态面向中轴，形成新校区核心景观地标。图书馆借鉴明堂辟雍的设计，采用方圆结合图案，多圆体量错动堆叠，中庭开洞雕琢，形成融合金融学科特色的造型。图书馆三面环水，以清远山水特色抽象表达，勾勒出岭南水墨画意境，形成多层次公共绿化平台，连接室内阅览和休憩庭院，打造

半室外空间，提供聚会交流、品茶论道、远眺等功能，让图书馆成为广东金融学院清
远校区真正的学习中心（图7-55、图7-56）。

图7-55　广东金融学院清远校区图书馆外景

来源：华南理工大学建筑设计研究院有限公司。

图7-56　图书馆观景阅览室与中庭

来源：华南理工大学建筑设计研究院有限公司。

4.小结

广东金融学院清远校区是一个投资趋紧的项目，设计团队结合整体布局对各建筑重要性、建设标准作了整体统筹，对不同空间的材料与工艺进行合理控制与规划，同时通过较少大跨度、高支模等工艺的优化，降低整体建设成本，用低造价实现较好的建成效果。

7.2.7　海南大学海甸校区

1.项目概况

海南大学主校区位于海口市海甸岛，现状总占地面积约340hm²，校舍建筑面积约131万m²。校园南侧面向海峡，拥有丰富的海岸资源，但现有的校园与建筑完成于经济条件比较差的时期，校园结构不清晰，交通人车混行，校园缺乏统一的发展规划，不能体现一流研究型大学的功能与品质。海南大学顺应经济全球化潮流和教育模式转变的需求，发展定位于全面建成综合性研究型国际化"双一流"大学。其中，海甸校区是海南大学的主校区，计划通过改造新增总用地面积约28.4万m²，新增总建筑面积约46.1万m²，使学校基础设施和办学环境更趋于科学合理，并且通过景观整治和空间营造争取成为全国最美丽的校园之一（图7-57）。

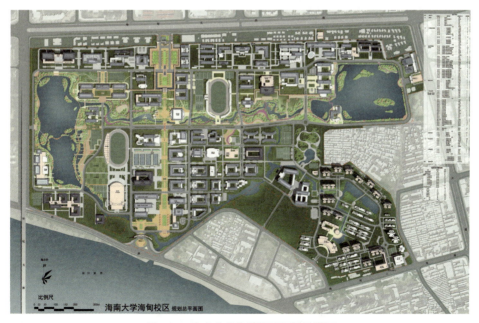

图7-57　海南大学海甸校区规划总平面
来源：华南理工大学建筑设计研究院有限公司。

2. 规划概念

（1）"十字结构"整体规划。

通过适宜尺度的景观开放公共活动带将校园东、西两湖紧密联系，结合道路交通组织优化，强化校园的南北形象轴线，串联校园的各公共空间节点，打造脉络清晰的校园复合十字形空间轴线，形成网络化的整体校园空间（图7-58）。

图7-58　规划结构与功能布局

来源：华南理工大学建筑设计研究院有限公司。

（2）交往创新的校园功能布局。

教学科研、生活和运动的适度混合，形成网络化布局，有利于创造丰富的交往空间、多元复合的校园功能布局。在校园的人流汇集点、景观轴带穿插体育、餐饮、社团活动等公共建筑设施，形成多元复合、有利于交往的研究型校园；整合校园各处可建设用地，预留产学研发展空间，鼓励校园创新输出。

（3）人性化慢行系统规划。

在整体的慢行系统中保证教学区的步行完整串联，通勤时间较少；生活区步行突出体现尺度与环境的人性化；文体休闲步道打通校内各景点之间的联系，完善慢行设施与停留空间（图7-59）。慢行系统中的单车系统规划，分为生活区、教学区和景点周边的单车停放与路径规划，建设链接全校的单车道体系。重点优化生活区宿舍楼前、教学区广场、东坡湖、西湖，以及致远之轴南段的单车停放点，并充分引入便利的共享单车。

（4）开放空间系统优化。

基于校园原有开敞空间基础，强化南北景观轴线，连接滨海节点，营造入口节点和中心节点，建立东、西主景观带，整合东、西湖开放空间核心，联系各开放空间节点，形成完整体系。以水系作为媒介连接各开放空间节点，水系呈环状，绿地与水系

图7-59　步行系统与开放空间

来源：华南理工大学建筑设计研究院有限公司。

构成网络串联节点，使景观呈网络状分布。

（5）多样化交往空间规划。

通过景观场地的塑造，充分体现校内交往空间丰富性，激发校内场地的活力，提升户外活动的可能性，提倡师生的交往与交流。在景观场地中也充分考虑节日庆典的需求，推出一系列符合校园文化的节庆活动，如彩色环校跑、社团文化节、龙舟节、文艺汇演、草地音乐节等（图7-60）。

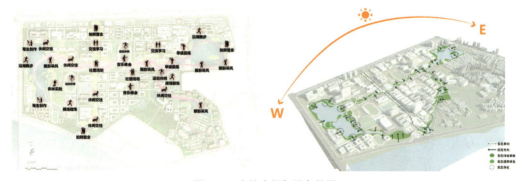

图7-60　交往空间与绿色校园

来源：华南理工大学建筑设计研究院有限公司。

（6）绿色校园规划。

基于"海绵城市"建设理念，结合校园现状及建设目标，构建校园雨水利用系统。该系统遵循"净用为主，渗滞为辅，蓄排结合"的综合模式。通过对校园绿地的梳理，结合地形建立"一带连双湖"的"海绵校园"结构，形成排—滤—蓄结合的低影响开发系统。

（7）实施时序。

校园规划不是一次性的建设蓝图，而是一个长时间逐渐实现的过程性策略，海南大学海甸校区规划必须具有足够的前瞻性。设计团队分别制定了10年近期、30年中期及50年远期的分期规划，为未来的建设定下骨架，使将来的建设有可遵循的秩序（图7-61）。

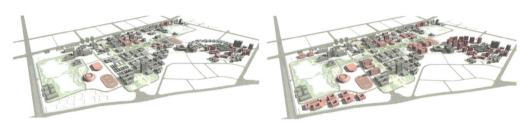

图7-61　近期规划与远期规划
来源：华南理工大学建筑设计研究院有限公司。

3.小结

海南大学海甸校区是一个校园更新的案例，原校园经过很长时间的不断建设、填补形成复杂的校园现状，校园改造规划最重要的任务是梳理校园结构，为校园将来数十年的发展打下控制性骨架，才能通过未来的建设逐渐形成新的空间秩序与结构。因此，海甸校区的规划更像一个多层面问题复合的研究课题，设计团队在对现状展开多次、全面、深入调研后，开展了多个专题分析与研究，在几年的工作时间里，结合与校方的多轮研讨，逐渐形成一套内容繁多的校园规划文本。而在后续的实施环节中，设计方案避免采用一张固定的总平面图来作为未来建设指导，而是将其作为动态的过程，做了短、中、长不同时期的分期规划，使其更能适应老校园渐进式更新的需要。

7.2.8　方太学校

1.项目概况

方太学校（原名方太大学）校园位于浙江省宁波市慈溪杭州湾，在方太理想城未来总部园区内。其总项目用地面积46870m²，总建筑面积约57000m²。校园内主要包括教学、办公和科研功能，是以企业学校为名，主要供创新型企业内部员工使用的培训、交流、科研机构。其中，教学活动往往以会议、讲座或报告的形式展开，授课过程中穿插分散讨论的环节，强调不同学科、不同领域人才的交流（图7-62）。

2.设计构思

（1）以非正式交流空间为核心的创新环境结构。

图7-62　方太学校鸟瞰

来源：华南理工大学建筑设计研究院有限公司。

科研创新活动并不是仅限于研究室、课堂内的单一活动，它不但包含了知识从学习、传播、探索、创造到转化的复杂活动，更是一种集体的协作、社会化的活动。方太学校校园的规划以共享园林为核心，采用集群复合型的整体布局，以教学功能为核心，而阅览、餐饮、会议、活动等功能则根据不同需求分散在校园内，与不同的教学功能相结合。连续的曲廊串联起整个校园的建筑群，在周边黏合了一系列的非正式交往空间，从整体上建立正式与非正式的活动、空间互相融合的空间结构，将非正式的交流、学习活动与校园内发生的其他教研活动整合在一起，打造了适应创新企业需求的学校环境。

（2）江南园林的现代演绎。

校园外部临街体量方正而理性，校园内部则以灵动的曲线相接，别有一方天地。设计从传统中国园林中获取灵感，通过采用院落、庭园、敞廊等传统建筑的空间原型进行空间组织，形成一气呵成、连续而多变的公共活动空间，呼应中国画中"境贵乎深、不曲不深也"的视觉想象和思想意境。中部景观湖面及东南两侧的河道共同组成基地内的结构水系，江南水乡的传统记忆与现代科技文明交织于此，突出自然景观主题，体现因地制宜、天人合一的平和（图7-63、图7-64）。

（3）多层级的交往空间。

室外游憩空间的设计是整个校园环境育人的核心所在，规整严谨、层次分明的建筑布局对应着"礼之秩序"，而曲廊串联起的多变的游憩空间对应着"乐之趣味"，与

图7-63 校园中心园林空间

来源：华南理工大学建筑设计研究院有限公司。

图7-64 教学楼立面

来源：华南理工大学建筑设计研究院有限公司。

室外庭园相结合，形成校园中连续而丰富的观景路线，串联起建筑、道路、水体、植物和设施小品，步移景异中更显诗性美。

此外，校园内也打造了一系列不同功能、尺度的交往空间。其中，坐落于景观水面中央的湖心传承堂，是整个规划布局的中心节点，同时也是南、北两区隐含轴线序列的转折点。富有象征性的位置、造型为其在特定场合下举行的演讲、接待增添了不少空间氛围上的感染力。园区内连接起各建筑的环廊，同时也是二层的景观平台，平台沿湖区域为学员提供了休憩交流的室外场所。连廊的外围向教学、科研功能区延伸，"生长"出一系列小尺度的非正式交流空间，包括各类休息角、研讨室和小庭院，为学员课余提供了丰富的休息、交流场所，使校园处处充满了交流学习的氛围（图7-65）。

图7-65   各类室内交往空间
来源：华南理工大学建筑设计研究院有限公司。

3. 小结

关于创新活动的行为规律同样适用于企业学校。方太学校以曲线为特征的园林式开放空间成为校园核心，把周边交通空间与各类交往空间作为骨架黏合各功能分区，是对正式与非正式活动融合的校园环境模式的探索。

7.3 创新时代研究型大学空间变化与趋势展望

信息时代、知识经济时代、创新时代的到来，改变了信息获取、传递的方式，改变了知识传播、探索、创造的过程，也改变了创新与科研过程中研究者的活动与组织，这些变化使信息、交流、协作、开放成为创新时代的关键词。研究型大学是知识经济时代知识传播、创造者与创新系统的主体，在这样的时代背景下，对于其物质空间环境的设计，必须重新审视其设计的价值立场、设计原则乃至设计方法的变化，建立研究型大学校园设计的时代观并探索其未来发展趋势。

7.3.1 从封闭自主到开放协作

1.研究型大学在创新社会中的开放协作

随着知识经济时代与创新时代的到来，研究型大学不但成为创新人才与知识输出的基地，而且成为区域创新体系中的主体。它突破了以往传授知识与服务社会的职能，不但将科研与创新作为其重要的职能与使命，更进一步成为区域经济的发动机与创新激发器。这些都使研究型大学与外部城市、产业组织、科研机构建立起越来越广泛的联系。同时，当今科研与创新课题的复杂化、学科边缘化，使研究型大学内科研与创新组织方式发生变化，不但在科研工作者间形成协作的团队，而且还进一步打破组织、学科的边界，形成了各种跨学科、组织、机构的交叉协作。

2.传统办学理念造成的封闭状况

这些变化与趋势需要研究型大学的组织在各层面打破封闭自守的边界，建立各种广泛的协作联系，使产学研结合、协作、联系成为其特征，并在校园物质环境下为这些变化创造相应的空间条件。然而受一些传统的办学理念或者保守的价值取向影响，不少校园的空间环境仍以独立、封闭、自主为特征，这些都给研究型大学发挥其科研创新职能带来限制。

首先，以校园办学方面为例，不少社会人士、教育工作者眼中的大学应该传承传统校园的"象牙塔"特征，保持学术环境的清净而远离社会，反对教师参与社会经济活动。这些观念导致欧美第二次世界大战后的一些校园选址，以及国内近年来建设的一些大学校园，成为远离城区的郊区化的"绿野校园"（green campus）；校园采用封闭的界面，营造远离城市活动的校园氛围，这些都导致校园难以形成与城市互动、协作的联系。其次，以国内大学的科研组织来说，尽管学科交叉融合的理念被大家所接受，但基于传统院系与科研组织结构的影响，还是容易造成因团队、学科或院系间固化的各种利益而难以打破彼此间的壁垒。再加上一些传统科研思想的影响，个别学者坚持认为科研学术成果主要来自于个别人刻苦钻研，因此大学教研组织中依然常见各种夫妻档、小作坊模式的小团队，难以形成创新所需的跨学科团队协作的合力。

3.建立开放联系的设计立场

上述问题实质上都是传统教学、办学理念对新校园职能发展的限制问题，这需要决策者、教育者、设计者从总体上扭转对大学特别是研究型大学的传统认知，建立对其科研、创新职能及开放、协作特征的认识。其实针对上述问题，在欧美一些研究型大学校园案例中也能找到可借鉴的经验，如第二次世界大战后英美等西方国家建设的一批远离城市的"绿野校园"，在进入知识经济时代后也纷纷想办法通过各种措施拉近与城市的距离，通过提高与城市社会和产业的结合度来促使校园的良性发展，打破学科界限的各种组织的探索更是常见于各大名校。

综上可见，对知识与创新时代的研究型大学来说，为了适应现代科研组织的特征并发挥其创新职能，需要在各层面打破封闭自守的边界，将建立包括产学研合作在内的广泛协作与联系作为当今校园发展的时代观。对于设计者来说，应该对应校园定位与职能变化，从整体上建立有利于协作、交流的校园设计立场与原则，在校园空间各层面将开放、透明、联系、灵活、融合的特征融入校园空间设计中，以建立知识与信息化的空间氛围。而其空间设计的目标不仅是打破各空间封闭的围墙，关键在于建立人员、团队、学科、组织之间的人流、信息、协作联系，从而形成协同创新的校园空间（图7-66）。

图7-66　开放协作与封闭自主的校园空间特征

7.3.2 从正式空间到非正式空间

1.创新活动与新教学模式的非正式特征

协同论证明了自然界与社会系统广泛存在的协同自组织过程，而协同创新理论的提出正是基于协同论的观点，它通过促进各创新主体、组织、团队形成协作网络，从而形成强大的创新合力。从协同创新网络的形成特征来看，它既包括自上而下、通过制度性安排形成的正式创新网络，也包括具有自组织特征、通过社交网络自发形成的非正式创新网络。在后者形成过程中，非正式交流与社会交往活动起到了关键作用，如基于"硅谷"创新活动的研究也证明这种非正式的网络造就了"硅谷"创新的成就。

另外，新知识观与新教学理念揭示通过建构式学习、社会交流学习对获取隐性知识的重要作用，从而引起了教学模式的变革。这使教育家们认识到，除了自上而下组织、通过传统的计划性课堂授课教学外，还应该提供学生自组织、非正式的学习机会。新的教学模式更注重传统课堂外的自主学习与体验，注重学习资源与环境的提供，以及各种交流学习、非正式学习环境的营造。

因此，无论从创新组织的特征看，还是从新教学模式的角度看，制度、计划性组织的正式活动以外的非正式交流活动，对知识的传播与创造都起到重要作用。

2.正式空间与非正式空间

无论是非正式的创新交流与创新网络形成，还是新教学模式下的非正式学习、交流学习、自主学习活动，它们的发生都依赖于且有别于正式化的空间场所：正式创新协作、正式教学活动发生在传统教室、实验室、会议室等相对正式化的场所；而非正式的交流与学习则依赖于社会服务设施、交往空间及建筑中一些开放、半开放的可供自发性活动的空间。因此，对于现代创新与教学空间来说，应该同时提供正式空间与非正式空间，它们分别代表了他组织、制度化、有计划、正式交流的活动，以及自组织、自发性、非计划、非正式交流的活动。

这两种活动与空间实质上代表了创新与教学活动的两种组织方式——通过制度性安排组织，还是通过成员经社会交往自发形成（图7-67）。但受传统理念的影响，国内的创新与教学空间对非正式空间的重视并没有达到西方大学的程度。例如，在美国的创新组织中，不但有国家主导的协同创新形式（如国家实验室等），而且更多是注重通过创新机构自发、自组织的商业行为来实现创新。国内的创新科研机构更多依赖于举国体制、自上而下组织的大型合作；而在教学组织方面，往往也是注重课堂教学而没有真正建立自组织学习的模式。因而在国内大学教育者眼中，只有讲堂、教室、实验室这些传统、正式的教学空间才是"有用空间"，而有利于非正式交流的社区服务设施、非正式学习空间与各类交往空间则是不值得投资的"无用空间"。这也进一步导致了国内外创新、科研设施中空间特征的差异。

图7-67　正式空间与非正式空间的校园空间特征

3.重视"无用空间"的有用性

基于对校园非正式空间的理解误差，国内校园建设中交往空间的设计往往难以得到决策者的支持；更关键的是，相关的校园建设指导指标也没有将一些具有交流功能的社区服务设施、交流空间作为必备的建设内容，这些是导致国内外校园建设空间质量差异的重要原因之一。然而，上升到知识运动的层面看，传统教室中的授课仅代表了知识的传递活动；校园中的非正式场所发生的各种交流、学习活动，才真正代表了知识的探索与创造过程。通过社会交往形成的各类交往活动，往往促进不同思维的碰撞，产生了创新的火花，这些都显示了非正式空间的"有用性"。

为了改变国内研究型大学在创新科研环境、教学设施方面的落后现状，应该重新审视当今创新与教学理念给教学、科研空间带来的影响，认识到非正式空间等"无用空间"的有用性，将正式空间与非正式空间结合起来，从总体上建立满足多种交流、学习活动需求的校园空间设计时代观。

7.3.3 从空间创新到组织机制创新

1.广义创新环境

影响创新活动的环境因素有很多，从广义的创新环境来说，它应该既包括物质环境，也包括制度环境与人文环境。从其性质特征来看，物质环境可以理解为硬环境，而后两者可理解为软环境。其中，前面提及的包括选址区位、校园规划、建筑空间、设备条件等因素属于物质环境；然而影响创新活动与成果的环境因素还应该有科研组织、管理方式等制度环境因素，以及创新精神、团队精神、社区氛围等人文环境因素。

这些环境因素都对创新活动产生重要影响，它们之间又有着互相促进与制约的作用。当物质环境因素适应学校的社会结构、组织制度（如学科架构、团队协作关系）时，它将对创新氛围、活动起到积极的推进作用，反之则产生制约限制作用。但在这些环境因素中，软环境对创新的影响起到先决作用，这是因为创新空间的物质环境设计与配置往往要以创新组织的理念、制度、组织形式为依据；归根到底是通过空间环境来适应与支持创新组织内社会结构、制度组织的变化。因此，研究型大学创新环境的营造，不但要有物质环境的设计，更要有制度环境和人文环境的支持（图7-68）。

2.空间创新与组织创新

许多研究型大学为了实现教研、创新的办校目标，制定了制度性的变革措施。例如，南方科技大学为探索创新人才的培养模式，在建校时就提出组织结构的去行政化，进行组织架构的创新，将传统的"校—院—系—研究室"架构变为"学部—所"

的模式，以打破学科边界，展开跨学科的创新研究。山东大学青岛校区在制定建设任务书时也提出要摒弃传统院系制度，建立以项目为引导的大学科制。因此，结合前面关于创新环境因素的分析，建设研究型大学创新空间，不能仅依赖于规划与建筑空间的创新来实现；我们所见到的校园物质环境设计的创新，归根到底还是制度、组织的创新，并以此为依据实现环境变革。这些都需要校方、设计师在总体上突破落后的教学理念，建立新的创新与知识观理念，以制度、组织体系的创新来引领校园空间环境的创新设计（图7-69）。

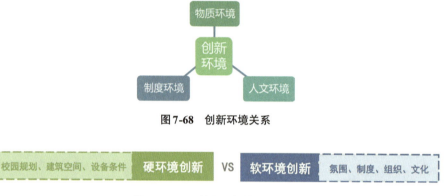

图7-68　创新环境关系

图7-69　硬环境创新与软环境创新

7.3.4　网络时代研究型大学创新空间发展趋势展望

1.网络时代研究型大学定位与职能变化

知识经济时代、信息时代与创新时代的到来，改变了大学传统知识传播者的角色定位，使科研与创新成为其重要的新职能；而信息、网络技术变革，又改变了大学教学、交流、协作、联系的方式。这些时代背景与技术进步，进一步带来研究型大学校园内各种教学、科研、创新活动的变革。

从校园外部联系看，校园改变了封闭自主的"象牙塔"特征，建立了各种广泛的外部联系，各种产学研合作、国际协作交流成为当今研究型大学重要的活动内容。从校园内部活动看，新的知识观、现代创新科研活动特征与日新月异的信息网络技术，给研究型大学的教学、科研、创新活动带来深刻影响。教学模式不再仅是传统课堂的授课，而更加注重交流、建构式的学习模式；科研创新活动突破了单学科、小集体"孤军作战"的模式，大型化、团队化、学科交叉化越来越成为创新科研活动的主要特征；而信息网络技术及网络教育资源改变了信息获取、搜索甚至交流、协作的方式，也进一步改变了知识化空间及师生学习环境的特征。

2.网络时代研究型大学设计趋势展望

通过上述时代背景、角色定位、信息网络技术的变革，结合新校园设计理念、教学理念的发展及学科快速变化，我们透过一些前瞻性的案例可以看到研究型大学校园空间将呈现以下趋势。

（1）校园环境多元交流与创新化趋势。

研究型大学将创新人才与知识作为主要的输出成果，越来越重视创新氛围与环境的营造。而多元人才融合、跨学科交叉、互动交流，正成为创新型校园的空间图景。以新加坡科技设计大学校园为例，它作为与美国麻省理工学院合办的世界第一所工程创新设计大学，将跨学科创新与创造力培养作为办学目标。设计除了通过学校创意企业来建立一个跨学科的界面，建立学术界、校园与社区实践的互动关系外，还采用了鼓励开放透明的教与学、师生之间交叉碰撞的策略。规划通过生活轴与学习轴的相交创造了一个中心交叉点，制造了专业人士、师生、校友每日的交叉机会（图7-70）。UNStudio的设计师认为，校园水平、垂直、对角线的景观组成双象限构图的校园组织网络，使学者和师生可通过这个交叉点网络相互看到、碰面与交流，从而呈现了持续的互动和交流。

图7-70　新加坡科技设计大学

来源：e-architect官方网站。

（2）校园空间开放与网络化趋势。

不同领域互动和学科交叉网络重要性的日益增加，将不同功能分散布置在分离建筑中的传统校园空间已经过时，难以应对未来的挑战。新的教育模式越来越需要通过教育者、研究者和学生的融合——他们在聚会和工作空间的开放沟通对话来实现。基于这种思考，需要建立一种将空间开放与交流网络融为一体的校园空间结构。

由山本理显设计的日本函馆未来大学，提供了一个通过设计新型校园空间结构与交流学习的环境，应对信息时代创新科研的案例。他提出了"开放空间＝开放思维"的概念，将传统校园以分离建筑容纳不同功能的模式转变为开放的空间环境。在这个空间内，所有的内部功能都向阶梯状的工作空间开放，师生间可以相互模仿、交流。同时，设计试图通过将师生、学者间的人际网络转换为以开放空间为主要特征的建筑网络，来鼓励与激发开放的思维（图7-71）。

图7-71　日本函馆未来大学

来源：HOEGER K. Campus and the city：urban design for the knowledge society[M]. Zurich：GTA Verlag，2007：95.

（3）学习空间信息资源与复合化趋势。

新的知识观与教学理念揭示，知识的学习不但是传统课堂教学的单一活动，还是包括传递、交流、探索、创造全过程的活动；它不仅需要正式的教学空间，也需要各种信息资源、交流空间的支持。这意味着新的学习空间将是一个包含各种活动类型的复合型空间，也是提供相关信息、网络、技术支持的资源环境。

以维也纳经济贸易大学学习中心为例。在建设时该校校长提出，新学习中心不仅是提供传统模式的图书馆，还是一个研究与服务设施、一个工作场所与休息厅、一个交流场所与交通枢纽，而且在同一空间、时间中实现。扎哈·哈迪德设计的这个新型的学习空间包含了图书馆、数据中心、会堂、咖啡厅、语言实验室、书店、学生俱乐部、行政办公室等功能，它将有关学习的所有关键元素整合为一体，将其设计为思想交流的论坛与研究的中心（图7-72）。

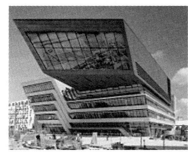

图7-72　维也纳经济贸易大学学习中心

来源：HOEGER K. Campus and the city: urban design for the knowledge society[M]. Zurich: GTA Verlag，2007：95.

（4）教学空间平等化、交流化趋势。

网络教育资源与计算机发展改变了大学教育的体验，大学校园已不再是学生获得教育资源的唯一场所。传统以教师为主导、单项灌输型教学活动的模式，对于学生来说已经越来越没有吸引力。研究型大学空间的魅力是使学生有机会与同事、学者和企业家进行接触、交流与协作，因此教学空间应该将更多的目标转为培育聚集与社会交往。正如新加坡南洋理工大学校长所认为的那样，当今顶尖大学的挑战是如何融合网上学习体验和人与人之间的接触；需要重新规划学习空间，促进跨学科交流、小组式讨论与协作学习，为了适应新教学模式，当今的研究型教学需要更多的协作与交流空间。

新加坡南洋理工大学新建的学习枢纽（learning hub）提供了这样一个变革的案例，其目标是适应网络时代大学教学目标转换，提供平等和促进协作、交流的教学空间，为小组学习、跨学科交流提供环境支持（图7-73）。其由7层楼高的多个塔式结构组成，除了图书馆、餐厅与天台花园外，还设有55个新式教室。设计师认为传统走道联系的教学空间制造了分离与孤立感，教学枢纽没有采用传统教学建筑的走道设计，而是连接塔楼的中庭空间，每个教室都朝向中心的共享空间，使学生对建筑中发生的其他活动持续关注。为了打破传统方形教室带来的层级感，通过没有方向感的教室空间来营造师生间的平等关系，促进师生、科学家、企业家之间的交流；并通过提供多媒体设备与小团队布局的桌椅来鼓励自主学习与讨论。

（5）创新空间交叉协作与弹性化趋势。

正如瑞士联邦理工学院校长所言，我们的大学是这样一个场所——在这里传统的学科边界被打破；在这里数学家、工程师与神经学家、微生物技术员聚集在一起想

图7-73　新加坡南洋理工大学学习枢纽
来源：Heatherwick事务所官方网站。

像改善未来生活的新技术；公众被邀请到这里，以传递服务于社会进步的科研工作信息[①]。未来的创新活动发展跨学科与快速变革的特征，需要校园提供一种有利于不同背景学者、团队进行跨学科协作与交流，能够根据创新课题的变化需求调整布局，具有未来适应力的灵活空间。

　　以SANAA事务所完成的瑞士联邦理工学院劳力士学习中心为例（图7-74），该建筑设计的目标是为跨学科科研创新提供新型的协作空间。该学习中心是包含有图书馆、媒体中心、学习空间、社交场所、咖啡馆餐饮店等综合功能的建筑，它为研究生们提供了大量课程档案与论文合集，几个大型学习区域可供800多名学生阅览，10个小型交流场所可用于共同交流讨论。建筑采用开放、流动的空间结构，通过缓坡、台阶及一系列天井形成整体起伏的造型。其设计策略主要包括：①适应未来的灵活空间。新的学习中心设想通过灵活的布局使建筑具有演变与发展的可能，以适应未来新的科技与工作方式的变化。灵活性与适应长远发展的能力，也给大学教学带来变化。②多元交流激发创意。建筑营造出社会化空间，是一个学习、交流、生活的中心，还包括了休息娱乐场地。它鼓励师生通过一起学习、讨论、吃饭、喝咖啡，在相互的接触交流中激发不同学科师生的灵感。

[①] e-architect.瑞士联邦理工学院项目[EB/OL].（2012-03-16）[2012-03-16]. http：//www.e-architect.co.uk/switzerland/rolex-learning-center.

图7-74 瑞士联邦理工学院劳力士学习中心

来源：SANAA事务所官方网站。

结语
CONCLUSION

我们已进入知识经济与创新时代，知识、人才与创新已成为这个时代的关键词。研究型大学作为创新的主体、知识和人才培养与输出的基地，已突破以往教学与服务社会的职能，而将研究与创新作为其重要的职能与使命；近年来协同创新体系的提出与建设，更进一步推动研究型大学成为区域经济"发动机"与创新"激发器"。而相比于欧美各国研究型大学近百年的发展历程，国内提出建设研究型大学的目标仅有十余年的时间，相对薄弱的创新与科研职能成为制约各校迈向研究型大学的短板。

在这种背景与社会环境中，对国内的研究型大学来说，如何发挥其两个主要的新功能——"创新"与"研究"，在大学校园建设中如何提供满足创新与研究活动的校园空间环境，不仅是建设方与设计者共同关心的话题，而且是避免现状突出问题再发生，在后续建设中建设高质量创新型、研究型校园的迫切需求。本书围绕以下问题展开研究：什么是创新与协同创新，什么是研究型大学，研究型大学如何组织协同创新与研究型教学活动，如何针对其创新与科研职能提出相应的设计策略。

在理论研究方面，准确地把握研究型大学与创新科研的活动特征，将为研究型大学设计策略的建构提供理论依据与基础。同时，引入交叉学科理论建构研究型大学协同创新空间设计的策略目标与框架。知识与信息是创新的核心，创新的本质是知识结构的改变，知识流动与交往是创新的中介条件。首先，协同创新作为当今科技创新的新范式，为分析研究型大学的创新组织提供了结构指导。其次，创新与研究型教学相关理论指出了现代创新与科研活动的跨学科交叉、团队协作、知识交流，以及注重非正式交往和自组织的重要特征，为把握创新与科研的本质特征、行为规律及所需空间特征提供了理论依据。最后，结合当今大学校园设计的先进理念，形成了研究型大学的协同创新空间设计在区域创新体系、校园创新网络、团队创新组织三个层次上策略目标与框架。

在策略研究方面，基于上述研究型大学创新、科研活动的相关理论与策略目标，结合校园建设的现实问题，通过案例研究分别从城市、校园、建筑三个不同分析层面，以及正式、非正式创新网络及整合结构三维度，来探索促进研究型大学创新与科研职能发展的具体空间设计策略，从三个维度看主要策略成果包括以下内容。

1.有利于各层次主体间正式创新网络形成的环境设计

现代创新科研的大型复杂化和学科交叉特征，使协同创新成为主流，这需要研究型大学在各层次建立有利于开放沟通、信息交流、学科交叉、跨组织协作的空间环境，以利于正式创新网络的形成。其策略包括：在策划阶段通过区位选址和功能策划，在校园中策划建立城市外部创新联系的用地；在校园规划中注重学科群体组织，为学科、部门间打破边界及开展跨学科协作创造条件，促进学科融合与交叉；在建筑空间中营造团队式的开放创新空间和跨团队协作的空间联系，以及提供研究型教学所需的资源环境支持。

2.促进非正式创新网络与非正式学习活动的空间营造

创新活动的研究揭示了非正式交往所形成的非正式创新网络，对创新起到极为重要的促进作用；而新的知识观与教学理念也揭示了课堂外非正式交流、学习对知识形成的重要作用。非正式交往与学习空间都具有自组织、非正式与交往性的特征，需要校园在各层次提供各种非正式交流、学习空间与各类社区服务设施的支持。其策略包括：在周边社区关系上通过各类共享功能、社区设施、交往空间营造创新交往氛围，并建立开放融合的边界；在校园规划中通过社区设施、混合功能、密度与尺度控制营造校园社区，以促进师生间自发交往与社会关系的形成；在建筑空间中通过服务设施、开放非正式交往及学习空间的设计，满足新知识空间所需的非正式特征，并为避免追求过高的建筑实用率提供依据。

3.整合功能与知识空间的整体空间结构

新知识观与创新研究所揭示的知识空间特征，需要研究型大学设计突破仅以功能、流线作为空间设计依据的方法；而将创新、知识流动及相关的交流协作考虑在内，使功能与社会结构结合，将正式与非正式空间、封闭与开放等各种属性空间整合，创造一种具有网络特征的整体空间结构。其策略包括：在城市层面将选址与城市新区、产业结合，采用多元混合的功能结构，创造有利于多主体合作的协同区位；在校园规划中结合开放空间体系，通过建立校园整体的网络化结构，营造提升交往活力的校园空间；在建筑空间中，以流线空间与非正式空间建立有利于交流、协作、联系的整体结构。

综上所述，本书可加深决策者对创新型、研究型校园内涵的理解，为研究型大学建设决策者提供指导依据；所提出的策略及相关的分析、实践案例，可为设计者提供方法上的指导。研究型大学协同创新空间设计策略研究，是对创新的新时代背景下大学校园新形态的研究，这需要建立新的视角、建立新的结构，从而形成新的策略体系。因此，这也意味着这些策略与实践仅是研究的起步，在此期待有更多的学者、设计师加入，给予更多的关注与探索。

参考文献
REFERENCES

外文专著

[1]   ROBERT A M. Stern. On Campus[M]. New York：The Monacelli Press，2010.

[2]   TAYLOR I. University planning and architecture：the search for perfection[M]. London：Routledge，2010.

[3]   TURNER P V. Campus：an american planning tradition[M]. New York：Architectural History Foundation，1987.

[4]   MUTHESIUS S. The post-war university：utopianist campus and college[M]. London：Paul Mellon Centre BA，2001.

[5]   EDWARDS B. University architecture[M]. London：Taylor & Francis，2001.

[6]   EDWARDS B. Libraries and learning resource centres[M]. 2nd ed. Oxford：Architectural Press，2009.

[7]   SIMHA O R. MIT Campus Planning 1960-2000：an annotated chronology[M]. Cambridge：MIT Press，2001.

[8]   DOBER R P. Campus architecture：building in the groves of academe[M]. New York：McGraw-Hill，1996.

[9]   DOBER R P. Campus Design[M]. New York：John Wiley & Sons，1992.

[10] DOBER R P. Campus landscapes：functions，forms，features[M]. New York：John Wiley & Sons，2000.

[11] MITCHELL W J. Imagining MIT：designing a campus for the twenty-first century[M]. Cambridge：MIT Press，2011.

[12] PEARCE M. University builders[M]. London：Academy Press，2001.

[13] HAAR S. The city as campus：urbanism and higher education in Chicago[M]. Minneapolis：University of Minnesota Press，2011.

[14] HOEGER K. Campus and the city：urban design for the knowledge society[M]. Zurich：GTA Verlag，2007.

[15] CHAPMAN M P. American places：in search of the twenty-first century campus[M]. Lanham：Rowman & Littlefield Publishers，2006.

[16] KENNEY D R. Mission and place：strengthening learning and community through campus design[M]. Westport：Greenwood Publishing Group，2006.

[17] DANIEL R K. Mission and place：strengthening learning and community through campus design [M]. Lanham：Rowman & Littlefield Publishers，2005.

[18] BRAWNE M. University planning and design：a symposium[M]. London：Architectural Association，1967.

[19] EL-SHISHINI L B. Campus buildings that work[M]. Philadelphia：North American Publishing Co，1972.

[20] YUDELL M R. Campus and community：architecture & planning[M]. Rockport：Rockport Publishers，1997.

[21] THORP F J M. In the realm of learning：the university of sydney's new law school[M]. Mulgrave：Images Publishing Group，2008.

[22] WATCH D D. Building type basics for research laboratories[M]. Hoboken：John Wiley & Sons，2008.

[23] STUBBINSK. Sustainable design of research laboratories：planning，design，and operation[M]. Hoboken：John Wiley & Sons，2010.

[24] BRAUN H. Research and technology buildings(design manuals)[M]. Basel：Birkhäuser Architecture，2001.

[25] SCUP. Doing academic planning：effective tools for decision making[M]. Ann Arbor：Society for College & University Planning，1997.

[26] CROSBIE M J. Architecture for science[M]. Mulgrave：Images Publishing Dist Ac，2006.

[27] KOLAC E. University campus design[M]. Saarbrücken：Lap Lambert Academic Publishing，2010.

[28] RUDOLPH F. The American college and university：a history[M]. Athens：University of Georgia Press，1990.

[29] GAINES T A. The campus as a work of art[M]. New York：Praeger，1991.

[30] WILL P. Perkins+Will：ideas + buildings：collective process / global，social and sustainable design[M]. Mulgrave：Images Publishing Dist Ac，2008.

[31] WILL P. Perkins+Will：75 Years[M]. Mulgrave：The Images Publishing Group，2011.

[32] OJEDA O R. Sasaki：intersection and convergence[M]. Novato：Oro Editions，2008.

[33] KELLE G. The best of planning for higher education[M]. Ann Arbor：Society for College and University Planning，1997.

[34] CHASE G W. Sustainability on campus：stories and strategies for change[M]. Cambridge：MIT Press，2004.

[35] BRAUN H. Building for science：max-planck-institute[M]. Basel：Birkhäuser，1999.

[36] NEUMAN D J. Building type basics for college and university facilities[M]. 2nd ed. Hoboken：John Wiley & Sons，2013.

[37] VEST C M. The American research university from World War II to World Wide Web[M]. Berkeley：University of California Press，2007.

[38] KRAMER S. Colleges & universities：educational spaces[M]. Salenstein：Braun，2010.

[39] YUDELL M R. Arc of interaction[M]. New York：Distributed Art Pub Inc，2009.

[40] MAURRASSE D. Beyond the campus：how colleges and universities form partnerships with their communities[M]. London：RoutledgeFalmer，2001.

[41] STRANGE C C. Educating by design：creating campus learning environments that work[M]. San Francisco：Jossey-Bass，2001.

[42] PRIDMORE J. University of Chicago：the campus guide[M]. New York：Princeton Architectural Press，2006.

[43] WILSON R G. University of Virginia：the campus guide[M]. New York：Princeton Architectural Press，1999.

[44] RHINEHART R. Princeton University：the campus guide[M]. New York：Princeton Architectural Press，2000.

[45] PINNELL P. The campus guide：Yale University [M]. New York：Princeton Architectural Press，1999.

[46] YEE R. Educational environments，No. 2[M]. New York：Visual Reference Publications，2004.

[47] YEE R. Educational environments，No. 3[M]. New York：Visual Reference Publications，2007.

[48] YEE R. Educational environments，No. 4[M]. New York：Visual Reference Publications，2009.

[49] MOSTAEDI A. Educational facilities[M]. Barcelona：Carles Broto，2002.

[50] KEITH B. Education architecture urbanism：Feilden Clegg Bradley Studios [M]. Bath：Feilden Clegg Bradley Studios，2013.

[51] NILSSON J E. The role of universities in regional innovation systems：a nordic perspective[M]. Copenhagen：Copenhagen Business School Press，2006.

[52] Association of American Universities. Research universities：quality，innovation，partnership[M]. Washington：Association of American Universities，2000.

[53] Association of American Universities. Research universities and the future of the academic disciplines[M]. Washington：Association of American Universities，2000.

[54] BIRKS T，HOLFORD M. Building the new universities[M]. Newton Abbot：David and Charles，1972.

[55] BENTINCK-SMITH W. The Harvard book：350 anniversary edition[M]. Cambridge：Harvard University

Press，1986.

[56]　VARGA A. University research and regional innovation[M]. Dordrecht：Kluwer Academic Publisher，1998.

[57]　FREEMAN. Technology policy and economic performance：lessons from Japan[M]. London and New York：Pinter，1987.

[58]　SCHMERTZ M F. Campus planning and design[M]. New York：McGraw-Hill Book Company，1972.

[59]　YUDELL B. The future of place：Moore Ruble Yudell [M]. Shenyang：Liaoning Science and Technology Publishing House，2011：27-29.

[60]　EMILIO C，et al. social networks in Silicon Valley[M]. Stanford：Stanford University Press，2000.

外文译著

[61]　詹·法格博格，戴维·莫利，理查德·R·纳尔逊.牛津创新手册[M].刘忠，译.北京：知识产权出版社，2009.

[62]　梅拉尼·西莫.佐佐木事务所：整合环境[M].王晓俊，陈旗，译.南京：东南大学出版社，2003.

[63]　哈维·海尔凡.加州大学伯克利分校人文建筑之旅[M].杨倩倩，劳佳，李小蕾，译.上海：上海交通大学出版社，2011.

[64]　凯瑟琳·沃德·汤普森，彭妮·特拉夫罗.开放空间：人性化空间[M].章建明，黄丽玲，译.北京：中国建筑工业出版社，2011.

[65]　克莱尔·库珀·马库斯，卡罗琳·弗朗西斯.人性场所：城市开放空间设计导则[M].2版.俞孔坚，译.北京：中国建筑工业出版社，2001.

[66]　杰勒德·德兰迪.知识社会中的大学[M].黄建如，译.北京：北京大学出版社，2010.

[67]　钦宓特雷斯.技术社区与网络：创新的激发与驱动[M].华宏鸣，译.北京：清华大学出版社，2010.

[68]　詹姆斯·杜德斯达.21世纪的大学[M].刘彤，译.北京：北京大学出版社，2005.

[69]　李婵.大学建筑[M].沈阳：辽宁科学技术出版社，2011.

[70]　哈多·布朗.研究和科技建筑设计手册[M].于晓言，译.大连：安基国际印刷出版优先公司，2006.

[71]　布罗托，沈晓红.全球特色校园建筑和室内设计[M].天津：天津大学出版社，2010.

[72]　阿里安·莫斯塔第.教育设施[M].苏安双，译.大连：大连理工大学出版社，2004.

[73]　丹尼尔·D·沃奇.研究实验室建筑[M].徐雄，译.北京：中国建筑工业出版社，2004.

[74]　戴维·J·纽曼.学院与大学建筑[M].薛力，孙世界，译.北京：中国建筑工业出版社，2007.

[75]　马丁·皮尔斯.大学建筑[M].王安怡，高少霞，译.大连：大连理工大学出版社，2003.

[76]　杰勒德·德兰迪.知识社会中的大学[M].黄建如，译.北京：北京大学出版社，2010.

[77]　伯顿·克拉克.研究生教育的科学研究基础[M].王承绪，译.杭州：浙江教育出版社，2001.

[78]　亚伯拉罕·弗莱克斯纳.现代大学论：美英德大学研究[M].徐辉，陈晓菲，译.杭州：浙江教育出版社，2001.

[79]　伯顿·克拉克.高等教育新论：多学科的研究[M].王承绪，译.杭州：浙江教育出版社，2001.

[80]　伯顿·克拉克.探究的场所：现代大学的科研和研究生教育[M].王承绪，译.杭州：浙江教育出版社，2001.

[81]　简·雅各布斯.美国大城市的死与生[M].金衡山，译.南京：译林出版社，2006.

[82]　凯文·林奇.城市意象[M].方益萍，何晓军，译.北京：华夏出版社，2001.

[83]　扬·盖尔.交往空间[M].何人可，译.北京：中国建筑工业出版社，2002.

[84]　扬·盖尔，拉尔斯·吉姆松.新城市空间[M].2版.何人可，译.北京：中国建筑工业出版社，2003.

[85]　芦原义信.外部空间设计[M].尹培桐，译.北京：中国建筑工业出版社，1985.

[86]　马卫东，《建筑与都市》中文版编辑部.建筑与都市：进化中的大学校园[M].曹文燕，杨嘉微，译.宁波：宁波出版社，2005.

[87] 大卫·路德林，尼古拉斯·福克.营造21世纪的家园：可持续的城市邻里社区[M].王健，单燕华，译.北京：中国建筑工业出版社，2005.

[88] 山德·图奇.哈佛大学人文建筑之旅[M].陈家桢，译.上海：上海交通大学出版社，2010.

[89] 约卡斯.斯坦福大学人文建筑之旅[M].侯艳，马捷，译.上海：上海交通大学出版社，2010.

[90] 株式会社建筑画报社.日本绿色校园建筑[M].韩兰灵，唐玉红，李丽，译.大连：大连理工大学出版社，2005.

[91] 维尔纳·布雷泽.伊利诺伊理工学院校园规划[M].杜希望，译.北京：中国建筑工业出版社，2006.

[92] 柯林·罗，弗瑞德·科特.拼贴城市[M].童明，译.北京：中国建筑工业出版社，2003.

[93] 罗杰·L·盖格.研究与相关知识：第二次世界大战以来的美国研究型大学[M].张斌贤，孙益，王国新，译.保定：河北大学出版社，2008.

[94] 昆斯·S.剑桥现象：高技术在大学城的发展[M].郭碧坚，译.北京：科学技术文献出版社，1998.

[95] C·亚历山大.俄勒冈实验[M].赵冰，刘小虎，译.北京：知识产权出版社，2002.

[96] 迈克·詹克斯.紧缩城市：一种可持续发展的城市形态[M].周玉鹏，译.北京：中国建筑工业出版社，2004.

[97] 诺伯舒兹.场所精神：迈向建筑现象学[M].施植明，译.武汉：华中科技大学出版社，2010.

[98] 诺伯格·舒尔茨.存在·空间·建筑[M].尹培桐，译.北京：中国建筑工业出版社，1990.

[99] 布雷特·斯蒂尔.合作场所：新办公环境设计[M].宋刚，江滨，译.北京：中国建筑工业出版社，2010.

[100] 凯文·林奇.城市意象[M].方益萍，译.北京：华夏出版社，2001.

[101] 高桥鹰志，EBS组.环境行为与空间设计[M].陶新中，译.北京：中国建筑工业出版社，2006.

[102] 杰拉尔德·A·波特菲尔德，肯尼思·B·霍尔.社区规划简明手册[M].张晓军，潘芳，译.北京：中国建筑工业出版社，2003.

[103] 休·戴维斯·格拉汉姆.美国研究型大学的兴起：战后年代的精英大学及其挑战者[M].张斌贤，于荣，王璞，译.保定：河北大学出版社，2008.

[104] 赫尔曼·哈肯.协同学：大自然构成的奥秘[M].凌复华，译.上海：上海世纪出版集团，2005.

[105] 哈肯.协同学[M].徐锡申，等译.北京：原子能出版社，1984.

[106] 马尔科姆·佩里.科技园的规划、发展与运作[M].北京：北京师范大学出版社，2001.

[107] 查尔斯·维斯特.一流大学卓越校长：麻省理工学院与研究型大学的作用[M].北京：北京大学出版社，2008.

[108] 约翰·亨利·纽曼.大学的理想[M].徐辉，译.杭州：浙江教育出版社，2001.

[109] 约翰·奈斯比特.大趋势：改变我们生活的十个新方向[M].北京：中国社会科学出版社，1984.

[110] 查尔斯·詹克斯，卡尔·克罗普夫.当代建筑理论和宣言[M].周玉鹏，雄一，张鹏，译.北京：中国建筑工业出版社，2005.

中文专著

[111] 高迪国际出版有限公司.大学建筑[M].大连：大连理工大学出版社，2013.

[112] 孙澄梅，洪元，林光美.走向未来的大学图书馆与文教建筑[M].北京：中国建筑工业出版社，2011.

[113] 凤凰空间·上海.校园景观设计[M].南京：江苏人民出版社，2011.

[114] 孙施文.现代城市规划理论[M].北京：中国建筑工业出版社，2007.

[115] 何镜堂.当代大学校园规划理论与设计实践[M].北京：中国建筑工业出版社，2011.

[116] 赵冰.海峡两岸大学的校园学术研讨会论文集：快速发展的大学校园——校园规划的挑战[M].北京：中国建筑工业出版社，2004.

[117] 岳庆平，吕斌.首届海峡两岸大学的校园学术研讨会论文集[M].北京：北京大学出版社，2005.

[118] 黄世孟.2002海峡两岸大学的校园学术研讨会论文集：历史的与新设的大学校园规划与发展[M].合肥：建筑情报季刊杂志社，2002.

[119] 何镜堂，郭卫宏.多元校园 绿色校园 人文校园：第六届海峡两岸大学的校园学术研讨会会议论文集[M].广州：华南理工大学出版社，2007.

[120] 王建国，阳建强.大学校园文化内涵的营造与提升：第七届海峡两岸大学的校园学术研讨会论文集[M].南京：东南大学出版社，2009.

[121] 涂慧君.大学校园规划、景观、建筑整体设计[M].北京：中国建筑工业出版社，2006.

[122] 宋泽方，周逸湖.大学校园规划与建筑设计[M].北京：中国建筑工业出版社，2006.

[123] 姜辉.大学校园群体[M].南京：东南大学出版社，2006.

[124]《建筑与都市》中文版编辑部.建筑与都市：诺华校园[M].武汉：华中科技大学出版社，2011.

[125] 董黎.中国近代教会大学建筑史研究[M].北京：科学出版社，2010.

[126] 陈晓恬，任磊.中国大学校园形态[M].南京：东南大学出版社，2011.

[127] 王建国.城市设计[M].北京：中国建筑工业出版社，2009.

[128] 李道增.环境行为学概论[M].北京：清华大学出版社，1999.

[129] 徐磊青，杨公侠.环境心理学：环境、知觉和行为[M].上海：同济大学出版社，2002.

[130] 刘先觉.现代建筑理论：建筑结合人文科学、自然科学与技术科学的新成就[M].北京：中国建筑工业出版社，2008.

[131] 吴良镛.人居环境科学导论[M].北京：中国建筑工业出版社，2001.

[132] 吴良镛.广义建筑学[M].北京：清华大学出版社，2011.

[133] 张宇.北航新主楼设计[M].天津：天津大学出版社，2009.

[134] 俞孔坚.高科技园区景观设计：从硅谷到中关村[M].北京：中国建筑工业出版社，2001.

[135] 中华人民共和国教育部发展规划司.中国教育统计年鉴2010[M].北京：人民教育出版社，2011.

[136] 邱均平.世界一流大学与科研机构学科竞争力评价研究报告（2011-2012）[M].北京：科学出版社，2011.

[137] 侯光明.中国研究型大学：理论探索与发展创新[M].北京：清华大学出版社，2005.

[138] 张彬福.现代教育理念[M].重庆：同心出版社，2007.

[139] 陈子辰.研究型大学与研究生教育研究[M].杭州：浙江大学出版社，2006.

[140] 王雁.创业型大学：美国研究型大学模式变革的研究[M].上海：同济大学出版社，2011.

[141] 黄玮强.复杂社会网络视角下的创新合作与创新扩散[M].北京：中国经济出版社，2012.

[142] 史江涛.沟通氛围对知识共享与技术创新的作用机制研究[M].北京：经济科学出版社，2010.

[143] 徐修德.思想的共享与创新：知识管理与创新的关系研究[M].北京：人民出版社，2009.

[144] 姚威，陈劲.产学研合作的知识创造过程研究[M].杭州：浙江大学出版社，2010.

[145] 张钢，徐乾.知识集聚与区域创新网络[M].北京：科学出版社，2010.

[146] 颜晓峰.创新研究[M].北京：人民出版社，2011.

[147] 曾祥翙.研究性学习的教学设计[M].北京：科学出版社，2011.

[148] 牟阳春.中国教育年鉴2009[M].北京：人民教育出版社，2009.

[149] 国家统计局，科学技术部.中国科技统计年鉴2009[M].北京：中国统计出版社，2009.

[150] 王小梅.建设创新型国家和中国高等教育改革与发展：2006年高等教育国际论坛论文汇编[M].天津市：天津大学出版社，2007.

[151] 何建坤.研究型大学与区域创新体系：首都地区案例研究与数量分析[M].北京：清华大学出版社，2008.

[152] 刘念才，周玲.面向创新型国家的研究型大学建设研究[M].北京：中国人民大学出版社，2007.

[153] 郗海霞.美国研究型大学与城市互动机制研究[M].北京：中国社会科学出版社，2009.

[154] 王晓光，深圳市建筑工务署.深圳大学城校园规划及建筑设计图集[M].北京：中国建筑工业出版社，2004.

[155] 张明龙.区域发展与创新[M].北京：中国经济出版社，2010.

[156] 吴晓波，寿涌毅.我国研究型大学的科研组织创新[M].杭州：浙江大学出版社，2010.

[157] 张华.研究性教学论[M].上海：华东师范大学出版社，2010.

[158] 夏青，林耕.当代科教建筑[M].北京：中国建筑工业出版社，1999.

[159] 姚威，陈劲.产学研合作的知识创造过程研究[M].杭州：浙江大学出版社，2010.

[160] 中华人民共和国教育部科学技术司.2008年高等学校科技统计资料汇编[M].北京：高等教育出版社，
2009.

[161] 武书连.挑大学 选专业：2010考研择校指南[M].北京：中国统计出版社，2009.

[162] 王战军.中国研究型大学建设与发展[M].北京：高等教育出版社，2003.

[163] 潘开灵，白烈湖.管理协同理论及其应用[M].北京：经济管理出版社，2007.

[164] 吴中仑，罗世刚.当今美国教育概览[M].郑州：河南教育出版社，1994.

[165] 金以林.近代中国大学研究[M].北京：中央文献出版社，2000.

[166] 柴永柏.建国60年中国大学发展研究[M].成都：四川大学出版社，2009.

[167] 冯国瑞.系统论信息论控制论与马克思主义认识论[M].北京：北京大学出版社，1991.

[168] 饶扬德，王肃.创新协同与企业可持续发展[M].北京：科学出版社，2011.

[169] 刘仲林.跨学科导论[M].杭州：浙江教育出版社，1990.

[170] 王辑慈，等.创新的空间：企业集群与区域发展[M].北京：北京大学出版社，2001.

[171] 王彦辉.走向新社区：城市居住社区整体营造理论与方法[M].南京：东南大学出版社，2003.

[172] 中华人民共和国教育部.普通高等学校建筑规划面积指标[M].北京：高等教育出版社，1992.

[173] 涂慧君.大学校园整体设计：规划·景观·建筑[M].北京：中国建筑工业出版社，2007.

[174] 洪银兴.研究型大学的研究性教学[M].南京：南京大学出版社，2009.

[175] 包小枫.理想空间 2005.2总第七辑 中国高校校园规划[M].上海：同济大学出版社，2006.

[176] 江浩波.理想空间 2005.4总第八辑 个性化校园规划[M].上海：同济大学出版社，2004.

学位论文类

[177] 许蓁.城市社区环境下的大学结构演变与规划方法研究——以欧、美及中国大学等为例[D].天津：天津大
学，2006.

[178] 江浩.大学形态的形成及设计理论研究[D].上海：同济大学，2005.

[179] 冯刚.中国当代大学校园规划设计分析[D].天津：天津大学，2005.

[180] 郭卫宏.基于系统观的建筑创作实践研究[D].广州：华南理工大学，2008.

[181] 蒋邢辉.(中国)大学校园与周边环境整体营造研究[D].广州：华南理工大学，2005.

期刊文章类

[182] COOKE P. Regional innovation systems[J]. Journal of Technology Transfer，2002，27：133-145.

[183] FISCHER.Technological innovation and inter-firm cooperation[J]. International Journal of Technology
Management，2002(24)：724-742.

[184] a+u. Novartis campus 2010[J]. Architecture and Urbanism，2011(2)：35.

[185] KOSCHATZKY K.Innovation networks of industry and business-related service-relations between innovation
intensity of firms and regional interfirm cooperation [J]. European Planning Studies，1999(7)：737-757.

[186] BCOEU Inuniversity.Reinventing undergraduate education：a blueprint for america's research universities[R].
Boyer Commission on Educating Undergraduates in the Research University，1998.

[187] 何镜堂，涂慧君，邓剑虹，等.共享交融 有机生长——浅谈浙江大学新校园(基础部)概念性规划中标方
案的创作思想[J].建筑学报，2001(5)：10-12，65-66.

[188] 何镜堂.当前高校规划建设的几个发展趋向[J].新建筑，2002(4)：5-7.

[189] 王文友.对"可持续发展"校园的认识[J].新建筑，2002(4)：8-9.

[190] 高冀生.当代高校校园规划要点提示[J].新建筑，2002（4）：10-12.

[191] 庄逸苏，潘云鹤.论大学园林[J].建筑学报，200（6）：8-10.

[192] 何镜堂，汤朝晖.现代教育理念的探索与实践——浙江大学新校区东教学楼群设计[J].建筑学报，2004（1）：37-42.

[193] 高冀生.高校校园建设跨世纪的思考[J].建筑学报，2000（6）：14-16.

[194] 吴正旺，王伯伟.大学校园城市化的生态思考[J].建筑学报，2004（2）：43-45.

[195] 吴正旺，王伯伟.大学校园规划100年[J].建筑学报，2005（3）：6-8.

[196] 张奕.刍议中国当前大学建筑理论研究[J].建筑学报，2005（3）：9-11.

[197] 涂慧君.人文主义新形态与大学校园的当代转向[J].新建筑，2002（4）.

[198] 马烨.校园形态评析[J].建筑学报，2005（3）：15-18.

[199] 沈济黄，陆激.大学校园的城市设计策略[J].新建筑，2004（2）：6-9.

[200] 高崧，沈国尧.人、建筑、自然共生——现代大学校园的表述[J].新建筑，2004（2）：10-13.

[201] 朱宇恒，金晓莹，吴伟丰.浙江大学紫金港校区西区概念性规划设计方案评述[J].建筑学报，2005（3）：27-31.

[202] 沈杰.论校园规划之景观生态观[J].建筑学报，2005（3）：19-22.

[203] 夏铸九.校园重访：反省台湾大学1980年代的校园规划[J].城市规划，2002（5）：38-45.

[204] 何人可.高等学校校园规划设计[J].建筑师，1985，24（11）：94-122.

[205] 王建国.从城市设计角度看大学校园规划[J].城市规划，2002（5）：15-20.

[206] 吕斌.大学校园空间持续成长的原理及规划方法[J].城市规划，2002（5）：24-28.

[207] 王昊.弹性与共享：大学城规划[J].城市规划，2001（9）：76-80.

[208] 张翰卿.高校社会化的空间策略[J].城市规划，2001（7）：31-34.

[209] 丘建发.国家大学科技园的区位与选址研究[J].新建筑，2004（10）：47-49.

[210] 何镜堂，丘建发，刘宇波.科技园林，生态网络——东南大学江宁校区国家大学科技园概念规划设计[J].城市规划，2002（10）：53-54.

[211] 库帕·盖里.场景再造——哈佛大学新校区的规划[J].建筑与文化，2007（5）：63-65.

[212] 高峻，吴雅萍.缝合大学与城市——以杭州浙江大学国际创业创新街规划为例[J].华中建筑，2011（2）：119-123.

[213] 潘海啸，卢源.大学周边产业形成动因及结构的实证研究——以同济大学周边产业群落为例[J].城市规划学刊，2005（5）：44-50.

[214] 熊晓冬，罗广寨，张润朋.基于绿色交通理念下的广州大学城交通规划[J].城市规划学刊，2005（4）：88-92.

[215] 虞大鹏，陈秉钊.知识型产业集聚中的社会资本作用研究——以同济大学周边地区为例[J].城市规划学刊，2005（3）：64-70.

[216] 陈秉钊，杨帆，范军勇.知识创新区：科教兴国与"大学城"后的思考[J].城市规划学刊，2005（2）：50-55.

[217] 包小枫，张轶群，荣耀.生态的校园 诗意的空间——四川大学双流新校区与厦门大学漳州新校区规划设计[J].城市规划汇刊，2002（2）：14-16.

[218] 吴伟丰，胡晓鸣，洪江.规划设计世界一流的大学校园——浙江大学新校园（基础部）概念性规划设计竞赛综述[J].建筑学报，2001（5）：4-9.

[219] 孙天钾，董蔚明.基于"3E"满意度模型与模糊综合评价的大学校园使用绩效研究——以浙江大学紫金港校区为例[J].规划师，2011（9）：113-119.

[220] 张为平.乌德勒支大学"内围合式"校园公共空间[J].城市建筑，2008（3）：21-23.

[221] 王维仁.香港专上学院红劭校区/理工大学社区学院[J].城市·环境·设计，2011（9）：126-133.

[222] 曹翔.一个有关教育的乌托邦——记深圳大学城北大园区设计[J].城市建筑，2005（9）：37-40.

[223] 郑明仁.大学校园规划整合论[J].建筑学报，2001（2）：59-64.

[224] 张力，王文胜.同济大学嘉定校区[J].建筑学报，2008（1）：72-77.

[225] 理查德·迈耶及合伙人事务所.美国康奈尔大学魏尔大楼[J].城市建筑，2010（3）：75-79.

[226] 休·安德森.教育革命带来的英国教育建筑设计转变[J].建筑学报，2011（6）：105-109.

[227] 休·安德森，高强.进步的旋涡——评斯米特·哈默·拉森（SHL）的新作：西敏斯学院新教学楼[J].建筑学报，2011（6）：86-95.

[228] 王保森.当代中国大学城学生行为空间研究——以广州大学城为例[J].规划师，2007（12）：79-83.

[229] 邬峻.美国麻省理工学院斯塔特中心解读[J].世界建筑，2005（3）：96-99.

[230] 威廉·里查德森，张进.大学社区重建与城市复兴——塔科马历史性仓储区的改造利用与更新[J].时代建筑，2001（3）：26-28.

[231] 何郁冰.产学研协同创新的理论模式[J].科学学研究，2012（2）：165-173.

[232] 方勇，王明明，刘牧.创新视角下高校科研团队的组织结构设计[J].科技进步与对策，2008（5）：180-183.

[233] 杨晨，顾晓丹.创新团队内涵探析[J].科技管理研究，2008（6）：394-396.

[234] 潘泳，何丽梅.关于高校科研团队建设的几点思考[J].现代教育科学，2004（5）：106-108.

[235] 吕拉昌，李勇.基于城市创新职能的中国创新城市空间体系[J].地理学报，2010（2）：177-190.

[236] 耿益群.美国研究型大学跨学科研究中心与大学创新力的发展——基于制度创新视角的分析[J].比较教育研究，2008（9）：24-28.

[237] 陈劲，阳银娟.协同创新的理论基础与内涵[J].科学学研究，2012（2）：161-164.

[238] 魏宏森.复杂性研究与系统思维方式[J].系统辩证学学报，2003（1）：7-12.

[239] 何镜堂.基于"两观三性"的建筑创作理论与实践[J].华南理工大学学报，2012（10）：12-19.

[240] 胡志坚，苏靖.区域创新系统理论的提出与发展[J].中国科技论坛，1999（6）：20-23.

[241] 罗发友，刘友金.技术创新群落形成与演化的行为生态学研究[J].科学学研究，2004（1）：99-103.

[242] 曾刚，李英戈，樊杰.京沪区域创新系统比较研究[J].城市规划，2006（3）：32-38.

[243] 刘友金.集群式创新形成与演化机理研究[J].中国软科学，2003（2）：91-95.

[244] 樊杰，吕昕，杨晓光，等.（高）科技型城市的指标体系内涵及其创新战略重点[J].地理科学，2002（6）：641-648.

[245] 杨林，刘念才.中国研究型大学的分类与定位研究[J].高等教育研究，2008（11）：23-29.

[246] 罗燕.国家危机中的大学制度创新——"世界一流大学"的本质[J].清华大学教育研究，2005（5）：36-41.

[247] 李寿得，李垣.研究型大学的特征分析[J].比较教育研究，1999（1）：24-27.

[248] 武书连，吕嘉，郭石林.2009中国大学评价[J].科学学与科学技术管理，2009（1）：185-190.

[249] 武书连.2004中国大学评价[J].科学学与科学技术管理，2004（1）：61-68.

[250] 田树林，苗淑娟.研究型大学参与技术创新的研究[J].工业技术经济，2008（7）：71-74.

[251] 褚超孚，赵爱军.美国"硅谷"与斯坦福大学互动发展的启示[J].自然辩证法研究，2001（21）：91-94，99.

[252] 陈元.民国时期我国高校研究所的特征及其成因[J].高教发展与评估，2011（5）：13-18.

[253] 孙傲.民国时期研究生教育的特点分析[J].高教探索，2009（2）：111-114.

[254] 张力.协同创新意义深远[N].光明日报，2011-05-06（16）.